PREMIÈRE PARTIE.

LE SOLEIL
DANS SES RAPPORTS AVEC LA VIE.

DEUXIÈME PARTIE.

LA CIRCULATION DES FORCES
ET LA FIN DU MONDE.

TROISIÈME PARTIE.

DE LA PHILOSOPHIE DE LA GÉNÉRATION.

„Les faits naturels et leur enchaînement logique — voilà les seuls auxiliaires de l'esprit, cherchant à résoudre les problèmes qui s'offrent à lui.“

Du Prel.

„Que sont les pauvres conceptions de la religion sur le monde et l'existence, en comparaison des interprétations philosophiques de l'univers, fondées sur l'investigation positive et synthétique?“

Dühring.

„Un manteau tissu d'ignorance, d'erreurs et de préjugés voile partout le soleil de la connaissance au regard de l'homme. La science crible de trous ce manteau et finit par le mettre en pièces.“

Prof. *M. Benedikt.*

LUMIÈRE ET VIE.

TROIS LEÇONS POPULAIRES D'HISTOIRE NATURELLE
SUR LE SOLEIL DANS SES RAPPORTS AVEC LA VIE,
SUR LA CIRCULATION DES FORCES
ET LA FIN DU MONDE,
SUR LA PHILOSOPHIE DE LA GÉNÉRATION

PAR

LE PROFESSEUR **LOUIS BÜCHNER,**
AUTEUR DE „FORCE ET MATIÈRE“ etc.

TRADUIT DE L'ALLEMAND

PAR

LE DOCTEUR CH. LETOURNEAU.

PARIS
C. REINWALD, LIBRAIRE-ÉDITEUR
15 RUE DES SAINTS-PÈRES.

LEIPZIG
TH. THOMAS, LIBRAIRE-ÉDITEUR.
1883.

PRÉFACE.

Comme la plupart de nos précédents ouvrages, celui-ci a eu pour origine un certain nombre de conférences publiques, faites dans diverses villes d'Europe et d'Amérique durant les dix dernières années. La forme de conférence a été remplacée par de simples dissertations, bien plus développées que ne pouvaient l'être une leçon d'une ou deux heures. Le sujet a été exposé avec plus de détails; il a été enrichi des résultats scientifiques les plus récents; enfin on y a ajouté des remarques destinées à éclaircir des points spéciaux et ne se reliant pas nécessairement au texte. Pour les deux premières parties du livre, nous avons conservé le titre des conférences correspondantes; mais nous avions intitulé la dernière conférence: „De la génération, de l'hérédité et de la substance de l'âme."

Nous serions pleinement satisfait, si les lecteurs faisaient au livre le bienveillant accueil, qu'ont trouvé jadis les leçons orales, et s'ils y trouvaient le même intérêt. Nous aimons à le croire à cause du lien, qui rattache les uns aux autres les dissertations contenues dans ce livre. Ce lien, c'est la conviction, que l'ordre de l'univers est naturel, qu'il ne dépend d'aucune force indépendante de la relation naturelle des choses; or, en dépit de bien des oppositions, en dépit de la résistance des opinions jusqu'ici dominantes, notre manière de voir semble s'accréditer de plus en plus dans le public intelligent, et la science moderne lui donne un tel appui, que son triomphe ne paraît plus guère qu'une question de temps.

Darmstadt, Septembre 1881.

L'auteur.

Table des matières.

PREMIÈRE PARTIE.

LE SOLEIL

DANS SES RAPPORTS AVEC LA VIE.

L'esprit humain, en face des découvertes et des généralisations de la science moderne, „est sans cesse en contact avec un merveilleux qui ferait pâlir celui de Milton. Il est si grandiose et si sublime qu'il faut à celui qui s'y livre une certaine force de caractère pour se préserver de l'éblouissement." (Rumford.) „Les vents, les rivières, tous les phénomènes de la nature, comme tous ceux que l'homme peut provoquer, sont engendrés par une portion de l'énergie solaire. Un même rayon de soleil qui tombe sur notre globe donne naissance, avant de retourner sous forme de chaleur vers l'infini, à la rosée qui féconde, à la fleur avec ses parfums et ses brillantes couleurs, à l'arbre qui aujourd'hui purifie l'air de l'acide carbonique, et qui demain fera marcher nos usines ou nous permettra de résister aux intempéries de l'air. Oui, tout cela a sa même source, comme aussi toutes les manifestations de la civilisation humaine, la force qui me permet de me mouvoir et de sentir, le sang qui circule dans mes veines, les mouvements de mon bras qui dans ce moment conduisent ma plume, la pensée que j'essaie de rendre, et jusqu'au plaisir que j'éprouve de pouvoir résumer ce travail par ces paroles que j'emprunte à la thèse inaugurale de mon père: „La transformation est partout, l'anéantissement nulle part. Dans la nature organisée comme dans le monde physique, dans les corps vivants comme dans ceux qui sont frappés de mort, il y a mouvement perpétuel; le repos absolu n'existe point, tout se transforme et du sein de la poussière s'élève continuellement une nouvelle vie."

Onimus.

Qui n'a eu, au moins une fois dans sa vie, l'occasion d'admirer le spectacle incomparable du lever et du coucher du soleil. Etincelant comme un immense disque de métal rougi, l'astre splendide s'élève d'un côté de l'horizon, versant sur le ciel et sur tous les objets qu'atteignent ses rayons, des flots d'une lumière pourprée. Le soir, il descend, du côté opposé, après avoir, durant le jour, inondé la terre de sa lumière, en y suscitant partout la vie et le mouvement.

Mais à peine le dernier rayon est-il éteint, à peine la nuit est-elle descendue sur la terre, que ce tableau si animé change comme par enchantement. Le repos et la fatigue succèdent au bruit et au mouvement, et de mornes ténèbres règnent jusqu'au lendemain, qui voit renaître le même spectacle, ramenant la succession périodique de la lumière et des ténèbres, du mouvement et du repos, de la vie et du sommeil. Depuis qu'existe notre système solaire, ce spectacle s'est déjà reproduit et se reproduira encore un nombre infini de fois; sans la répétition constante et régulière de ces phénomènes la vie, sous aucune de ses formes, ne serait possible à la surface de notre planète, pas plus celle de l'homme, représentant le plus élevé des êtres vivants, que celle du plus infime vermisseau.

Quelle idée plus terrifiante pour nous que celle de ne plus voir un jour le soleil apparaître à sa place accoutumée, de songer qu'une nuit, une nuit éternelle, nous envelopperait à jamais! Nous pourrions, il est vrai, à l'aide de moyens scientifiques, par exemple, par l'éclairage artificiel, obvier, pendant un temps, à l'horrible catastrophe; mais ce temps serait bien court.

Car le soleil n'est pas seulement, comme se l'imaginent peut-être encore certaines personnes peu cultivées, une immense lanterne suspendue au ciel, à seule fin d'éclairer notre globe et ses petits intérêts; c'est aussi la source unique et suprême de toute force terrestre, la source de notre vie et de notre activité physique aussi bien qu'intellectuelle. Dans le cours de cet ouvrage nous aurons l'occasion de citer en abondance des exemples frappants à l'appui de cette proposition capitale; c'est là, dans l'ordre des phénomènes naturels, une clef de voûte, et cette vérité suffirait à elle seule pour réduire à néant toutes les interprétations théologiques de l'univers, acceptées jusqu'à présent. Mais dès maintenant, il nous est permis de formuler les propositions suivantes:

La nature entière ne nous présente pas de phénomènes plus grandioses, plus merveilleux, plus dignes de notre admiration, que ce retour régulier et périodique de l'astre du jour; versant à torrents sa lumière sur le ciel. Mais tout sublime que soit ce spectacle, une habitude quotidienne nous l'a rendu si familier et a tellement émoussé l'impression qu'il produit sur nous, que nous le remarquons à peine. Combien peu d'hommes se sont demandé sérieusement, ne fut ce qu'une fois, comment cet admirable phénomène naturel se rattache à notre vie, à la vie universelle; et pourtant personne n'ignore qu'il en est la condition essentielle. Sans parler de la régularité quotidienne du phénomène, il y a une autre raison importante, pour qu'il ne s'impose pas impérieusement à l'attention de l'homme civilisé, pour qu'il ne se présente pas continuellement à sa perception consciente. Grâce aux progrès gigantesques de la civilisation, grâce à ses découvertes et aux moyens artificiels qu'elle met à notre disposition, tels que l'habitation, les vêtements etc., nous sommes arrivés à nous affranchir relativement de la nature ambiante et avons à peine conscience de l'action si puissante qu'elle exerce sur notre vie. Le peu d'attention que nous lui prêtons, provient précisément de ce que notre dépendance vis-à-vis d'elle n'est plus que faiblement ressentie par nous. Le soir, quand la lumière du soleil vient à nous manquer, cette perte nous est, pour le moment, à peine sensible, les moyens les plus variés pour y remédier ne nous faisant pas défaut. Ne savons-nous pas transformer la nuit en plein jour au moyen de l'éclairage artificiel? En hiver, quand les rayons du soleil ne sont plus là pour nous réchauffer, nous nous empressons de rentrer dans nos maisons bien closes, ou bien nous combattons les atteintes du froid le plus rude par une alimentation et des vêtements appropriés. Il y a plus. A l'aide de la chaleur artificielle, nous violentons la nature, la forçant à nous livrer ses produits les plus précieux, ceux qui pour croître et mûrir ont besoin d'un soleil ardent; ou bien avec nos puissants moyens de communication nous faisons venir des contrées les plus éloignées; des zones les plus riches du globe les objets les plus divers, servant soit à notre alimentation, soit à notre plaisir. Un sage esprit de prévoyance nous a appris, au moyen de la conservation artificielle des substances alimentaires, à établir un certain équilibre entre les époques d'abondance et de stérilité; en sorte que, sous ce rapport, il n'existe pour nous presque pas de différence entre les moments de l'année où la nature splendide regorge de biens et ceux où règnent le froid et la disette.

Tout autre est le cas pour l'homme à l'état de nature, privé de tous les secours de la civilisation, étranger aux admirables découvertes du génie humain. Aussi ce dernier est-il sans repos ni trêve asservi à la nature, aux conditions si variables du monde extérieur. Son existence toute entière, sa félicité ou son infortune, son bien-être ou sa souffrance, sa santé, sa vie, se trouvent à chaque moment à la merci des conditions plus ou moins favorables du milieu où il vit. Tant qu'il plait à la nature de lui accorder la lumière, la chaleur et les aliments necessaires, il est heureux; mais cesse-t-elle de lui prodiguer ses dons précieux aussitôt le voilà misérable. Il s'ensuit naturellement que, pour l'homme sauvage le sentiment de cette dépendance absolue vis-à-vis de la nature devient le pivot de sa pensée, la base de ses conceptions religieuses. Les influences soit bienfaisantes, soit malfaisantes du monde extérieur lui apparaissent comme autant de puissances ou de forces surnaturelles, qui tantôt le protègent, tantôt le poursuivent. Chaque source qui le rafraîchit, chaque arbre qui lui donne des fruits savoureux, chaque astre qui verse sur lui sa lumière lui semblent animés par un esprit, par un dieu protecteur et miséricordieux. Le tonnerre, l'éclair, le froid, la sécheresse ou les ténèbres seront au contraire des puissances ennemies, douées d'un pouvoir surnaturel, pour lui nuire ou le tourmenter.

Parmi les plus puissantes manifestations de la nature, il n'y en a aucune qui puisse être comparée par son importance et sa majesté au soleil, à ce foyer de lumière s'allumant jour après jour sur le firmament. Aussi aucun phénomène naturel n'est plus propre à exercer une influence profonde et durable sur l'imagination de l'homme primitif. —

L'existence entière de ce pauvre être se rattache par un lien si intime et si direct à l'apparition et à la disparition de cette lumière, qu'il est tout porté, abstraction faite de la grandeur et de la majesté du spectacle, à placer ce phénomène au-dessus de tous les autres, à voir en lui la raison suprême des choses, la cause toute-puissante de la vie universelle. Que l'on ajoute à cela l'éloignement et le mystère, le charme merveilleux du lever et du coucher du soleil, tout ce que ce spectacle nous présente de sublime et d'insaisissable, on comprendra facilement alors que tous les peuples ayant eu une religion et un culte, aient choisi le soleil ou la lumière en général pour premier objet de leur adoration. Beaucoup de raisons tendent à faire conclure qu'en général *tous* les cultes religieux, *toutes* les manières diverses d'adorer la divinité ont commencé par le culte du soleil ou de la lumière et en dérivent. Les résultats fournis par la linguistique sont surtout favorables à cette thèse, puis qu'ils prouvent que dans le grand rameau des idiomes Indo-Européens tous les noms sous lesquels on désigne la divinité dérivent de l'unique racine *dî* ou *div*, ce qui veut dire *lumière, éclairer* ou *celui qui éclaire*. C'est de cette unique racine que sont dérivés, comme nous venons de le dire, tous les noms divers de la divinité chez les peuples Indo-Européens. En sanscrit on appelle Dieu *Devas* ou *dêva*, mot qui exprime l'idée ou l'impression de la lumière. Dans les Védas ou livres sacrés de l'Inde, le ciel est désigné par le mot *dyaus*, impliquant l'idée du ciel plein de soleils et d'étoiles, versant la lumière et la chaleur; lui et la terre sont les vieux ancêtres du monde, le couple éternel et inséparable. La lumière que verse le ciel est la source de la génération; elle nourrit les êtres vivants. Le mot grec *Theos* (Dieu) ou *Dios* dont plus tard on a fait *Zeus*, a la même origine; de même le *Deus* ou *Diovis* latin, le brillant, ensuite le *Jovis* ou *Jupiter*, enfin le *Tius* des Goths, le *Dieu* français, le *Dio* italien et le *Dios* espagnol et portugais. Ce sera le *Ziu* ou *Zio* du haut-allemand, le *Tiv* de l'anglo-saxon, le *Dievas* des idiomes lithuaniens.-slaves et le *Tivar* des *Eddas* scandinaves. Dans l'antique épopée héroïque du nord, les *Eddas*, le mot *Tivar* est employé dans un sens plus large, celui des dieux et des héros en géneral, et le mot *Tyr* qui en est dérivé plus tard, sert à désigner le dieu de la guerre ou du tonnerre, le fils d'Odin. C'est dans le même sens, que les latins disaient *sub Dio* ou *sub Jove*, pour rendre l'idée „sous le ciel libre"; de même *malus Jupiter* signifiait „mauvais temps".

Une conclusion fort importante pour l'histoire des religions ressort de ce faisceau de faits, savoir que tous les peuples appartenant à cette grande famille linguistique ne faisait pas à l'origine de distinction entre l'immense foyer de lumière, brillant tous les jours au firmament, et la divinité elle-même; et il semble que l'influence puissante de cette manière d'interpréter les choses se soit continuée jusque dans les temps historiques. On raconte tout au moins, qu'encore au treizième siècle, les Mongols de Tchingis Khan n'étaient pas en état de saisir cette distinction et confondaient continuellement l'idée de Dieu et celle du ciel.

Plus tard, quand les peuples apprirent à établir une distinction plus nette dans leurs idées, l'antique concept de la lumière ou de celui qui éclaire servit exclusivement à désigner la divinité suprême, préposée au gouvernement du monde. Le soleil, ramené à l'état de simple corps naturel ou d'une des forces de la nature, fut obligé de descendre de quelques échelons au dessous des principaux dieux ou puissances célestes, incarnant les diverses forces de la nature. Mais quoique réduit ainsi à n'être plus qu'une des divinités peuplant le monde, le soleil continua encore à jouer un rôle des plus importants. On sait que le culte du soleil, l'héliolâtrie, était très répandu dans le monde antique; que les peuples les plus divers l'avaient adopté avec ardeur et lui étaient particulièrement attachés. Ainsi le célèbre *Bal* ou *Baal* des Phéniciens et des Carthaginois, le dieu protecteur des peuples d'origine phénicienne, dont les temples splendides, renfermant l'image de la divinité, s'élevaient sur les hauteurs et auquel on offrait des sacrifices sanglants, n'était à l'origine autre chose que le soleil divinisé. Le *Bel* des Babyloniens, divinité primitive et nationale de la race sémitique, qui selon les mythes babyloniens avait séparé le jour d'avec la nuit et ordonné l'Omorca ou chaos primitif, avait la même signification.[1]) De même le célèbre culte de *Mithra*, né d'abord chez les Perses ou anciens Iraniens, et qui plus tard se répandit parmi les Romains, n'était encore que l'adoration du soleil. Sous le règne de l'empereur Aurélien (274 après J. C.) le culte de *Mithra* fit des progrès rapides dans l'empire romain et fut importé par les légions dans beaucoup de provinces éloignées, en particulier dans les Gaules et la Germanie. Dans le Nassau, à Francfort sur-le-Mein et à Wiesbaden, de même que dans le Wurtemberg etc. on a trouvé beaucoup de monuments du culte de Mithra.

Chez les représentants d'une des plus antiques civilisations du globe, les Egyptiens, qui avaient déjà atteint un degré fort élevé de culture, alors que l'Européen préhistorique luttait encore, armé de silex grossiers, contre la faune gigantesque de cette époque, la religion consistait presque exclusivement dans l'adoration du soleil, cette force de la nature, source suprême de fécondité et de vie. Le culte du soleil formait le point central autour duquel venaient se grouper les diverses religions de l'Egypte. Le dieu-soleil *Ra* ou *Phra*, dispensateur suprême de la vie et de la fécondité, chaque jour renaissant à nouveau, était surtout adoré à Memphis, que les Grecs avaient pour cette raison surnommée Héliopolis ou cité du soleil. Il y était représenté sous la forme bien connue du sphinx-lion (signe hiéroglyphique du soleil) à tête de dieu-solaire. D'autre fois on le représentait aussi sous celle d'un homme à tête d'épervier, au-dessus duquel flottait le globe ou le disque du soleil. [2])

Les religions primitives des antiques Hindous n'étaient aussi qu'un culte de la nature, dont la lumière, les étoiles et en particulier le soleil formaient l'objet principal. Ainsi dans leurs livres sacrés, les antiques Védas, qui datent de quinze siècles au moins avant l'ère chrétienne, *l'Aurore* annonçant l'approche du soleil, est considérée comme une des divinités les plus importantes. Elle ouvre les portes du ciel, montée sur un char traîné par des vaches rouges. Quand elle apparaît, la vie et le mouvement s'éveillent au sein de la nature, et le meilleur culte à lui offrir est la pureté et la sincérité du coeur. Mais néanmoins le soleil reste toujours le principal objet de l'adoration. Il est dit de lui expressément dans les Védas: „Celui, devant qui les étoiles de la nuit s'enfuient comme des voleurs, celui qui apporte aux dieux et aux hommes la pure lumière et rejouit l'univers entier!“ Son image terrestre est *l'Agni* ou *Agnis*, le dieu du feu, enfant d'une force extraordinaire, vainqueur des méchants esprits de la nuit. Quant au soleil lui-même, il s'apelle *Surya* ou *Sûrja,* aussi *Savitri* et on le représente sous la forme d'un homme à quatre bras, tenant un lotus et une roue et dont la tête est entourée de rayons solaires. Quelquefois on le représente sur un char traîné par un cheval à sept têtes; ceint d'une auréole d'or, il conduit, semblable à Zeus ou à Hélios, son char resplendissant à travers le ciel. [3])

Mais c'est dans l'antique Iran ou la Perse de nos jours, que l'adoration du soleil trouva dans le culte de Mithra, dont nous venons de parler, et dans celui du feu, son emblême terrestre, sa forme la plus pure et la plus élevée. De la terre d'Iran ce culte se répandit dans une grande partie de l'Asie, surtout dans la Médie et la Bactriane, puis pénétra en Europe, où il se maintint jusque dans les premiers siècles de l'ère chrétienne. L'influence puissante qu'il exerça se manifeste encore de nos jours dans la vénération du *Dimanche* ou jour consacré au soleil, par opposition au sabbat juif ou jour consacré à Saturne; c'est de là aussi que vient l'habitude d'orienter vers le levant le maître-autel des églises. Le mot Mithra signifie simplement soleil. Comme le dieu était représenté par la constellation du lion, ses prêtres l'appelaient aussi le lion et le grade le plus élevé de leur ordre était celui de lion. Sur les monuments consacrés à Mithra le dieu est désigné d'ordinaire sous le nom „d'invincible". D'après les mythes persans, Mithra combattait avec

Ormuzd contre les Daevas ou démons, esprits des ténèbres, rangés sous les ordres d'Ahrimane. [4])

Les Hébreux eux-mêmes, le peuple élu de Dieu, n'échappèrent pas à cette influence du culte solaire, si généralement répandu dans l'antiquité, et l'Ancien testament fait sans cesse mention du Baal sémitique, le designant sous ses formes et ses noms les plus divers. Le culte du doux *Adonaï* et celui du sauvage *Moloch,* incarnant l'un la puissance bienfaisante, l'autre la puissance meurtrière de l'astre du jour, l'avaient plus d'une fois emporté sur le culte de Javeh ou Jehova et, sous le roi Salomon, le culte solaire était presque devenu une religion d'état. En effet le magnifique temple de Salomon contenait une image d'airain figurant l'Océan, dans les flots duquel le soleil se plonge chaque soir et d'où il surgit le matin. Ce temple contenait en outre les chars du soleil, d'après le modèle de ceux de la Chaldée et de la Perse, sur lesquels était représentée la voûte céleste avec le soleil. Il n'y a pas jusqu'au Nouveau Testament où l'on ne retrouve des échos de cette manière primitive d'adorer la divinité. Ainsi il est dit dans le premier chapitre de l'Evangile de Jean: „Il n'était pas lui-même la lumière, mais il était envoyé pour rendre témoignage à la lumière. C'était la véritable lumière, qui éclaire tous les hommes, en venant au monde. Elle était dans le monde, et le monde a été fait par elle; mais le monde ne l'a pas connue."

Des hommes très versés dans ces matières vont jusqu'à affirmer, en se basant sur des preuves solides, qu'à son origine le christianisme lui-même n'était que le culte du soleil modifié et déguisé sous un autre nom et que toute la fable de l'expulsion du paradis terrestre et de la rédemption de nos péchés par l'avénement du Messie ne serait que la répétition pure et simple, sous une autre forme, du mythe persan d'Ormuzd et d'Ahrimane. D'après cette théorie, la naissance du Sauveur le 25. Décembre indiquerait le moment du solstice d'hiver; sa résurrection à Pâques celui du retour du printemps, la victoire du soleil renouvelé sur la longue nuit de l'hiver. Mithra, le dieu solaire, est d'après la légende mythologique né, comme le Christ, le 25. Décembre; il mourut, comme lui; comme lui, il fut enterré et il ressuscita, comme lui [9]).

On a encore trouvé le culte du soleil en vigueur jusque dans les contrées les plus lointaines, par exemple, en Amérique, lors de la découverte de ce continent. Les Incas, souverains du Pérou, adoraient le soleil, dont ils prétendaient descendre et qu'ils considéraient par conséquent comme l'ancêtre vénéré de leur race. C'est dans des temples superbes, qu'on rendait un culte à cet astre, et ses prêtresses étaient les plus belles vierges du Pérou. Un Inca du Pérou répondit avec orgueil à un missionnaire chrétien, qui cherchait à le convertir: „Tu invoques un Dieu mort sur la croix; moi, j'adore le soleil, qui ne meurt jamais!" De nos jours encore, chez les peuples sauvages, on retrouve ce culte primitif, sous ses formes les plus grossières. D'après un rapport publié par le Dr. Th. Mundt-Lauff à Londres, les négritos ou autochtones noirs des archipels des Philippines et des Moluques adorent encore aujourd'hui le soleil et le feu, si identiques à leurs yeux, qu'ils n'ont qu'un seul mot — bof — pour les exprimer. Ils font offrande au soleil du premier morceau du gibier tué ou tiennent en son honneur durant la nuit un feu allumé. Ils considèrent les volcans comme sacrés, et cracher dans le feu est à leurs yeux un crime des plus graves. Du reste, ils n'ont aucune autre trace de religion.

L'animal lui-même, l'animal, que l'on prétend privé de raisonnement, est impressionné par le spectacle majestueux du lever du soleil. Peut-être éprouve-t-il à sa vue une espèce d'émotion religieuse. Tout au moins Jacolliot (Voyage au pays des Bayadère, 6me édition. Paris 1879, p. 233 et les suivantes) raconte-t-il avoir plus d'une fois observé à l'île de Ceylan, que les nombreux éléphants apprivoisés et dont l'intelligence est remarquable, ne manquent pas, une fois abondonnés à eux-mêmes, de tourner la tête vers le soleil levant et tout en enroulant en spirale leur trompe autour d'une de leur défense (signe de méditation chez le colossal animal) ils fixent dans le lointain leur regard immobile. „Je n'ai jamais pu, dit Jacolliot, observer sans une profonde émotion intérieure cet effort du gigantesque animal pour imprimer à ses pensées une certaine direction.“

Pour mieux montrer à quel point l'homme primitif ressent vivement sa dépendance du soleil et de ses rayons vivifiants, citons encore un fait. Chez les peuples du nord, dont le dieu principal *Odin* ou *Wodan*, transformé plus tard en „Gaden“ (le miséricordieux, le tout-puissant) et enfin en *Gott*, représentait la divinité solaire, les plus grandes fêtes, avant l'introduction du christianisme, tombaient les jours des solstices d'hiver et d'été, c'est-à-dire aux deux moments de l'année où le soleil se trouve soit à son zénith soit à son nadir. La principale fête était au solstice d'hiver, car c'est le moment à partir duquel le soleil recommence sa carrière ascendante, le moment qui nous annonce le retour d'une meilleure saison. C'est la même fête, que l'on célèbre aujourd'hui sous le nom de Noël, la grande fête de la chrétienté, le jour de la naissance du Christ, — les apôtres du christianisme ayant eu l'adresse de faire concorder l'événement le plus important du christianisme avec le jour sacré pour les peuples du nord. En allemand le mot Noël est *Weihnacht*, ce qui veut dire en vieux germain *„wîhen nahten“* ou nuit sainte. La fête antique durait sans interruption douze jours et douze nuits et était célébrée avec une grande pompe. On allumait des feux sur les hauteurs, on faisait tourner des roues enflammées, qu'on avait préalablement entourées d'étoupe, enduites de goudron et allumées ensuite; on faisait aussi cuire à cette occasion des pains, dont la forme imitait celle du soleil. Sous une forme ou sous une autre, ces coutumes se sont conservées jusqu'à nos jours, tout au moins en Allemagne, et les arbres de Noël aux mille bougies, les gâteaux auxquels on donne grossièrement la forme d'une roue solaire ne sont que des vestiges du paganisme, du temps où l'on ne savait rien encore de la religion de l'amour universel. Ainsi, pour celui qui est au courant de ces choses, la fête, qui semble résumer le spiritualisme le plus élevé de la religion chrétienne, s'identifie avec les coutumes d'une époque où régnait la religion naturaliste dans toute sa pureté. — D'ailleurs les Romains aussi fêtaient, malgré leur climat fortuné, la fête du solstice d'hiver sous le nom de „Natales solis invicti“ ou comme la fête de la renaissance du soleil „invincible“. „Nous célébrons, dit Julien le philosophe, quelques jours avant le commencement de la nouvelle année, des fêtes superbes en l'honneur du soleil, que nous saluons du nom d'invincible. Que ne puis-je avoir le bonheur de te célébrer plus longtemps, ô Dieu-soleil, souverain de l'univers, toi, qui de toute éternité as été créé par le dieu suprême de sa plus pure substance.“ Cette dernière invocation est évidemment inspirée par les idées platoniciennes, car déjà Platon appelait le soleil fils de dieu. L'épithète „d'invincible“ semble avoir été très généralement répandue, car on la retrouve sur tous les monuments dédiés à Mithra.

L'idée, que l'antiquité classique se faisait du soleil, est trop connue, pour que nous ayons besoin de nous y arrêter longtemps. Les notions, que l'on possédait alors sur le cours du soleil, étaient tout aussi peu exactes que celles ayant trait au système planétaire en général; on se figurait le soleil comme n'existant que par rapport à la terre, laquelle à son tour se présentait à l'imagination sous la forme d'un corps immense, aplati, rond, entouré circulairement par l'Océan et servant d'appui à la voûte hémisphérique du ciel. A cette naïve conception se reliait une interprétation non moins naïve du cours du soleil: on se représentait le dieu du soleil (Sol ou Hélios) parcourant quotidiennement sur un char traîné par des coursiers cette voûte céleste, qui surplombait la terre, et plongeant chaque nuit dans l'Océan, pour recommencer le jour suivant la même course, au même endroit du firmament. C'était à l'orient, derrière la Colchide — on allait jusqu'à préciser le lieu — que le dieu du soleil possédait un palais, où il venait goûter les douceurs du repos, afin de se préparer pour sa tâche du lendemain. Le siège principal de son culte était l'île de Rhodes, où chaque année on précipitait dans la mer, en son honneur, un attelage de quatre chevaux, magnifiquement caparaçonnés. Voulait-on représenter le dieu-soleil sous une image palpable, on le figurait sur un char attelé de quatre coursiers, les cheveux flottants. La situation du soleil inaccessible pour nous, son éloignement, sont très bien exprimés par le célèbre mythe d'Icare, qui, voulant atteindre le soleil, tomba dans la mer.

Telles étaient les idées naïves, les notions confuses, que nos aïeux se faisaient sur le soleil! Quant à nous, grâce au progrès gigantesque des connaissances astronomiques, c'est d'un oeil bien différent, c'est avec des sentiments tout autres que nous contemplons le globe de feu, qui tous les jours apparaît et disparaît à nos regards! Et pourtant, à mesure que nous apprenons à mieux apprécier les effets de l'action qu'il exerce sur notre terre, nous sommes de plus en plus obligés de donner raison à cette antique et primitive hypothèse, qui reconnaît dans le soleil et dans la lumière qu'il répand, la source de toute vie, par conséquent l'objet de l'adoration suprême. L'instinct ou pour dire mieux une intuition spontanée, encore ignorante des procédés prudents du raisonnement et de la critique, avait fait entrevoir la vérité à l'esprit simple et grossier de nos ancêtres primitifs. Oui, — toutes les explications, que la science nous donne aujourd'hui sur la nature et les propriétés du corps solaire, sur l'action exercée par ses rayons lumineux sur la vie de notre globe, sont si grandioses, si merveilleuses, dépassant à tel point tout ce que l'imagination peut concevoir, que s'il pouvait encore être question, à l'échélon de la civilisation où nous sommes parvenus, d'une religion de la nature, nous ne saurions choisir un objet plus digne de notre culte, que l'astre adoré par nos aïeux. Puissions-nous réussir à en donner dans les pages suivantes une brève esquisse, nous arrêtant sur les particularités essentiellement liées à notre sujet!

Nous n'insisterons pas sur la question des relations *mécaniques* du soleil avec la terre et le système planétaire en général. D'abord le soleil n'est pas un dieu, traîné sur un char attelé de coursiers, mais un corps céleste se mouvant comme tous les autres corps célestes, dans un espace infini, en vertu de l'éternelle loi de la gravitation, autrement dite loi d'attraction. Ensuite, il ne se meut pas, comme on l'avait longtemps cru, autour de la terre immobile, mais c'est le contraire qui a lieu; c'est lui qui reste fixe au point central de notre système solaire, tenant pour ainsi dire en lisière par sa grosseur et sa force d'attraction le cortège des planètes ou corps célestes — notre terre y comprise. C'est ce que chaque lecteur quelque peu instruit apprend déjà sur les bancs de l'école, car nos traités les plus élémentaires contiennent plus de science, plus d'enseignements résultant des méditations les plus profondes, que tous les temples, les mystères et les bibliothèques de l'antiquité. Pourtant il ne manque pas de gens soi-disant éclairés, qui nient ces vérités scientifiques et sont disposés à admettre que la terre reste immobile au centre de l'univers, probablement parce que tout mouvement sur la surface de notre globe leur est très désagréable. C'est là l'opinion du pasteur protestant Knack, partagée par beaucoup d'autres pasteurs, ses adeptes. Ayant parfaitement saisi qu'il suffit de la connaissance la plus élémentaire des phénomènes du monde sidéral pour ébranler jusque dans ses fondements l'édifice religieux si laborieusement élevé, ces messieurs ne sauraient partager les illusions de certains autres théologiens, à cerveau moins lucide, qui s'imaginent pouvoir réconcilier la religion et la science, fusionner l'eau avec le feu. Malheureusement le knackisme, comme le désigne une feuille prussienne humoristique, ne saurait invoquer à l'appui de son dire, que le *témoignage des yeux*, fort insuffisant, comme on le sait, en matière astronomique. En dépit de ce fameux témoignage, qui nous fait voir la terre immobile et le soleil en marche, c'est le contraire qui est admis d'après le système généralement adopté de Kopernik : c'est la terre qui se meut et le soleil qui reste immobile.

Pourtant il y a quelque chose de fort erroné

dans cette dernière expression. Car si le soleil ne se meut point autour de la terre, loin de rester immobile, il est doué d'un double mouvement fort important. Le premier de ces mouvements consiste à pivoter sur son axe, exactement comme le fait la terre autour du sien, avec cette différence que le globe solaire emploie 25 fois plus de temps pour sa rotation que le globe terrestre. Les taches que l'on aperçoit sur le disque solaire et qui au bout d'un temps déterminé apparaissent sur le côté opposé, avaient permis de conclure avec certitude, que le soleil met $25^1/_2$ jours à tourner sur son axe. D'après des observations et des calculs tout récents, cette estimation semble devoir pourtant être réduite d'un jour à peu près. Le second mouvement du soleil est celui qui l'entraîne dans l'espace. Diverses observations astronomiques ont fait admettre que le soleil avec tout le système planétaire, dont il est le centre, est entraîné dans un mouvement de rotation autour d'un astre énorme, lui servant de centre et qu'il faudrait chercher, d'après les vues émises de nos jours par le célèbre astronome Madler, dans le groupe stellaire bien connu des Pléïades. [6]) Quoique dans sa course le soleil franchisse sept milles par seconde — rapidité, qui, pour un corps céleste aussi énorme, dépasse toute imagination — il met néanmoins vingt-deux millions et demi d'années à parcourir son orbite. Il a probablement pour compagnons de route des millions d'étoiles fixes ou soleils, exécutant comme lui leur rotation autour de l'astre central. La distance qui sépare notre soleil de cet autre soleil central est évaluée à 714 billions de milles — distance si énorme que le rayon de lumière, se propageant, comme on le sait avec une vitesse de 40,160 milles allemands par seconde, a besoin de 527 années pour traverser cet espace.

Quelque grands que soient les dimensions et les distances de notre système solaire, elles paraissent relativement peu de chose à côté de l'énormité de celles que nous venons de mentionner. Quant à la distance, qui sépare notre globe du soleil et au volume relatif des deux astres, la première est de 19—20,000,000 milles allemands ou géographiques*), distance qu'un boulet de canon, dont la rapidité est de 100 pieds par seconde, mettrait douze années à parcourir, tandis qu'une locomotive en emploierait plusieurs centaines (selon le professeur Young une locomotive parcourrait cette distance en 263 années; d'après le docteur Ph. Carl en 350). La lumière n'a besoin que de 8 minutes pour parcourir cet espace, tandis que le son y mettrait 14 années. Si un homme pouvait allonger son bras de telle manière que le bout de ses doigts atteignit le soleil, en vertu du fonctionnement re-

*) L'astronome Encke de Berlin évalue cette distance à 20,700,000 milles — calcul qui semble dépasser la vérité de près d'un million.

lativement lent du système nerveux, ce n'est qu'au bout de *cent* ans qu'il percevrait aux doigts la sensation de la douleur et il faudrait *cent* autres années pour leur communiquer l'ordre de se dérober à l'attouchement douloureux! — La grandeur des deux corps célestes est si différente, que l'étendue de la superficie du soleil est dix mille fois plus grande que celle de la terre, tandis que son volume dépasse d'un million de fois celui de notre globe; un tourneur céleste serait donc en état de tailler dans le corps solaire un million et demi de boules toutes semblables à notre terre, à condition toutefois de n'en perdre aucune parcelle. Si on prend en masse toutes les planètes de notre système solaire, le volume total du soleil dépassera encore de 800 ou 1000 fois celui de cette masse planétaire. Mais, par contre, le poids du soleil, évalué à deux quintillions de kilogrammes, ne dépasse que de 350,000 fois celui de la terre, évalué à sept quadrillions de kilogrammes, autrement dit, la densité du soleil ne représente que la quatrième partie de celle de la terre, d'où il résulte que la matière dont il est constitué, doit être sensiblement plus rare, plus légère ou dans un état de plus grande division moléculaire que celle qui compose notre globe. Dans le fait, ce que l'on appelle le poids spécifique de la masse solaire, n'excède pas de beaucoup le poids de l'eau et est à peu près égal à celui du bois d'ébène ou du charbon. [7]). Pourtant — et ceci tient précisément à l'énorme masse du soleil — un corps étranger tombant sur sa superficie, sera précipité avec une force ou une vitesse presque trente fois plus considérable que s'il tombait sur la terre, c'est-à-dire que l'effet de la gravitation se fait sentir à la superficie du soleil avec 28 ou 30 fois plus de force que sur notre planète. Aussi un corps ne pesant que quatre livres sur notre terre, pèserait-il un quintal sur le soleil! S'il était possible à un homme de parvenir au soleil, à peine serait-il en état de soulever son pied et il courrait grand risque de le briser en le reposant sur le sol; après quelques pas, son épuisement serait si grand qu'il ne pourrait plus avancer. Seules, des créatures gigantesques seraient capable de vivre dans ce milieu. — Le diamètre du corps solaire est de 192,600 milles géographiques, c'est-à-dire 112 fois plus grand que celui de la terre, dont l'étendue est de 1,719 milles — étendue qui dépasse trois ou quatre fois la distance de la lune à la terre. Par conséquent si le globe solaire était creux, la terre pourrait s'y placer amplement avec son satellite, qui en est éloigné de 51,800 milles allemands[1], et cela alors même que cette distance entre la lune et la terre serait double. Le rayon du soleil est évalué à 96,258 milles; sa superficie à 116,480 millions de milles carrés, par conséquent égale à 12,557 fois la superficie de la terre qui compte 9 millions de milles carrés; son volume est de 3,739 billions de milles cubes, dépassant de 1,409,725 fois le volume de la terre, lequel mesure 2,650 millions de milles cubes.

Quant à la circonférence de l'orbite, que la terre parcourt autour du soleil et que l'on désigne sous le nom d'orbite terrestre, elle est de 127 millions de milles et notre planète met, comme on le sait, 365 jours ou un an à la parcourir. La rapidité avec laquelle la terre tourne autour du soleil est de quatre milles par seconde, par conséquent inférieure de trois milles à la vitesse du mouvement solaire autour de l'astre central. La distance de la terre au soleil est prise en astronomie pour mesure générale, servant à déterminer les étendues relatives du monde sidéral, du moins celles qui n'échappent pas à toute évaluation. C'est dans la loi de la gravitation des corps que se trouve la *cause* des mouvements de notre système planétaire. Cette loi fut découverte par Newton (1642—1727), après que Kopernik, Kepler et Galilée (1400—1500) eurent établi les principes de la mécanique céleste, généralement acceptés aujourd'hui.

Mais il est des questions bien plus importantes pour notre sujet, que celle de la situation relative du soleil et du système planétaire. Qu'est-ce que le soleil? Quelles sont sa nature et ses propriétés? De quelle matière est-il constitué? D'où proviennent la lumière et la chaleur qu'il répand?

Pendant que je suis là à me poser ces questions

et à chercher à les résoudre, plus d'un lecteur se dira peut-être: quelle témérité! Que peut-on savoir de précis sur la nature et les propriétés d'un corps céleste, éloigné de nous de 20,000,000 de milles et dont personne ne pourrait aller étudier la nature et les propriétés, sans se brûler les ailes, comme cela est arrivé au malheureux Icare.

Et pourtant, cher lecteur, de nos jours, grâce au merveilleux progrès des sciences, astronomiques et physiques, nous avons à ce sujet plus que des hypothèses; nous possédons des connaissances très-positives, quoique partielles encore, sur la nature du corps solaire; ces connaissances sont même plus exactes, plus détaillées que celles que nous avons sur certaines parties de notre globe ou sur sa constitution intime. Dans les pages qui vont suivre, je m'efforcerai d'exposer clairement ce qu'il y a d'essentiel dans ces importantes données.

Laissant de côté toute conception mythologique, le soleil s'offre à nous comme un corps incandescent. C'est là une idée fort ancienne et tout-à-fait naturelle, puisqu'elle résulte directement de nos sensations visuelles. C'est à cela, à peu de chose près, que s'est toujours bornée et que se borne encore aujourd'hui l'idée que la plupart des gens se font à ce sujet. Vraie aujourd'hui encore en ce qu'elle a d'essentiel, cette opinion fut émise 500 ans avant l'ère chrétienne par le philosophe grec Anaxagore, qui, à cause de ses connaissances scientifiques et astronomiques, remarquables pour son époque, fut accusé d'impiété et exilé d'Athènes.[s])

A mesure pourtant que l'on fit des observations astronomiques plus précises, cette manière de voir dut céder, pour quelque temps, la place à une autre théorie, soutenue en 1744 par l'astronome anglais Alexandre Wilson de Glasgow et par Herschel l'aîné, théorie, qui domina jusqu'à la moitié à peu près de notre siècle. Elle fut seulement abandonnée après la découverte des *taches solaires*, dont la présence avait déjà été signalée en 1610 par un pasteur de la Frise orientale, nommé David Fabricius (son fils fut le premier à les décrire). Ces grosses taches sombres, que l'on aperçoit sur l'astre brillant, apparaissent dans le télescope comme autant de trous noirs et en cherchant à les expliquer, on en vint à supposer que le soleil est un corps ou noyau solide, opaque, d'un volume énorme, entouré d'une enveloppe ou atmosphère lumineuse. On donna à cette dernière le nom de *photosphère* (du mot grec *phos* signifiant lumière), et on admit que les taches solaires étaient des trous ou des déchirures de cette enveloppe lumineuse, laissant le regard pénétrer jusqu'à la surface du noyau opaque. Quant aux *facules* ou taches lumineuses que l'on vait flamboyer d'un éclat splendide autour des taches opaques ou même, et surtout lors d'une éelipse solaire complète, autour du disque solaire lui-même, on les considéra comme des amas plus denses de photosphère, accumulés dans certains endroits. La théorie toute entière fut très favorablement accueillie par la philosophie de la nature empreinte du romantisme qui régnait alors, car cette théorie n'excluait pas la présence dans le soleil d'êtres vivants, semblables aux habitants de notre globe. Mais en admettant cette hypothèse, on perdait de vue deux choses fort essentielles; d'abord l'impossibilité pour le noyau solaire de rester depuis un temps infini à l'état dur, solide, au sein de cette atmosphère incandescente, sans s'embraser lui-même; puis l'effroyable chaleur qu'auraient dû subir les malheureux habitants du soleil, condamnés à vivre dans une pareille atmosphère. On ne songeait pas davantage qu'il était impossible qu'une atmosphère de ce genre put, indéfiniment rayonner dans l'espace une masse énorme de chaleur sans épuiser son calorique, puisque loin d'en puiser dans le noyau solidifié et refroidi, elle devait lui en céder constamment une certaine portion. De plus, la théorie en question se trouvait en contradiction manifeste avec l'hypothèse généralement admise de Kant et de Laplace, sur l'origine et la formation du soleil et des planètes aux dépens d'une seule grande nébuleuse. [9])

Quoique sous une forme modifiée, cette manière de voir compte encore de nos jours un petit nombre d'adeptes, en particulier en France, où elle se soutînt environ jusqu'en 1860, mais elle peut être considérée aujourd'hui comme presque abandonnée et nous assistons à un retour vers l'antique opinion, qui voyait dans le soleil tout entier un corps incandescent. Les découvertes si admirables et si récentes de la physique générale, ou à proprement parler de l'analyse spectrale, ont beaucoup contribué à amener ce résultat, car non seulement elles ont démontré, que le soleil est un corps incandescent, mais encore elles nous ont fait connaître les substances diverses, qui s'y trouvent à l'état de combustion, et cela avec une précision aussi parfaite, que si nous avions pu les soumettre à une analyse minutieuse dans nos laboratoires. C'est à bon droit qu'on apelle l'analyse spectrale „le langage de la lumière"; elle constitue certainement le plus admirable instrument de précision, le réactif chimique le plus sensible qui existe, et avec son secours il devient indifférent que le corps soumis à l'analyse se trouve à une distance de dix pieds ou à des millions de milles. Grâce a l'analyse spectrale, on est parvenu à découvrir quantité de corps, que leur petitesse microscopique dérobait à l'investigation du chimiste; par elle, on a pu connaître la structure moléculaire de corps séparés de nous par d'énormes espaces et échappant par conséquent à la perception directe.

D'après les résultats fournis par cette nouvelle méthode d'étudier la nature, méthode, qui dans ses traits essentiels est connue aujourd'hui de tout homme un peu instruit, deux illustres savants Kirchhoff et Bunsen formulèrent après 1860 la proposition suivante, qui fit époque dans la science.

Le soleil est un corps solide, porté au rouge blanc, ou même liquéfié; il est entouré d'une atmosphère relativement plus opaque et moins échauffée, nommée *photosphère;* celle-ci est formée elle-même par les vapeurs incandescentes des parties constituantes du soleil et renferme un grand nombre de corps en combustion, dont la présence a été depuis longtemps constatée sur la terre. Ces corps sont: le sodium, le calcium, l'aluminium, le barium, le magnésium, le fer, le manganèse, le cobalt, le nickel, le titane, le chrome, le cuivre, le plomb, le zinc, l'hydrogène etc. etc. Ce sont l'hydrogène et les vapeurs du fer et du calcium, que l'on y rencontre surtout. [10]).

Ce sont ces corps, qui produisent les raies dites de Fraunhofer, que nous remarquons dans le spectre solaire; ces raies étaient connues depuis le commencement de ce siècle, sans que leur immense importance ait pu être appréciée avant les admirables découvertes de Kirchhoff. (1859.) Ces raies ne sont ni brillantes ni colorées — elles sont *sombres* et d'après les lois bien connues de l'analyse spectrale, ce fait révèle incontestablement que *derrière* la flamme où brûlent ces corps, se trouve, contrairement à ce que l'on avait supposé jusqu'ici, un corps brillant, incandescent, porté à une température excessive. [10])

Si le soleil n'était qu'un corps incandescent (solide ou liquide), le spectre solaire serait *continu* et les raies en question y feraient défaut, ou en d'autres termes „si les rayons solaires directs pouvaient nous parvenir sans traverser l'atmosphère et la couche de vapeurs absorbantes, le spectre solaire obtenu dans le spectroscope serait *continu* ou plutôt il serait zébré par d'innombrables lignes brillantes, diversement colorées, et ces raies occuperaient exactement la place où nous voyons les raies noires." (Schellen).

Si le soleil n'était qu'un gaz brûlant, le spectre solaire devrait être *discontinu* ou *en bandes;* les raies claires devraient s'y dessiner sur un fond relativement sombre, tandis que ce sont des raies sombres qui se détachent sur un fond clair et c'est ce qu'on appelle *spectre d'absorption.*

Il n'y a donc de possible que la dernière hypothèse, dont la certitude nous est pour le moins aussi acquise que si nous avions pu étudier de près la substance du soleil et en analyser les parties constituantes. Peu après son apparition, cette hypothèse fut confirmée d'une manière éclatante à l'occasion d'une éclipse totale; on put alors étudier isolément dans le spectroscope l'enveloppe lumineuse ou atmosphère du soleil. Quelle dut être la satisfaction de l'observateur en voyant se produire exactement les phénomènes prédits par la théorie, au moment où le disque lunaire couvrait en entier le corps solaire et ne laissait de visible que son admirable *couronne!* Comme au toucher de la baguette d'un magicien, les raies foncées de Fraunhofer disparurent, et à leur place apparurent les raies brillantes et claires du spectre discontinu de provenance gazeuse ou ignée!! Bientôt après, MM. Janssen et Lockyer réussirent, grâce à un perfectionnement introduit dans leurs instruments et à une direction particulière qu'ils leur imprimaient (découverte qui valut au premier un prix astronomique de 2,500 francs), à observer à toute heure l'enveloppe gazeuse du soleil et à l'analyser dans le spectroscope sans avoir besoin d'attendre l'occasion si rare d'une éclipse solaire. Les raies brillantes continuant à ressortir toujours sur le fond sombre, il demeura désormais acquis que l'enveloppe du corps solaire consistait en une masse gazeuse incandescente, où divers corps sont en combustion. On réussit surtout à observer le spectre et à déterminer la composition spectrale des fameuses *protubérances* ou jets gigantesques de gaz hydrogène incandescent, qui s'élancent des profondeurs de l'atmosphère solaire et dont nous aurons encore à parler dans les pages suivantes.

Sauf de lègeres modifications, cette hypothèse de Kirchhoff sur la nature du corps solaire est généralement admise; elle s'accorde admirablement avec la théorie qui explique le mieux et le plus philosophiquement l'origine et l'évolution de notre astre central. Car l'es données de l'astronomie physique ne permettent guère de douter que le soleil, de même que tous les autres astres ou corps célestes, ne soit un fragment détaché d'une immense nébuleuse primitive, une parcelle de la matière cosmique répandue dans l'espace et arrivée par une condensation graduelle à son volume et à sa forme actuelle. Il est tout aussi certain que cette condensation est la cause première de la chaleur intense que le soleil dégage encore aujourd'hui. Que tous les corps, par suite de la condensation de leurs particules, s'échauffent ou dégagent ce que l'on appelle de la chaleur *latente*, ou qu'en vertu de la loi de la conservation de la force, le travail mécanique déplace une masse équivalente de chaleur, ce sont là des faits trop connus pour que nous ayons besoin d'y insister.

La chaleur, développée par la condensation d'un corps céleste d'un volume aussi énorme que le soleil, devait aussi atteindre des proportions gigantesques, en apparence au dessus de toute évaluation. Pourtant on est parvenu à calculer que la quantité générale de chaleur, développée par le phénomène de la réduction du soleil à son volume actuel, serait suffisante pour amener à la température de l'ébullition une masse d'eau 280,000 fois plus considérable que celle du système planétaire tout entier, ou, d'après Redtenbacher, pour élever la température du globe solaire à l'énorme chiffre de 500 millions de degrés centigrades. Or, comme une pareille chaleur ne manquerait pas de réduire tous les corps à l'état gazeux en les dilatant à l'infini, on comprendra facilement que la condensation des particules du corps solaire n'a pas pu s'effectuer d'un seul coup, qu'elle a dû se faire lentement, à mesure que la chaleur dégagée se perdait par le rayonnement dans l'espace refroidi. En fait, de toute cette énorme masse de chaleur, il ne reste aujourd'hui que fort peu de chose. Une partie en a été distraite par la transformation en force mécanique motrice du système planétaire. Mais cette perte semble tout-à-fait insignifiante en comparaison de la quantité totale de cette chaleur. On a calculé qu'aujourd'hui encore c'est seulement la 450ième partie de la force développée par le soleil dans son processus de condensation qui s'est transformée en force motrice du système planétaire; le reste s'est métamorphosé en chaleur. Mais, comme nous l'avons dit, une partie relativement minime de cette chaleur s'est conservée jusqu'à nos jours; la plus grande partie s'en est perdue par rayonnement dans l'espace durant les périodes de temps incalculables qu'a exigées la formation de notre système planétaire [11]). Ce qui en reste suffit néanmoins pour maintenir à l'état gazeux ou fluide tous les corps constituants du soleil. Selon l'évaluation la plus modeste, la température du soleil s'élève de beaucoup au-dessus de 3000 degrés dans l'enveloppe et au-dessus de 10,000 dans le noyau, mais d'après les calculs tout récents de Secchi, de Zöllner, de Klein etc. le chiffre réel serait bien plus considérable encore. Ainsi Secchi évalue à 5 millions de degrés centigrades la température de l'intérieur du soleil et à 10 millions de degrés C. celle de la couche extérieure de la photosphère, tandis qu'il réduit de beaucoup la chaleur de la surface externe de la chromosphère. Zöllner à son tour évalue la température de la photosphère solaire à plus de treize mille degrés C.; celle du noyau, à la profondeur de 139 milles géographiques au dessous de la superficie, à 78560° et, à une profondeur de 2—3000 milles, à un million de degrés centigrades, tandis que Klein donne 27,000 degrés *tout au moins* pour la température de superficie et déclare que la chaleur interne de l'astre solaire défie toute évaluation. Pourtant, depuis peu, Zöllner a calculé que la température de la chromosphère doit s'élever à 61,350 degrés centigrades. [12]). Inutile de dire que ces températures suffisent pour liquéfier ou réduire à l'état gazeux toutes les substances contenues dans le corps solaire. Nous savons que la chaleur solaire, concentrée dans une lentille d'un mètre de diamètre, malgré l'absorption par celle-ci d'une certaine quantité de rayons, suffit à liquéfier ou à vaporiser presque tous les corps connus, en particulier les métaux. Elsner a réussi, à la manufacture royale de porcelaine de Berlin, à liquéfier, au moyen d'une chaleur de 2500—3000 degrés centigrades, nombre de corps des plus solides. On peut avec les lentilles les plus puissantes obtenir une chaleur équivalente à celle que devrait supporter l'écorce terrestre, en supposant que notre globe ne fût pas plus éloigné du soleil que ne l'est la lune de la terre (50,000 milles allemands); une telle chaleur suffirait pour reduire la terre à l'état gazeux.

Sur la quantité de chaleur rayonnée dans l'espace par la superficie du corps solaire, nous possédons des notions plus exactes que sur la température interne de l'astre. Le physicien anglais Tyndall a calculé (avant lui Herschel et Pouillet s'étaient déjà livrés à des calculs analogues), que la quantité totale de chaleur rayonnée par l'astre solaire suffirait à faire bouillir au bout d'une heure 700,000 millions de milles cubes d'eau congelée et au bout d'une minute 12 millions de milles cubes de la même eau. D'après Secchi, la chaleur dégagée continuellement par la superficie solaire serait capable de fondre, en une minute, une couche de glace de l'épaisseur de 10½ mètres qui l'entourerait de toutes parts, ou bien d'élever, en une seconde, à un degré au dessus de zéro une couche aqueuse de 13½ mètres d'épaisseur. D'après Pouillet, pour produire artificiellement une quantité de chaleur équivalente à celle du soleil, il faudrait brûler, *par heure*, une couche de carbone pur de dix pieds d'épaisseur, recouvrant toute la surface de l'astre; la déperdition *annuelle* de la chaleur suffirait à son tour pour faire fondre une voûte de glace de 36 mètres d'épaisseur, enveloppant le soleil à une distance égale à celle qui le sépare de la terre.

On comprend qu'en vertu de la loi de l'équivalence des forces cette énorme quantité de chaleur doit représenter une somme toute aussi énorme de force mécanique. Un seul mètre carré de la superficie solaire développe par conséquent dans le cours d'une seconde une force mécanique plus ou moins equivalente à celle de 75,000 chevaux, tandis que le travail mécanique de toute la chaleur irradiée par sa superficie atteindrait le chiffre écrasant pour l'imagination de 500,000 trillions de chevaux-vapeur.

De toute cette énorme quantité de chaleur et de force seule une très-minime partie est reçue par notre globe, si petit relativement au soleil. On a calculé, que la terre n'absorbe que la 2300 millionnième partie de la *quantité* de chaleur rayonnée par la superficie solaire. (Selon Spiller ce ne serait que la 12560 millionnième partie). — C'est pourtant cette quantité, rèlativement si faible de chaleur et de force, qui est, comme nous allons le voir, la cause unique et suprême du mouvement et de la vie sur notre planète.

Tout naturellement, le soleil, quand il était encore à l'état de masse gazeuse, de nébuleuse ou de simple matière cosmique, devait avoir une extension énorme — une extension dépassant de beaucoup celle de l'orbite de Neptune, la planète la plus éloignée, et son rayon devait être évalué pour le moins à 700 ou 800 millions de milles. La substance qui constitue le soleil et les planètes était alors à ce point divisée et dilatée dans ces immenses espaces, qu'un gramme de substance terrestre solidifiée devait occuper peut-être plus de mille millions de milles cubes ou, selon d'autres calculs, la densité de cette nébuleuse primitive ne devait former que la 553 millionnième partie de la densité de notre air atmosphérique et, selon Radenhausen, la dix-millionnième partie de la densité de l'hydrogène, le plus léger de tous les corps terrestres. La condensation de la masse solaire, détachée de la nébuleuse primitive, et son évolution jusqu'à la forme et au volume actuels n'ont pas été l'oeuvre d'un moment; elles ont mis des millions et des billions d'années à s'accomplir. Cette évolution dure encore et, dans des proportions si considérables, que, chaque année, le diamètre du soleil se réduit d'un mille sur 192,000 milles. Ce processus de réduction développe une source toujours renouvelée de chaleur, sans laquelle il suffirait vraisemblablement d'une période de demps bien plus courte que notre période historique pour abaisser la température du soleil à 0, par suite de son rayonnement continu dans l'espace. Le physicien anglais Thompson a calculé, que, quand même le corps solaire tout entier serait constitué par du charbon de terre anglais de la meilleure qualité, la lumière et la chaleur qu'il répand seraient épuisées au bout d'une période de 8000 années tout au plus, si elles n'étaient continuellement alimentées par cette source de production de la chaleur. Si le soleil se composait tout entier d'hydrogène, dont la combustion produit quatre fois plus de chaleur que celle du carbone, cette période serait sans doute quadruplée; seulement, dans ce cas il est difficile de concevoir d'où serait venue la quantité d'oxygène nécessaire, et ce que seraient devenues les vapeurs aqueuses formées durant la réaction. D'ailleurs, si nous prenons en considération la durée de l'existence de notre globe, nous verrons que la température moyenne de l'écorce terrestre n'a pas diminuée de la centième partie d'un degré depuis deux mille ans; il en résulte nécessairement que la température moyenne du soleil n'a pas non plus sensiblement diminué durant cette période. La cause de cette égalité de température se trouve donc, selon toute vraisemblance, dans la condensation persistante des molécules de la substance solaire, autrement dit, dans la transformation du travail mécanique en chaleur. Le célèbre physicien Helmholtz a calculé qu'une condensation ou réduction du corps solaire, ne fut ce que de la dix-millième partie de son diamètre, suffirait à compenser la déperdition non interrompue de chaleur, subie par lui pendant la durée de deux mille années — réduction qui échappe à l'évaluation de nos instruments les plus délicats. En se basant sur des calculs analogues, l'astronome américain Young pense qu'une réduction anuelle de 240 pieds dans le diamètre solaire, suffirait pour compenser toute la masse de chaleur rayonnée par l'astre durant l'année entière.

On se demande où doivent finalement aboutir cette réduction constante de volume et ce refroidissement graduel du soleil? Il est évident que la chaleur développée par le processus de réduction ne pouvant obvier à ce refroidissement que pour un temps donné, la réponse sera que le soleil est voué *à une extinction finale en tant qu'astre lumineux.* D'une part le soleil ne cessant de dépenser inutilement des quantités prodigieuses de chaleur par son rayonnement dans l'espace, de l'autre, le processus de condensation de ses particules ne pouvant, répétons-le, compenser cette perte que pour un temps borné, il arrivera nécessairement un jour où par suite d'un refroidissement progressif le soleil ne sera plus qu'un noyau solide, incandescent, recouvert d'une croûte durcie et sombre. Dès lors l'astre brillant du jour cessera d'éclairer et entrera dans la phase d'évolution dite géologique, c'est-à-dire qu'il aura atteint le degré d'évolution, ou si l'on veut, de régression, dans lequel se trouve actuellement notre terre. Dès lors aussi toute vie s'arrêtera sur notre globe, car, sans les rayons lumineux et vivifiants du soleil, aucun être vivant ne saurait y subsister, et la terre elle-même entréra dans ce stade de régression, dans lequel nous voyons aujourd'hui notre satellite — la lune. Elle deviendra une masse glacée, privée de vie, dont l'inertie ne sera troublée tout au plus que par l'activité de ses volcans!![13]).

Ces conclusions ne doivent d'ailleurs inspirer au lecteur aucun souci ni quant à sa propre existence ni quant à celle de ses plus proches descendants, la probabilité de ces événements se perdant dans l'avenir le plus lointain. Avant que le soleil, qui en est encore actuellement au premier état d'évolution gazeuse ou liquide, en arrive à la densité actuelle de notre planète, il s'écoulera, d'après le chiffre rond donné par Helmholtz, près de 17 millions d'années.

Ce laps de temps paraît énorme; pourtant il pourrait bien être au-dessous de la vérité, si on considère qu'il n'est pas impossible de voir se produire quelque circonstance de nature à prolonger la vie de l'astre solaire et son rôle en tant que foyer de lumière et de chaleur bien au delà du terme prescrit par les lois naturelles de son évolution. Selon toute probabilité, le soleil est un corps qui ne se contente pas simplement de dépenser, en mauvaise menagère, de la chaleur ou de la force (termes équivalents) sans jamais en emprunter. Le processus de combustion dont il est le siège, ne se fait peut-être pas uniquement aux dépens de la chaleur produite par la condensation de ses molécules; il pourrait être aussi alimenté par une chaleur et une force venue du dehors. Mais d'où viendrait cet appoint? En partie peut-être de ce soleil central, quelque peu problématique, dont il a déjà été question; en partie d'une production continuelle de chaleur due à d'innombrables combinaisons chimiques, qui doivent s'effectuer constamment à la superficie du soleil, siège du refroidissement; cette chaleur peut aussi provenir, pour une part, de la chûte sur le soleil de beaucoup de corps célestes étrangers, tels que comètes et étoiles filantes ou astéroïdes (globes de feu, météores, météorites.) Il est vraisemblable que ces corps circulent dans l'espace en quantité innombrable (de notre globe on peut en compter plusieurs milliers dans le courant d'une seule nuit et d'après les calculs de l'astronomie il en tombe en moyenne sur la terre *six* par heure au moins). En parcourant son immense orbite dans les espaces infinis du ciel, le soleil doit nécessairement rencontrer un nombre considérable de ces corps célestes, qu'il oblige, en vertu de sa force d'attraction à s'incorporer à lui. Peut-être beaucoup de ces masses météoriques, qui, d'après les nouvelles données scientifiques, sont seulement des fragments, des résidus de comètes désagrégées, se sont-elles introduites du dehors dans notre système planétaire, tandis que d'autres vraisemblablement, sous la forme de petits corps célestes, en font partie constituante et décrivent, comme les planètes, des courbes régulières autour du soleil. [14]). On sait que beaucoup de ces météores tombent aussi sur la terre et en tel nombre, que déjà Arago avait calculé qu'il devait en tomber pour le moins deux par jour, tandis que selon Reichenbach la moyenne par an ne serait pas au-dessous de 4500, et que Haidinger évaluait à 450,000 livres le poids annuel des aérolithes tombant sur la terre. Beaucoup de savants inclinent à croire que notre propre globe s'est constitué aux dépens de pareils aérolithes, hypothèse qui expliquerait d'une manière tout-à-fait satisfaisante l'uniformité de structure de la matière terrestre et de celle des météorites. Ce phénomène a d'ailleurs quelque chose de si frappant et de si merveilleux, qu'on a longtemps tenu pour des contes les récits les plus véridiques sur ce sujet, et qu'on a donné des faits de ce genre les mieux constatés les explications les plus fausses, tandis que l'on ajoutait une foi pleine et entière à des choses bien plus invraisemblables et impossibles, tels que les miracles, la résurrection, la révélation, etc. On a considéré ces aérolithes tantôt comme ayant été vomis par des volcans, tantôt comme des pierres primitivement enfouies dans le sol et exhumées par la foudre, qui du même coup les échauffait. Quant aux étoiles filantes et aux globes de feu, on les tenait pour des gaz en combustion, des gaz s'élevant de la terre et s'embrasant dans les régions supérieures de l'atmosphère. Selon les croyances populaires des anciens, les étoiles filantes étaient les esprits du mal ou démons; pour avoir surpris les entretiens des dieux, ils avaient été condamnés à être précipités des régions célestes dans les régions inférieures. De nos jours, ce phénomène, dont l'origine cosmique n'est plus pour personne l'objet d'un doute, est parfaitement connu (tout Musée possède des aérolithes en bon nombre) et il a contribué à jeter une vive lumière sur la constitution chimique des espaces célestes, bien avant que l'analyse spectrale fut découverte.

De même que les météorites en question tombent sur la terre, ils tomberaient aussi, d'après la théorie que nous venons d'esquisser, en grande quantité sur le soleil, attirés par la force d'attraction de celui-ci et serviraient à alimenter les phénomènes de combustion, dont il est le siège. Ce résultat serait atteint en partie par l'appoint de substances étrangères qu'ils y introduiraient, en partie par la quantité considérable de chaleur produite par le choc du corps solaire, sur lequel viendraient rebondir ces corps étrangers. C'est une loi fondamentale et bien connue de la physique que le mouvement enrayé d'un corps se transforme en chaleur;

cette chaleur sera d'autant plus considérable que le choc aura été plus violent ou que la vitesse de la chûte du corps aura été plus grande. Or, la vitesse de cette chûte, pour un corps placé en dehors du soleil à une distance égale à un rayon de l'astre et venant tomber sur celui-ci en vertu de sa force d'attraction, ne serait pas moindre de 637 kilomètres par seconde. En se basant sur cette loi, le Dr. R. Mayer de Heilbronn, à qui on doit l'admirable découverte de la loi de la conservation de la force, a calculé qu'un astéroïde venant tomber sur le soleil, doit développer par le choc une chaleur égale à celle que produirait la combustion d'une masse de charbon de terre quatre mille fois aussi grosse que lui. Selon Secchi, la chûte sur le soleil d'un kilogramme d'eau développerait une quantité de chaleur suffisante pour élever à 49 millions de degrés la température de cette eau. „Si la terre venait à tomber sur le soleil, cette chûte développerait une quantité de chaleur égale à celle, que produirait la combustion d'une masse de charbon de terre dont le poids dépasserait 6000 fois le sien, chaleur parfaitement suffisante pour couvrir durant 69 ans la déperdition, que fait subir au soleil son rayonnement dans l'espace.“ Si toutes les planètes venaient en bloc se précipiter sur le soleil, elles en maintiendraient la température pendant l'énorme durée de 45,000 années. On comprend donc sans peine qu'une affluence régulière de météorites sur le soleil fournirait à cet astre un appoint assez considérable pour entretenir sa température.

Si la théorie, dite théorie des météorites, avait raison, le soleil se comporterait donc d'une manière toute semblable aux corps organisés de notre globe; il serait, comme eux, le siège de phénomènes vitaux réguliers d'agrégation et de désagrégation. Voilà qui fournirait à un philosophe de la nature un thème à plus d'une digression, à plus d'un rapprochement avec les corps organisés; mais nous préférons ne pas insister sur ces analogies, vu leur valeur fort problématique. Il ne faut pas oublier que la théorie en question a soulevé de la part des savants plus d'une objection sérieuse; on est allé jusqu'à mettre en doute le fait de la chûte des météores sur le soleil, quoiques certains observateurs prétendissent au contraire avoir constaté le choc à l'aide du télescope. [15]). D'autres encore, comme Secchi, comme l'habile observateur des météores, P. Greg de Manchester, et le prof. Thompson de Glasgow, tout en croyant impossible de nier la chûte de ces corps sur le soleil, sont d'avis que le nombre des météorites de ce genre, accomplissant leur rotation autour de l'astre, ou de ceux qui y arrivent accidentellement du fond des espaces extra-planétaires, est trop restreint pour produire un effet aussi prodigieux que la conservation de la chaleur solaire. Les adversaires de l'hypothèse n'ont pas manqué d'ajouter en outre qu'un accroissement considérable de la masse solaire, par suite de la chûte des météores, est difficile à admettre, car il résulte des calculs relatifs au mouvement de la terre, comme nous l'avons déjà remarqué, que depuis 1000 ou 2000 ans on n'a pas constaté d'accroissement sensible dans le poids du soleil.

De même on a contesté l'existence de la seconde source de chaleur solaire, celle qui est due aux combinaisons chimiques et à la mise en liberté de ce que l'on appelle chaleur latente de décomposition. Le soleil, objectait-on, ne *brûle* pas; il est seulement incandescent, et sa température excessive s'oppose à toute combinaison chimique; par conséquent il n'y a pas de ce chef production de chaleur. Même en admettant que, dans des régions moins chaudes de l'atmosphère solaire, des combinaisons de ce genre puissent s'effectuer, la chaleur qui en résulterait serait perdue par suite de la décombinaison correspondante au sein des couches plus profondes de l'atmosphère solaire.

Mais, quoi qu'il en soit de cette hypothèse, que la chaleur solaire s'entretienne ou non autrement que par la condensation des molécules constituantes, l'astre n'en est pas moins fatalement destiné à périr en tant que foyer de lumière; c'est là une loi à laquelle sont soumis les corps organisés de notre globe aussi bien que les corps célestes en général. Pour le soleil, comme pour eux, le bilan de la force ou de la chaleur n'est pas en équilibre. Mais aujourd'hui encore, la jeunesse de l'astre est en pleine fleur; l'énergie de son rayonnement semble même en voie d'accroissement, et dans sa photosphère il consume aussi bien ses substances constituantes que celles venant du dehors — phénomène auquel sont dues dans le spectre solaire les raies dites de Fraunhofer, dont nous avons parlé plus haut.

Quant à la photosphère ou enveloppe lumineuse de gaz incandescent, elle n'avait pas encore été bien décrite; mais, grâce à des observations directes faites dans les dernières dix années, on a réussi à en étudier un peu mieux la constitution. Il est désormais acquis que cette photosphère est constituée par une immense mer lumineuse de gaz, de vapeurs, de nuages, formant des couches diverses. Un mouvement éternel et puissant, une activité, dont nous ne pouvons nous faire aucune idée — les points de comparaison nous faisant défaut — agitent sans cesse cet océan de vapeurs incandescentes, formé par les éléments constituants du soleil lui-même. On a bien comparé ce mouvement avec la formation de nos nuages et avec nos courants atmosphériques terrestres; mais ces derniers phénomènes ne sauraient nous en donner qu'une faible idée. En effet, la dimension de ces nuages solaires ou masses gazeuses dépasse de cinq à dix fois et même davantage celle de notre globe tout entier, et les tempêtes qui sévissent dans l'atmosphère solaire se précipitent avec une telle force et avec une telle rapidité (30—60,000 mètres par seconde et même davantage), que nos ouragans terrestres les plus violents, dont la plus grande rapidité est évaluée à 400 milles allemands par jour, ne sont à côté que de légers zéphyrs. Disons pour conclure, et cela en nous basant sur les observations des astronomes qui étudient spécialement le soleil, que rien dans la nature terrestre n'est comparable, même de loin en force et en grandeur aux phénomènes dont l'atmosphère du soleil est le siège. Les phénomènes terrestres les plus effrayants, tels que tempêtes, tremblements de terre, éruptions de volcans, incendies, inondations etc. ne sont que jeux d'enfants en comparaison de ces puissantes manifestations des forces physico-chimiques. La plus remarquable d'entre elles, c'est le splendide phénomène lumineux connu sous le nom de protubérances solaires. Pareilles à des montagnes ou à des tours de feu, ces protubérances jaillissent sur les bords de l'astre avec une force incroyable, durent pendant quelque temps pour éclater ensuite et s'évanouir en s'éparpillant sur la surface solaire en milliers de petites flammes. C'est surtout pendant les éclipses totales, alors que, vermeilles, elles rayonnent dans toute leur splendeur, que l'on peut le mieux les observer, et c'est alors qu'elles ont été décrites avec enthousiasme par les astronomes. Aujourd'hui pourtant, grâce à des instruments spéciaux, on peut les observer à toute heure du jour. —

Voici maintenant ce que l'analyse spectrale nous révèle sur la nature intime de cet admirable phénomène lumineux. Les protubérances solaires seraient des jets gigantesques de gaz incandescent, notamment de gaz hydrogène, comme l'indiquent nettement les trois raies caractéristiques de ce gaz, que l'on remarque dans le spectre. Des vapeurs métalliques de fer, de magnésium, etc. viendraient s'y mêler et peut-être aussi des vapeurs d'eau, produit de la combinaison chimique de l'hydrogène et de l'oxygène. Avec une force et une rapidité auxquelles rien ne saurait être comparable, ces jets s'élancent, semblables à une éruption ou à une explosion, soit du sein du noyau solaire lui-même, soit de la chromosphère (c'est-à-dire d'une couche inférieure de la photosphère solaire); ils atteignent à une hauteur égalant presque la distance, qui sépare notre lune de la terre, et à une largeur équivalente à vingt diamètres terrestres, — le tout avec une rapidité de 25 milles géographiques par seconde, selon Lockyer, et de 36, selon Young. Ce dernier a eu l'occasion d'observer des protubérances, qui au bout de quelques minutes avaient atteint une hauteur de 100,000 milles anglais, déployant ainsi une force suffisante pour projeter bien loin des masses de fer solide. Aussi Proktor a-t-il prétendu que les masses de fer météorique, qui tombent sur la terre, proviennent peut-être des éruptions solaires. L'hypothèse a d'autant plus de probabilité que quelques astronomes admettent, en se fondant sur leurs observations, que sous l'empire de certaines circonstances une partie des corps vomis par le soleil ne retombe pas sur cet astre, et qu'une quantité considérable de gaz et de vapeurs solaires se perd ainsi dans l'espace. Si la science venait à confirmer cette théorie, on trouverait là une compensation à l'accroissement de la masse solaire provenant des météorites, qui tombent sur cet astre, et nous comprendrions pourquoi, en dépit de cet accroissement continuel, le volume du corps solaire n'a pas augmenté d'une manière appréciable depuis deux mille ans.

Il n'est pas rare de voir les protubérances s'élancer, mues par une force irrésistible, au-dessus de la region de la photosphère; elles semblent alors former comme des nuages, planant pendant quelque temps au dessus de celle-ci. La forme de ces nuages change de tout au tout au bout d'un temps fort court.[16]) Les dessins présentés depuis peu à l'Académie dès sciences de Berlin par le célèbre astronome Spörer nous les représentent comme les flammes d'un immense incendie, qui, agitées par le vent, auraient été arrachées du foyer et projetées dans l'air. Quelquefois c'est une mince colonne qui jaillit tout droit et dont le sommet retombe comme renversé par un vent violent. —

Une des protubérances les plus remarquables a été observée le 30 Août 1880 par Thollon à l'Observatoire de Paris. C'était une gigantesque colonne de gaz, qui s'élançait sur le bord du soleil et atteignait au moins 46,000 milles de hauteur, dépassant par conséquent le quart du diamètre solaire; or, une protubérance n'atteignant qu'à la moitié de cette hauteur est déjà tenue pour très considérable. C'est à onze heures du matin, que l'on remarqua le phénomène, dont les dimensions, en ce moment fort modestes, allèrent toujours en augmentant. A une heure de l'après-midi il n'y en avait plus de traces. — Selon Secchi les protubérances ne seraient que des amas locaux de gaz incandescents, formés dans la chromosphère et qui, projetés dans l'espace par des causes particulières, se désagrègent bien vite, en vertu de la raréfaction et du refroidissement de leurs molécules. Quelques-uns de ces phénomènes auraient leur origine dans les profondeurs mêmes du noyau solaire, tandis que d'autres ne seraient que des perturbations locales ou des orages, dont l'atmosphère solaire serait le siège. D'après leur origine, Zöllner les distingue en protubérances dites *éruptives* et protubérances *vaporeuses* ou *nuageuses*. D'après leur aspect extérieur on les divise encore en protubérances en forme de tas, de rayons, de touffe, de nuage. Leur durée est parfois de quelques heures, parfois de jours entiers, et elles semblent envelopper le corps solaire de toutes parts.

Il est un phénomène trés-analogue à celui que nous venons de décrire, phénomène qui est peut-être le même sous une forme réduite; je veux parler des *facules solaires.* Ces facules semblent de nombreuses langues de feu, éparpillées sur toute la surface solaire, mais plus prononcées près de l'équateur de l'astre ainsi que dans le voisinage immédiat des taches solaires, qui d'ordinaire sont comme enchassées dans les facules. Ce sont ces facules, qui donnent à la surface solaire un aspect rugueux, ondulé, mouvementé, l'aspect d'un corps constitué par des langues ou des feuilles de saule entrelacées ou parsemé dans toutes les directions de granulations irrégulières, de marbrures; c'est là aussi ce qui nous donne l'illusion d'une vie puissante et mouvementée qui régnerait là-haut. En réalité, l'astronomie nous dépeint la surface solaire comme une mer uniforme, éternellement fouettée par des tempêtes terribles ou comme le jeu incessant de courants descendants et ascendants formés par des vapeurs et des gaz incandescents, — de là l'aspect ondoyant et accidenté de la surface solaire. Grâce à cet échange perpétuel entre l'intérieur incandescent du noyau et sa surface refroidie, celle-ci a l'aspect tantôt d'un gouffre sombre, tantôt d'un immense volcan flamboyant; parfois elle semble couverte, sur des espaces de milliers de milles, de nuages en forme de scories. Tous ces changements se font avec une rapidité, à côté de laquelle la vitesse de nos trains express n'est que le lent mouvement d'un reptile. „Il y a des facules" dit J. F. Klein, „d'une longueur de 50—100,000 milles allemands, qui souvent surgissent et disparaissent en peu de jours. Il en résulte que les révolutions du soleil ont un caractère de grandeur dépassant de beaucoup notre force de conception."

Grâce aux phénomènes décrits ci-dessus, l'explication des énigmatiques taches solaires, dont il a été question plus d'une fois, ne présente plus de bien grandes difficultés. Les opinions des savants, touchant la nature intime de ces taches, sont encore très partagées; mais, dans tous les cas, un fait est évident, c'est que ce sont des perturbations locales de l'enveloppe gazeuse ou nébuleuse, qui entoure le soleil. Maintenant sont-ce, comme l'affirme Secchi (d'accord avec la théorie de Wilson exposée plus haut), des fentes ou des trouées, peu profondes d'ailleurs, creusées dans la photosphère par les perturbations orageuses, dont celle-ci est le siège, et par la force d'éruption des vapeurs, des déchirures remplies de vapeurs métalliques, denses et opaques, par lesquelles les masses photosphériques se précipitent au dehors? Ou bien sont-ce, comme le veulent Spörer, Weber, Kirchhoff etc. des amas ou des nuages de fumée, produits par les facules solaires, ou peut-être, d'après Reis, des taches ou nuages de rouille, formées par des oxydations ferrugineuses et se maintenant, grâce à la force d'attraction du soleil, presque sans modification aucune, pendant un certain temps? Sont-ce enfin, comme l'admettent Faye, Zöllner, Gautier etc., des masses immenses de scories à demi refroidies, premier rudiment d'une croûte en voie de formation, sous l'action d'un refroidissement graduel? Au bout de quelque temps, ces couchès de scories s'enfonceraient à cause de leur pesanteur dans les régions plus chaudes de l'enveloppe gazeuse. C'est une opinion intermédiaire aux deux dernières hypothèses, que semblent adopter Spiller et quelques autres, en soutenant que les taches solaires sont des scories ou des masses de scories à demi refroidies par l'action d'un abaissement local de la température, mais surplombées et enveloppées de toutes parts par des nuages, dus à la combusstion. Telle serait la cause du phénomène appelé *pénombre* ou de cette ombre, qui entoure généralement les taches solaires. Comme nous venons de l'apprendre, cette théorie a pour elle l'adhésion du célèbre astronome Spörer d'Anklam, que l'on compte de nos jours pour le meilleur observateur des taches solaires. De son côté, l'astronome français Faye admet que les combinaisons chimiques impossibles dans les profondeurs de l'atmosphère solaire, à cause de la température élevée qui y règne, peuvent parfaitement s'effectuer sur la surface refroidie.

En vertu de leur densité plus grande et de leur pesanteur, ces précipités finiraient par retomber dans les couches inférieures, où ils ne tarderaient pas à être dissous, et où leur chûte provoquerait un courant ascendant de sens inverse. Ce serait là en fin de compte la cause première de ces taches, si variables par le nombre, la forme, le volume et la position. Beaucoup de ces taches solaires changent rapidement d'aspect dans le courant de quelques heures ou de quelques jours; d'autres surnommées „taches persistantes" persistent des mois entiers sans subir la moindre modification, en sorte que durant les vingt-cinq jours, que le soleil met à tourner autour de son axe, on les voit reparaître sur le bord oriental de l'astre, le treizième jour, et on les peut reconnaître sans la moindre difficulté, — fait qui selon Schwabe pourrait se répéter jusqu'à 22 fois consécutivement. On voit quelquefois plusieurs petites taches se fondre en une seule ou tout au contraire une grosse tache se subdiviser en plusieurs petites. Leur nombre est aussi variable que leur forme, qui est tantôt ronde, tantôt ovale, tantôt angulaire ou pointue; dans certaines années leur nombre est quadruplé. On remarque aussi dans l'apparition des taches solaires un certain caractère de périodicité, plus prononcé tous les onze ans. Ce caractère n'a pas encore été bien étudié, mais on a cherché à le rattacher aux conditions climatériques de la surface de notre globe, ainsi qu'aux phénomènes du magnétisme terrestre. Cette hypothèse serait d'autant plus vraisemblable qu'on a pu observer des taches solaires, dont la grosseur dépassait de dix ou de vingt fois le volume de la terre, quoique le diamètre de la plupart d'entre elles ne soit que de mille milles et même moins. Les plus petites, désignées sous le nom de *pores solaires*, couvrent, paraît-il, en quantité innombrable, toute la surface de l'astre. Tout naturellement leur mouvement suit celui du soleil, mais elles semblent en outre douées d'un mouvement propre. [17])

Mais revenons encore aux théories sur les taches solaires. S'il est vrai, comme le soutient Secchi, contrairement aux hypothéses admises jusqu'à présent, qu'en dépit de leur opacité, d'ailleurs toute relative, les taches solaires dégagent plus et non pas moins de chaleur que les autres parties de la surface solaire; s'il est vrai que l'action des causes qui absorbent la lumière et produisent les raies dites de Fraunhofer, soit plus puissante dans l'intérieur des taches qu'en dehors d'elles, il est certain que ces faits seraient bien plus favorables à l'hypothèse des déchirures de la photosphère, émise par Secchi (quelles que soient d'ailleurs les objections auxquelles elle puisse donner lieu), qu'à celle des nuages et des scories. D'autres faits encore semblent plaider en faveur de la théorie de Secchi: ce sont les voiles rouges ou langues de feu, qui correspondent aux protubérances rouges des éclipses solaires, et que l'on voit surgir souvent de l'intérieur des taches; les facules solaires ou amas de lumière, qui entourent les-dites taches et envahissent quelquefois toute une moitié du disque solaire; enfin ce fait qu'à la place même où se produisent aujourd'hui les éruptions formidables de protubérances gigantesques, on voit de grosses taches apparaître le jour suivant. Ce dernier phénomène est un signe certain que des vapeurs ont été vomies et se sont affaissées dans ces endroits. En attendant, quelle que soit la théorie qui doive l'emporter, les taches n'en sont pas moins, comme nous l'avons dit, le résultat de perturbations orageuses, de violents bouleversements, cataclysmes dont la masse solaire est le siège. De même que les protubérances et les facules elles indiquent que des phénomènes formidables, des révolutions cosmiques agitent l'intérieur de l'enveloppe lumineuse du soleil. Ces révolutions et ces bouleversements, nous ne les soupçonnons même pas, en contemplant l'aspect toujours uniforme de l'astre, et nous sommes loin de nous douter à quelle série ininterrompue de formidables phénomènes physico-chimiques nous sommes redevables de la lumière égale et douce qu'il verse sur nous.

„Ces descriptions nous font comprendre", dit F. J. Klein (Ansichten aus Natur und Wissenschaft, S. 26), „que le solèil qui épanche paisiblement sur nous la chaleur et la lumière, est lui-même le théâtre immense de la lutte acharnée des éléments, lutte d'une grandeur sauvage, dont l'imagination humaine ne saurait se faire une idée. Du sein de la mer de vapeurs incandescentes, qui constitue la surface solaire, surgissent sans cesse tantôt sur un point, tantôt sur un autre, des jets immenses d'hydrogène embrasé, dont la circonférence dépasse celle de notre globe. De cette atmosphère de feu ils s'élancent jusqu'à une hauteur égalant presque la distance de la lune à la terre. Ces masses incandescentes, d'un volume énorme, dont la force de projection suffirait à balayer notre globe comme le courant d'un fleuve entraîne un morceau de liège, retombent ensuite en courbes gigantesques, embrassant des milliers de milles d'étendue et provoquent dans l'atmosphère incandescente du soleil des tourbillons d'un millier de milles de diamètre. A la surface du soleil les forces brutales de la matière se combattent avec rage; c'est l'empire sauvage des puissances ignées, dont l'esprit humain n'avait pas la moindre idée, tant que l'analyse spectrale ne lui en avait pas révélé l'existence."

On comprendra mieux les phénomènes dont il s'agit, quand on saura que l'enveloppe lumineuse du soleil, siège de ces cataclysmes terribles, ne consiste pas en une masse uniforme de gaz ou de vapeurs, mais se compose au contraire de couches distinctes, superposées, dont chacune semble être animée d'une activité qui lui est propre. Immédiatement au dessus du noyau incandescent, demi liquide, demi gazeux, dont la constitution moléculaire résulte de la lutte entre l'action de la gravitation et celle d'une température excessive, se trouve la *photosphère* proprement dite ou couche opaque de gaz et de vapeurs, dont la température est très-élevée. C'est de cette couche, formée par la condensation des vapeurs métalliques du soleil, qu'émanent la lumière blanche, ainsi que les rayons colorés. Elle constitue donc la véritable source de la lumière et de la chaleur solaire, et si nous pouvions la soumettre à l'analyse spectrale, elle nous fournirait ce qu'on appelle un spectre continu.

Au dessus de la photosphère, tout autour du soleil, s'étend *l'atmosphère solaire* ou enveloppe atmosphérique, très dilatée et plus ou moins transparente. Elle est constituée par les gaz et les vapeurs métalliques et étant plus exposée que les autres parties de l'astre à l'action du refroidissement, elle a une température notablement moins élevée. C'est elle qui produit par absorption, et cela surtout dans sa région inférieure, formée presque exclusivement de vapeurs métalliques et confinant à la photosphère, les raies obscures du spectre solaire, connues sous le nom de raies de Fraunhofer; autrement dit, elle produit ce que l'on appelle le renversement des raies. Aussi lui-a-t-on donné le nom de *couche d'absorption*. La force d'absorption agit aussi bien sur les rayons lumineux que sur les rayons caloriques et chimiques, et son action est si puissante que, selon les calculs de Secchi, elle neutralise les $^{88}/_{100}$ du rayonnement général. En d'autres termes, si l'on pouvait dépouiller le soleil de son atmosphère absorbante, il dégagerait *huit fois* plus de chaleur et de lumière qu'il ne le fait aujourd'hui. Le résultat de cette énorme accroissement de chaleur serait l'extinction de toute vie sur notre globe. La même force d'absorption protège le soleil lui-même contre le danger d'une dépense trop rapide de son énergie, cette dernière restant en quelque sorte emmagasinée dans l'atmosphère. En outre ce qui semble perdu d'un côté sous forme de chaleur et de lumière rayonnée, reparaît de l'autre sous la forme de force vivante.

La portion supérieure de l'atmosphère solaire, connue sous le nom de *chromosphère,* a selon Lockyer une épaisseur de plusieurs milliers de milles; elle est presque exclusivement composée d'hydrogène incandescent, auquel viennent se mélanger les vapeurs de quelques métaux légers, tels que le sodium, le magnésium etc. En outre, lors des violentes éruptions gazeuses, dont nous avons parlé, des vapeurs de métaux plus lourds doivent pénétrer dans cette atmosphère. C'est surtout la chromosphère qui semble être le siège de ces courants, de ces tourbillons, de ces explosions violentes et de ces éruptions de substances chauffées au rouge blanc, qui composent la photosphère aussi bien que la chromosphère. Ces phénomènes, auxquels les protubérances, les facules et les taches solaires doivent leur origine, ont été décrits plus haut.

Peut-être existe-t-il encore, comme l'admet Meldola, entre l'atmosphère et la chromosphère une autre couche, dite *couche de combustion*, aux sein de laquelle s'effectueraient des combinaisons chimiques par oxygénation, tandis que, partout ailleurs, l'hydrogène régnerait en maître incontesté. Il ne faut pas d'ailleurs se représenter ces diverses couches ou enveloppes gazeuses, dont nous venons de parler, comme nettement séparées l'une de l'autre; elles doivent, sans aucun doute, empiéter sans cesse les unes sur les autres, et le mélange doit être surtout intime, lors des violentes perturbations qui éclatent fréquemment dans leur sein, tantôt sur un point, tantôt sur un autre. C'est peut-être là la raison pour laquelle, dans la couche dite d'absorption, le nombre et la nature des substances absorbantes changent dans une certaine mesure. C'est pourquoi aussi, comme nous l'apprennent les photographies du spectre solaire, prises successivement, les raies de Fraunhofer ne sont nullement constantes, ni comme nombre, ni comme distribution.

Mais la chromosphère elle-même est loin d'être la couche la plus externe de l'enveloppe gazeuse du soleil. Au-dessus d'elle on observe encore cet admirable phénomène lumineux d'une beauté si merveilleuse, que les astronomes ont baptisé du nom de *couronne*. C'est à l'occasion des éclipses totales, au moment où le dernier croissant aminci du disque solaire disparaît avec son dernier rayon derrière le globe de la lune, que l'observateur ravi assiste tout-à-coup à ce radieux spectacle. Le noyau solaire éclipsé est entouré d'une espèce de gloire ou d'auréole aux rayons divergents; des jets isolés de lumière s'en détachent pour s'élancer tantôt dans une direction, tantôt dans une autre et se perdre dans les espaces aussi vastes que le diamètre solaire. Dans les contrées tropicales, ces rayons suffisent presque à remplacer la lumière de l'astre disparu.

On ne sait encore rien de positif ni sur la nature, ni sur les causes de ce merveilleux phénomène. Longtemps on l'a considéré comme une espèce d'expansion de l'enveloppe gazeuse du soleil, comme la dernière et la plus externe des couches de cette enveloppe, couche consistant en gaz hydrogène refroidi, mais néanmoins à un haut degré de raréfaction. Pourtant on ne pouvait établir aucun lien direct entre la chromosphère et cette couche hypothétique, dont les contours inégalement arrondis se prêtaient mal à cette théorie. Enfin des observations faites en Amérique durant la dernière éclipse totale, le 23. Juin 1878, ont, semble-t-il, démontré que la couronne n'est point, comme on le croyait, une atmosphère ou une enveloppe entourant le corps solaire, mais qu'elle consiste en une énorme quantité de corpuscules, figurant des nuages cosmiques et entourant le soleil vers lequel ils sont attirés et sur lequel ils se précipitent en nombre plus ou moins grand, suivant que durant leur évolution de onze de nos années autour de l'astre, ils se trouvent à leur perihélie ou à leur aphélie. On cite à l'appui de cette hypothèse le fait établi par le spéctroscope aussi bien que par le polariscope, savoir que la lumière de la couronne n'est que de la lumière solaire réflétée. Et pourtant dans son célèbre ouvrage sur le soleil (1872), Secchi croit pouvoir conclure, en se basant sur ses recherches spectroscopiques et polariscopiques, que la lumière de la couronne n'est que pour une portion de la lumière réfléchie. Il ne se prononce pas quant aux raies spectrales de la couronne. Dans tous les cas, il resterait aux partisans de la théorie des nuages solaires à expliquer d'où pourrait bien provenir cette énorme quantité de corps célestes, qui se précipitent sans cesse sur le soleil.[18])

Quand il fut bien établi, que l'analyse spectrale pouvait nous fournir des données aussi positives sur la composition chimique des corps les plus éloignés, on ne se contenta pas d'appliquer ce puissant moyen d'investigation seulement a l'étude du soleil. Malgré les difficultés du problème, malgré l'énorme éloignement des étoiles fixes, placées à des billions de milles de notre globe et dont la lumière est 30,000 millions de fois plus petite que celle du soleil, l'analyse spectrale fut appliquée aux *planètes*, aux *comètes*, aux *étoiles fixes*, aux *nebuleuses*. On chercha surtout à savoir, si chaque étoile possède un spectre qui lui soit propre, si parmi les corps célestes il en est qui contiennent bien réellement des substances ou étrangères à notre globe ou n'y ayant pas encore été découvertes ou ramenées à leurs éléments primitifs. On acquit ainsi la certitude, déjà entrevue auparavant par l'astronomie, que les étoiles fixes sont de véritables soleils, c'est-à-dire des corps incandescents, entourés de gaz embrasés, formant une atmosphère, dans laquelle brûlént certaines substances déjà connues, telles que le fer, la calcium, le sodium, le magnésium, l'hydrogène, etc. Mais quelques uns de ces astres contiennent aussi des substances telles que le tellure; l'antimoine, le bismuth, le mercure, dont la présence n'a pas encore été signalée dans le spectre solaire. C'est l'hydrogène qui semble, dans la plupart des étoiles fixes, jouer le rôle principal, en y provoquant les mêmes éruptions violentes, les mêmes cataclysmes que sur le soleil. [19]) Ceci peut surtout s'appliquer à ces étoiles fixes d'un genre tout particulier, qui tantôt deviennent visibles et brillent d'un eclat incomparable, tantôt semblent s'éteindre et passent subitement du rang d'étoiles à peine perceptibles à celui d'étoiles de première ou de seconde grandeur, pour revenir ensuite graduellement à leur état primitif. On suppose qu'en vertu de causes encore inconnues ces astres sont le siège d'explosions formidables de gaz enflammés, en particulier d'hydrogène incandescent, explosions qui finissent par s'éteindre graduellement. Et réellement, le spectroscope a constaté dans ces étoiles la présence d'une énorme quantité d'hydrogène. Dans une des étoiles de ce genre observée par Miller et Huggins le 16. Mai 1866, ces astronomes retrouvèrent les raies C et F du spectre solaire. Il n'est pas impossible que ces embrasements soudains soient produits par le choc de deux corps célestes se précipitant l'un sur l'autre.

Tandis que les étoiles fixes donnent un spectre d'absorption semblable à celui du soleil, les nébuleuses au contraire, dont l'étude a jeté une si vive lumière sur les problèmes de la cosmographie, fournissent un spectre strié, où les raies brillantes se détachent sur un fond relativement sombre.[20]) Tout naturellement il s'agit ici de ces nébulosités planétaires, ayant la forme d'un disque, que le télescope ne parvient pas à résoudre en étoiles ou groupes d'étoiles isolées; mais il y a d'autres nébuleuses, qui tout en se laissant partiellement résoudre, nous offrent les mêmes phénomènes spectroscopiques et montrent par là que, loin d'être des amas d'étoiles, elles sont des systèmes planétaires en voie d'évolution, des globes gazeux en voie de formation. Les nébuleuses ou amas d'étoiles, que le télescope résout franchement, se comportent au contraire dans l'analyse spectrale exactement comme le soleil et les étoiles fixes, en donnant un spectre continu ou un spectre d'absorption.

Quant aux nébuleuses véritables, celles que l'on ne peut résoudre et qui donnent soit un spectre continu, soit le plus souvent un spectre à raies brillantes sur un fond sombre, ce ne sont evidemment que des masses gazeuses incandescentes, dépourvues de noyau. Ici encore, comme le démontre l'analyse spectrale, le corps constituant principal est l'hydrogène d'abord, l'azote ensuite. La matière constituante de ces nébuleuses est dans un état de raréfaction et de dissociation extrême, et quoique ces corps à cause de leur éloignement fabuleux ne soient pour nos yeux que des petits disques arrondis ou légèrement allongés, dont la lumière met des millions d'années à nous parvenir, ils occupent pourtant dans le monde sidéral des espaces incommensurables. Ces systèmes planétaires et solaires à l'état initial ou en voie d'évolution, nous donnent une idée très-précise et très claire de la genèse de notre propre système solaire. On ne s'avance pas trop en affirmant, que l'étude de ces masses nébuleuses fait revivre pour nous le drame muet mais néanmoins grandiose de la création de l'univers. Ajoutons à cela un fait signalé depuis peu par Lockyer et Huggins : il résulterait des observations de ces astronomes, que les étoiles

les plus brillantes, c'est-à-dire celles qui se trouvent à l'état le plus incandescent, dans le stade de jeunesse de leur évolution, se composent presque exclusivement d'hydrogène. Les métaux se rencontrent dans les astres dont la formation est plus avancée et les métalloïdes exclusivement dans ceux qui sont déjà à demi refroidis. On pourrait en conclure, que c'est l'hydrogène, le plus léger de tous les éléments chimiques, dont la nature métallique a été néanmoins parfaitement établie par Graham, qui constitue la base ou l'élément fondamental de tous les autres corps simples, la forme primordiale et initiale de la matière. Peut-être n'y a-t-il dans le monde qu'une substance; peut-être que les formes diverses sous lesquelles elle nous apparaît proviennent seulement des états variés, des groupements différents des atomes constituant cette étoffe primordiale de l'univers, cette gangue première, inconnue encore, de tous les autres éléments. S'il est vrai, comme l'affirme l'Anglais Prout, que tous les équivalents chimiques soient seulement des multiples de l'équivalent de l'hydrogène, ce dernier corps pourrait être considéré comme l'élément primordial, auquel tous les autres pourraient être ramenés par décomposition, d'où, comme d'une immense matrice, seraient sortis tous les corps célestes et dans le sein duquel ils retourneront finalement, après avoir subi une longue série de transformations. Pas une des routes de la science moderne, dont tous les poteaux indicateurs ne montrent au voyageur un but suprême: *l'unité de la matière, l'unité de la force!*

Et les comètes, ces énigmatiques „chevaliers errants“ des espaces célestes, qui viennent par centaines de milliers tourbillonner dans notre système solaire, qui arrivent des profondeurs du monde sidéral pour essaimer un moment autour du soleil? A leur tour, malgré leur faible lumière, qui n'est guère favorable à l'observation, elles ont été l'objet de minutieuses recherches spectroscopiques et polariscopiques. Le résultat de ces recherches, c'est qu'une portion de leur lumière est de la lumière réfléchie, l'autre leur est propre. Il est vraisemblable que le noyau cométaire est lumineux par lui-même et à l'état de gaz incandescent, tandis que l'enveloppe et la queue brillent d'une lumière plus ou moins empruntée au soleil. Le spectre des comètes consiste généralement en raies brillantes sur fond sombre et émet une lumière dont les parties constituantes sont très-analogues à celles du gaz d'éclairage et qui est identique avec la lumière produite par l'étincelle électrique traversant les vapeurs de benzine. On en a conclu que les comètes sont composées principalement soit de carbone volatilisé ou de vapeurs de carbone, soit d'une combinaison de carbone et d'hydrogène — hypothèse fort contestée aujourd'hui par Klein. D'après Secchi, le noyau des comètes, qui n'est ni à l'état solide ni à l'état de vapeur, émet une lumière qui lui est propre, tandis que l'enveloppe de vapeurs et la queue, consistant en molécules isolées les unes des autres, en vésicules ou en particules de poussière, passent à l'état gazeux en se rapprochant du soleil et deviennent dès lors lumineuses par elles-mêmes. La queue doit son origine à la force répulsive du soleil, qui pourrait s'expliquer peut-être par l'électricité. En général les comètes, dont la constitution est très-analogue à celle des taches nébuleuses sont un problème qui attend sa solution de la science future. D'ailleurs, que les comètes soient physiquement constituées par des gaz ou par des particules isolées, leur substance est si ténue et si légère, qu'il n'y aurait, en dépit de l'opinion vulgaire, rien à redouter d'un choc entre elles et notre globe. Il n'est pas impossible que des conflits ou des frottements de ce genre aient pu déjà arriver, sans que les habitants de la terre s'en soient même aperçus. A en croire W. Meyer, un heurt de ce genre a eu réellement lieu le 27. Novembre 1872 entre la comète de Biela et la terre, sans autre résultat que d'enflammer des gaz dans les régions supérieures de l'atmosphère et de provoquer une pluie d'étoiles filantes. [21])

Les étoiles filantes, qu'un lien intime rattache aux comètes, tombent en si grande quantité que, le même 27. Novembre 1872, Meyer et son collègue en avaient compté jusqu'à 7710 en $2^3/_4$ heures. En $3^1/_2$ heures, Secchi et son aide en comptèrent jusqu'à 14,000. Lors d'une pluie d'étoiles filantes, tombée à Boston pendant 9 heures consécutives, selon Reitlinger, on avait pu en observer jusqu'à 240,000. L'analyse spectroscopique de ces corps ne peut être naturellement que fort accidentelle et superficielle. On y a constaté néanmoins la présence du carbone aussi bien que de vapeurs incandescentes de sodium et de magnésium. La connaissance que nous avons de la constitution des météorites nous fournit quelques renseignements sur la structure chimique des étoiles filantes et nous permet de supposer que la matière dont elles sont composées, est identique à celle qui forme la base des combinaisons chimiques de notre globe, à celle qui dans les espaces sidéraux donne naissance à des mondes nouveaux.

Quant aux planètes, notre satellite y compris, il va de soi que la lumière, dont elles brillent, étant empruntée au soleil, ne se distingue pas essentiellement de celle de cet astre lui-même. Leur spectre, en général plus pâle et par conséquent plus difficile à analyser, montre les mêmes raies sombres que celles du spectre solaire, sauf quelques légères différences causées par l'action de leurs atmosphères respectives. D'après les résultats fournis par l'analyse spectrale, il semblerait que, par suite d'un refroidissement imparfait, quelques unes des planètes, en particulier Uranus, brillent encore d'une faible lumière, qui leur est propre, et n'ont pas atteint ce degré de solidification, auquel sont parvenues les planètes non lumineuses de moindre grandeur.

Si, à ces admirables découvertes de notre temps, qui laissent bien loin derrière elles celles des époques précédentes, nous ajoutons toute une série d'autres faits astronomiques, obtenue, par exemple, par l'étude des étoiles doubles, [22]) nous arrivons à établir cette vérité, acceptée désormais par tous les savants, savoir, que *les substances, les forces et les lois naturelles du monde que nous connaissons, c'est-à-dire du monde perceptible à nos sens, — sont partout semblables ou identiques.* Cette vérité, nous l'avons hautement proclamée *), en nous fondant sur des considérations théoriques aussi bien que sur des considérations empiriques, alors que l'idée même de l'analyse spectrale ne se présentait à l'esprit de personne, alors que nous même nous étions fort loin de soupçonner quelle éclatante confirmation le progrès rapide de la science allait apporter sous peu à notre théorie. A cette époque elle fut presque unanimement considérée comme une monstrueuse hérésie scientifique. Aujourd'hui, après un laps de temps de 27 années, nous pouvons hardiment, sans craindre aucune sérieuse objection scien-

---

*) Voir l'ouvrage bien connu „Force et Matière", première édition, 1855. L. Büchner.

tifique, proclamer *l'unité, l'identité de l'univers, en y comprenant des corps célestes, dont la lumière met des millions d'années à nous parvenir, et la similitude porte aussi bien sur la matière, la force, les lois naturelles que sur le mode d'évolution.*

Nous avons exquissé dans ses traits essentiels la nature physique et les propriétés du soleil. Il nous reste à démontrer la justesse de la proposition, formulée dans les premières pages de cet ouvrage: le soleil, disions-nous, est le principe de toute force terrestre, le principe par conséquent de notre propre vie, et nous ajoutions, que les peuples de l'antiquité qui en avaient fait leur dieu principal, étaient guidés par un instinct judicieux ou plutôt par une intuition profonde de la vérité, puisée à la source même de l'expérience quotidienne. Sans nous en rendre compte, ne sommes-nous pas nous-mêmes dominés par une idée analogue, quand dans notre langage usuel nous unissons sans cesse l'idée de lumière à celle de vie? D'un autre côté l'expression, si fréquemment employée, „nuit de la mort“ ne montre-t-elle pas que l'absence de la lumière équivaut pour nous à l'idée de mort et de dissolution? Nous sommes en définitive les produits de la lumière, les enfants du soleil; car toute notre force, toute notre activité physique aussi bien qu'intellectuelle, c'est du soleil en somme que nous les tenons; ce ne sont que de faibles portions de cette même force solaire, qui, parvenant jusqu'à la terre sous forme de chaleur, y mûrissent les plantes et les fruits; ceux-ci, à leur tour, introduits dans le corps de l'homme et de l'animal sous forme d'aliments, y provoquent, en vertu de la *transformation des forces*, la chaleur, la croissance, y mettent en jeu les forces chimiques et mécaniques.

Mais, sans parler des phénomènes d'un ordre plus intime, que nous aborderons plus tard, l'influence de la force du soleil se fait sentir d'abord dans les conditions primordiales de la vie; en effet de cette force dépendent les influences extérieures, le milieu terrestre, qui rendent la vie possible et la maintiennent. Que l'on songe seulement à la *circulation de l'océan atmosphérique*, première condition nécessaire à l'existence de tous les êtres qui respirent, océan dont les courants incessants doivent leur origine uniquement au soleil. Sous l'action de ses rayons, tombant verticalement sur la zone torride, l'air s'y réchauffe au point de s'élever constamment de cette zone vers les régions supérieures, en cédant la place aux couches refroidies et denses, qui arrivent des pôles, couverts de glaces et de neiges éternelles. Quantité de phénomènes atmosphériques se relient étroitement à ce phénomène primordial. Les courants aériens venant des mers froides vers les continents plus faciles à rechauffer ou des contrées fraîches et verdoyantes vers les arides et brûlants déserts de sable et de rochers, ou bien encore des endroits éclairés par le soleil à son lever et à son coucher vers ceux qu'en ce moment même il réchauffe avec toute son ardeur de midi — tous ces courants divers constituent, au sein de l'océan atmosphérique qui entoure la terre, un mouvement éternel et incessant, se manifestant sous forme de vents, de nuages, de tempêtes etc. Très-naturels pour nous qui en connaissons les causes, ces phénomènes frappaient d'étonnement nos ancêtres, si ignorants de la nature; aussi pour les expliquer, éprouvaient-ils le besoin de recourir à l'existence d'esprits des vents ou de dieux des vents, chargés en vertu de la tendance animique de l'esprit humain vis-à-vis des forces de la nature, d'incarner ces phénomènes. Mais, pour nous, les forces diverses représentées par tous ces dieux, se résument dans la seule force du soleil.

„Le léger zéphyr, dont le souffle fait frémir les feuilles des arbres", dit Rüths (Les rayons solaires et leur énergie, Dortmund, 1879), „et le terrible ouragan, qui soulève les vagues et les lance contre les rochers minés par l'eau; la brise rafraîchissante, qui pousse au large le navire aux voiles déployées et le typhon des tropiques qui renverse les maisons et brise comme de faibles roseaux les mâts des navires; les soupirs mélodieux de la harpe éolienne aussi bien que les rugissements rauques du vent s'engouffrant dans le vieilles cheminées; l'air frais de la mer et le souffle brûlant du désert; le vent vivifiant du sud et le courant glacial du nord apportant la mort — tout cela n'est que de la force *solaire*, tous ces phénomènes ne sont que des enfants de l'astre du jour, issus de l'énergie de ses rayons.“

Non moins nécessaire pour la vie de notre planète est la circulation des eaux ou de l'eau en général, et c'est encore le soleil qui pourvoie à cette circulation comme à celle de l'océan aérien. C'est sous l'action des rayons solaires que se produit l'évaporation continuelle de l'eau à la surface de la terre, aussi bien que sur celle des mers, des lacs, des fleuves etc. Cette eau évaporée s'élève dans l'atmosphère, s'y condense en nuages, pour retomber ensuite en pluie, en neige, en rosée, en givre, en brume, en grêle, qui rafraîchissent la terre altérée et lui apportent l'humidité indispensable au maintien de sa force productive. Les ruisseaux, les rivières, les torrents, qui descendent des montagnes pour baigner nos prairies, faire marcher nos moulins et porter nos navires, tout en nous fournissant une richesse presque inépuisable de substances alimentaires, les sources où nous puisons une eau rafraîchissante, sont tous enfants du soleil. C'est dans les flancs des montagnes couverts de forêts ou sur les hauts sommets fréquemment baignés par la pluie des nuages qu'ils attirent, que ces cours d'eau si divers prennent leur origine; d'autres s'alimentent aux sources inépuisables des glaciers éternels, qui à leur tour doivent leur existence à ces masses de neige, que l'air saturé d'humidité dépose continuellement sur les plus hautes cimes alpestres.

„C'est ainsi que le soleil“, dit Ruths, (l. c.) „alimente les pluies rafraîchissantes et les eaux des fleuves, et c'est encore sa puissance, qui éclate dans l'éclair dévastateur, dans les avalanches et les hautes marées. C'est sa voix, que nous entendons dans le ruisseau qui murmure, dans la cascade écumante, dans le bruit que fait la roue du moulin, aussi bien que dans le cours majestueux du fleuve.“

Mais l'oeuvre de la force solaire ne se borne pas à distribuer dans l'air l'eau si necessaire à tous les êtres qui respirent; *elle distribue aussi dans toutes les couches des eaux l'air*, qui est une condition essentielle à l'existence de tous les animaux et de toutes les plantes aquatiques. Ces puissants courants maritimes, si nettement déterminés, qui sillonnent les mers dans toutes les directions, dont l'importance et la grandeur dépassent encore celle des courants aériens, ne sont-ils pas aussi causés par le soleil? Ne doivent-ils pas leur origine en partie à l'évaporation, en partie à l'échauffement inégal de l'eau à la surface des mers? [23]) Citons pour exemple le célèbre *Gulf-Stream*, dont les effets bienfaisants ne sont ignorés de personne. Prenant son origine près des côtes occidentales de l'Afrique, il se dirige vers l'Amérique centrale, où, après avoir échauffé, dans le golfe du Mexique, ses eaux d'un bleu-foncé, dont le courant est cent fois plus puissant que celui des plus grands fleuves du continent, il les porte dans la direction nord-est pour baigner les côtes occidentales et nord-occidentales de l'Europe. C'est à lui que cette partie de l'Europe doit ce climat doux et tempéré, qui autrement serait impossible dans ces latitudes.

Quoique, comme nous l'avons déjà observé, la terre n'absorbe à son profit que la 2300 millionnième partie de la chaleur ou de la force dégagée par le soleil, le travail ainsi accompli sur la surface terrestre par le mouvement des courants atmosphériques et maritimes n'en est pas moins immense, défiant toute évaluation. Que l'on songe seulement au travail accompli par le soleil dans le seul phénomène de l'évaporation de l'eau! Que l'on songe que, pour évaporer par la chaleur artificielle le volume d'eau que le soleil volatilise dans le cours d'une année, il faudrait employer, d'après les calculs de Bernstein, une quantité de matériaux combustibles suffisante pour mettre en mouvement un billion de machines à vapeur, chacune de la force de seize chevaux! Si l'on se représente ces forces réparties également sur la surface terrestre, chaque arpent aurait en partage une force équivalente à celle d'une machine de 79 chevaux —

à condition toutefois que toute la chaleur développée par la machine se transformât en force de travail, — ce qui n'arrive jamais.

Il résulte clairement de ce qui précède que la vie serait impossible en dehors des conditions premières que nous venons d'esquisser et qui toutes dépendent du soleil. Mais l'influence que ce dernier exerce sur la vie, la dépendance absolue de celle-ci à l'égard de ce pouvoir tout puissant éclateront d'une manière bien plus saisissante encore, quand nous aurons à traiter de la vie elle même. En fait, nous pouvons déduire toutes les manifestations de la force vitale presque directement de la chaleur et de la lumière du soleil (cette dernière n'est d'ailleurs, d'après de récentes recherches, qu'une forme particulière de la chaleur). Nous n'avons besoin pour cela que d'invoquer le grand principe de la *conservation ou de l'immortalité de la force*, principe dont le souffle vivifiant pénètre aujourd'hui toutes les branches des sciences naturelles. Le résultat de cette loi, ainsi que de celle, depuis longtemps entrevue, de l'immortalité de l'atome ou de la matière, est non seulement de ramener tous les phénomènes de la nature à une simplicité, à une unité dont on ne s'était jamais douté, mais de nous révéler encore le grand principe de l'éternité, de l'indestructibilité de l'univers.

En vertu de ce principe fondamental, toutes les forces à nous connues peuvent se transformer l'une dans l'autre ou être ramenées l'une à l'autre, et cela sans qu'il se produise la moindre déperdition ni le moindre gain de force ou de mouvement dans l'ensemble. Cette corrélation si importante et si extraordinaire n'était autrefois soupçonnée de personne. On croyait que la force provenait de rien et retournait à rien et cela en se basant sur ce que certains effets de la force disparaissent ou semblent avoir disparu. On concluait dans ces cas que la force s'était épuisée, s'était usée, en un mot qu'elle n'existait plus. Mais ce que l'on prenait bien à tort pour une disparition, pour une déperdition, n'était en réalité qu'une transformation de la force, son passage à un autre état, à une autre forme de mouvement — la corrélation qui existe entre tous ces phénomènes étant alors un fait généralement ignoré. De là aussi cette croyance si tenace et si vieille à l'existence d'un *perpetuum mobile,* c'est-à-dire d'une machine tirant incessamment de son propre fond sa force et son mouvement, sans en rien emprunter au dehors. Ce problème, à la solution duquel on à dépensé tant de peine et d'argent, n'existe plus de nos jours pour les personnes instruites. [24]) Aujourd'hui nous sommes sûrs que la force ne peut jamais provenir de rien, que toute force ou toute manifestation de la force ne peut être que dérivée d'autres forces précédemment existantes, quelles que soient les formes diverses revêtues par celles-ci. Pour mieux expliquer ce qui précède, prenons un exemple de la vie quotidienne, que nous empruntons dans ses traits essentiels aux excellentes considérations du Dr. Bernstein sur ce sujet. C'est par une série de métamorphoses de la force, finissant par constituer un cercle fermé, que nous sommes ramenés en fin de compte au soleil, comme à la source unique et suprême de toute force terrestre.

Quand le soir avant de nous coucher — à condition toutefois, que nous ne soyons pas trop fatigués ou assez absorbés par les événements de la soirée pour négliger une affaire de si peu d'importance — *nous montons notre montre*, c'est une certaine somme de force motrice que nous lui communiquons pour un temps donné, et cela en lui concédant une partie de la force musculaire de notre bras. En d'autres termes, nous transformons la *force humaine en force motrice de la montre.* On nous objectera peut-être que c'est là une dépense de force si insignifiante qu'elle ne mérite guère d'être mentionnée; pourtant elle est en proportion directe avec l'effet obtenu. Si, au lieu d'une montre de poche, c'était l'horloge d'une tour que nous eussions eu à monter, nous nous serions parfaitement rendu compte, par l'effort suivi de fatigue, que nous aurait coûté cet acte, de la somme d'énergie dépensée pour obtenir un résultat plus considérable.

Ainsi nous avons une réponse prête, quand on

nous demande *d'où vient* la force, qui fait marcher la montre? Elle vient de nous-même, de la tension de nos muscles, et celle-ci à son tour doit son origine à toute une série de transformations de la force. Mais cette question relative à la force de la montre en suggère une autre. Que devient la force développée par la montre, durant le mouvement communiqué?

La réponse sera: elle se transforme ou se consume par la force mécanique de l'usure ou du frottement. En quantité plus ou moins considérable le frottement se produit partout où il y a une masse en mouvement, cette masse fut-elle solide, liquide ou gazeuse. Le plus frappant exemple de ce genre, que nous présente la nature, nous est fourni par ces météores ou étoiles filantes, dont il a été question plus haut. A peine entrés dans notre atmosphère, ces petits corps célestes s'échauffent par l'effet de leur frottement avec celle-ci, jusqu'à devenir incandescents.[25]) Il s'ensuit nécessairement un ralentissement proportionnel de leur force motrice ou de leur mouvement enrayé par la résistance de l'air. Le frottement uni à quelques autres obstacles est donc la cause qui met finalement un terme à tout mouvement mécanique du météore, aussitôt que la force d'impulsion qui lui a été communiquée se trouve usée. Quand, par exemple, nous avons lancé une toupie, celle-ci continuerait à tourner de toute éternité, une fois l'impulsion reçue, si deux obstacles, qui amènent et doivent fatalement amener sa chûte, ne venaient s'y opposer. C'est d'abord la résistance de l'air ambiant dans lequel elle se meut; ensuite c'est le frottement de la toupie contre le sol ou le plancher sur lequel on l'a lancée. Si dans une certaine mesure on parvient à amoindrir ces deux obstacles, la force ou la durée du mouvement de la toupie se prolongera d'autant. Aussi dans un espace vide d'air et sur un sol très-uni le mouvement rotatoire de la toupie se maintiendra bien plus que dans les conditions ordinaires.. Pourtant en vertu d'obstacles, qui ne sauraient jamais être complètement écartés, la chûte de la toupie n'en est pas moins inévitable; sans cela, nous aurions réalisé le mouvement perpétuel. De la même manière, par la résistance de l'air et par le frottement à son point de suspension, s'use aussi peu à peu le mouvement du pendule, et il s'use d'autant moins vite que nous avons mieux pris les mesures nécessaires pour diminuer ces causes de frottement.

Ainsi la question relative à la *perte de la force motrice* qui fait marcher la montre se trouve résolue par ce fait du frottement, résultant du mouvement des diverses parties du mécanisme de la montre. Mais une autre question surgit devant nous. Que devient la force dépensée dans le frottement? En quoi se transforme-t-elle ultérieurement ou bien où se loge-t-elle? Ici encore la réponse est des plus simples. Le frottement se transforme en partie en *diminution de cohésion* ou de force de cohérence des particules, c'est-à-dire en *usure*, en détérioration, ce qui est encore un phénomène mécanique; en partie aussi, et cela pour la partie la plus considérable, en *chaleur*.

On ne se doutait pas autrefois que le frottement fut susceptible de transformations ultérieures; on croyait qu'avec lui la force s'usait, cessait d'être. Le frottement était considéré comme le destructeur universel des forces. On savait parfaitement, que la chaleur était produite par le frottement, mais le lien intime de correlation entre ces deux phénomènes échappait à tout le monde. Pourtant le fait que tout objet s'échauffe par le frottement est un des phénomènes les plus ordinaires de la vie quotidienne, et sur les bancs de l'école nous apprenons que, pour se procurer du feu, les sauvages frottent avec rapidité l'un contre l'autre deux morceaux de bois inégalement durs. Il est vrai que quand nous essayons de mettre ce procédé en pratique, nous échouons d'ordinaire, ce qui tient soit au manque d'habitude, soit à ce que nous nous servons d'un bois impropre à cet usage. Mais quand nous cherchons à enflammer nos allumettes en les frottant contre une surface rugueuse, nous faisons, au prix d'un moindre effort, exactement la même chose que les sauvages. On sait de même que dans une course rapide, les essieux et les roues mal graissés d'une voiture pesamment chargée s'enflamment facilement par le frottement. Qui n'a eu aussi l'occasion d'observer, soit en perçant une planche avec un foret, soit en y enfonçant un clou, que l'on tenait entre le pouce et l'index de la main gauche, que le foret ou le clou s'échauffaient par le frottement contre la planche au point qu'il devenait difficile de les tenir? En forant les canons, on est parvenu, rien que par la chaleur produite par le frottement, à élever la température de l'eau froide au degré d'ébullition. On peut chauffer une chambre en faisant tourner à frottement dur au moyen d'une force mécanique suffisante —, par exemple, la force d'une chûte d'eau ou celle d'un moulin à vent — une grosse cheville en bois dans un cône métallique. C'est un fait généralement connu que l'eau s'échauffe quand on la secoue, et chaque paysanne sait parfaitement que le lait de beurre fraîchement battu devient, selon son expression „légèrement échauffé". Il n'y a pas jusqu'aux morceaux de glace qui ne s'échauffent, au point d'entrer en fusion, si on les frotte l'un contre l'autre sous une pompe à air et cela indépendamment de toute autre source de chaleur.

On ne saurait donc douter que le frottement n'engendre de la chaleur, et il en est sûrement ainsi dans tous les exemples précédents. Et véritablement, des observations précises, des mensurations exactes ont démontré *que la montre s'échauffe par suite du mouvement.* Mais nous ne sommes pas encore au terme des métamorphoses, que subit la force dans tous les cas que nous venons de citer. Il nous reste à répondre à la question suivante: où va la chaleur qui se développe dans le cas de la montre et dans tous les autres exemples, que nous avons invoqués?

Ici encore la réponse est facile. Cette chaleur se diffuse dans l'atmosphère, dans le milieu ambiant, dans les espaces célestes, où elle va accroître la somme de celle qui s'y trouve déjà et contribuer avec elle à tous les phénomènes dont la chaleur est la source. Elle détermine la formation de l'eau ou de l'humidité, elle condense les nuages, elle retombe en rosée ou en pluie sur la terre et contribue à faire mûrir le grain, qui, une fois moulu et cuit, nous sert d'aliment sous forme de pain. Dans les aliments à notre tour nous puisons les forces qui animent notre corps et notamment celle du bras, à l'aide duquel, comme on l'a vu, nous avons monté le montre. Nous voici donc revenus au point de départ, à la première source de force, après avoir parcouru un cercle où cette force n'a pas subi la moindre perte, mais où chacune de ses manifestations était utilisée et provoquait en même temps un effet. Ce n'est là qu'un exemple entre mille de cette circulation éternelle de la force, dont l'univers est le siège, et qui, de même que le circulation éternelle de la matière *ne comporte jamais ni perte ni gain.* Il n'y a, selon toute vraisemblance, dans la nature en général qu'une seule force primordiale ou fondamentale, et les diverses forces physiques et chimiques, telles que la chaleur, la lumière, l'électricité, le magnétisme, la gravité, la cohésion, l'affinité chimique, sont seulement les formes variées, les manifestations ou les modes de cette force ou de ces vibrations atomiques, dont il faut chercher la cause suprême dans les vibrations des ondes de l'éther produites par le soleil. Quand s'effectue par exemple avec une détonation formidable la combinaison chimique de l'oxygène et de l'hydrogène, constituant l'eau, l'affinité chimique se convertit en chaleur. Cette chaleur à son tour, appropriée à faire mouvoir une machine, se transformera en force mécanique. Ou bien l'affinité chimique provoquera un courant électrique, lequel engendrera du magnétisme, susceptible d'être converti en force mécanique d'une machine, et celle-ci développera à son tour de la chaleur ou produira une certaine somme de travail. Mais, cependant en dépit de la diversité des formes, c'est toujours *la même force* que nous voyons en jeu. La différence n'est point dans la force; elle est uniquement dans les diverses destinations de celle-ci, dans ses emplois variés. Comme nous aurons l'occasion de le démontrer plus tard, les forces diverses de notre organisme ne sont que de la force chimique transformée, prenant leur source dans les substances alimentaires, lesquelles à leur tour sont le produit des forces extérieures de la nature.

Désormais, éclairés par cette démonstration, il nous est plus facile de comprendre, que *la chaleur et la lumière du soleil* (cette dernière, répétons le, n'est qu'une forme particulière de la chaleur) sont les sources uniques de toutes les forces qui se manifestent sur notre planète. En réalité, de toutes les formes de la force qui nous sont connues, la chaleur est la plus généralement répandue; non seulement toutes les autres la produisent, mais encore elle-même peut-être transformée en chacune d'elles. Là où autrefois on croyait la force anéantie, elle n'était réellement que convertie en chaleur. Aussi de nos jours les termes „force, mouvement, chaleur" sont-ils considérés comme identiques.

Cette force calorique, si importante, constituant pour ainsi dire la base fondamentale de toutes les autres forces, le soleil en rayonne annuellement sur la terre des quantités énormes, suffisantes pour faire fondre une croûte de glace de 98 à 100 pieds d'épaisseur, enveloppant le globe tout entier. On a calculé que la chaleur solaire, rayonnée durant une journée sur la surface de notre terre, suffirait à fondre, chaque jour, une masse de glace ayant six milles de longueur, de hauteur et de largeur, ce qui correspond à un volume cubique de 92 billions 600,000 millions de mètres. Au bout d'un laps de temps de 1600 années, la force solaire aurait évaporé toute l'eau de l'Océan, si celui-ci n'était sans cesse alimenté par des appoints nouveaux.

Il est clair que cette énorme quantité de chaleur doit développer une somme tout aussi prodigieuse de travail ou de force en général, somme qui a été évaluée au chiffre gigantesque de 228 billions de chevaux. En d'autres termes, le soleil envoie à la terre une quantité de chaleur équivalente au travail mécanique de 228,000 millions de machines à vapeur, chacune de la force de mille chevaux ! D'après Secchi, il suffirait de l'action dépensée par le soleil sur un seul mètre carré de la superficie terrestre, pour alimenter toutes les machines fonctionnant sur la terre, et d'après le professeur J. Ranke (L'alimentation de l'homme, p. 33), la chaleur que la terre reçoit quotidiennement du soleil équivaut à l'effet calorique produit par cinq billions de quintaux de charbon de terre.

Quand même la terre n'utiliserait pas à son profit toute la somme de force qu'elle reçoit ainsi du soleil, mais en perdrait une quantité considérable sous forme de calorique rayonné dans l'espace, une portion considérable de cette force n'en est pas moins pratiquement employée et emmagasinée. Nous en avons déjà cité plus d'un exemple à propos de l'entretien des conditions primordiales de la vie. Mais ce ne sont pas seulement ces conditions, indispensables à la vie, c'est la vie elle-même qui est le résultat direct, l'expression de cette force; car la chaleur et le mouvement jouent, au sein de l'organisme vivant, un rôle tout aussi important que dans la nature. On ne saurait trop le répéter; toutes les énergies de notre organisme, qu'elles soient physiques ou morales, sont uniquement de la force chimique empruntée aux aliments assimilés. *Ainsi le soleil, auquel nous devons nos aliments, est aussi la source suprême et unique de la force, du mouvement et de l'activité de notre corps.* De même que les rivières, les sources et les ruisseaux, nous sommes, et cela non dans le sens métaphorique ou figuré, mais bien dans le sens le plus littéral, le plus positif du mot, *les enfants du soleil,* des êtres nés de la lumière. N'est-ce pas le soleil qui nous désaltère quand nous avons soif? N'est-ce pas lui qui pourvoie à la restauration de nos forces, quand nous sommes affamés et épuisés? Et notre activité intellectuelle elle-même serait-elle possible sans le soleil?

Entrons dans quelques détails. Quand nous nous demandons: d'où provient l'énergie de nos muscles, qui nous permet de nous mouvoir, ou celle de notre cerveau qui nous permet de penser, il faut répondre: du sang, qui apporte incessamment des matériaux nutritifs à tous nos organes, du sang sans le flux et le reflux duquel toute activité, notamment celle du cerveau, s'arrêterait presque immédiatement. Si ensuite nous cherchons, d'où vient le sang? Du chyle, nous répondra-t-on. Mais le chyle lui-même, d'où vient-il, sinon des aliments que nous absorbons et cela par toute une série de transformations et de phénomènes, dont le caractère physiologique aussi bien que chimique nous est parfaitement connu? En nous enquérant de la provenance des aliments, nous ferons un pas de plus. D'abord tous les aliments sont tirés soit du monde végétal, soit du monde animal. Or, les carnivores, se sustentant, comme on le sait, aux dépens des frugivores, la vie animale n'est pas en définitive possible sans la vie végétale. C'est donc *la plante, qui est la source unique et dernière de toutes les ressources alimentaires de notre globe.* — Maintenant, et pour terminer notre investigation: demandons-nous enfin: d'où vient la plante? Elle provient

En ligne directe du soleil!

Car la plante se nourrit grâce à la lumière et à la chaleur. Sous l'action de ces deux puissants facteurs naturels, la plante décompose, comme on le sait, l'acide carbonique, contenu dans l'atmosphère; elle met en liberté l'oxygène et fixe dans ses tissus le carbone, dont sont surtout composées ses parties constituantes. En un mot, la force vive du soleil se transforme en force de tension dans les substances fabriquées par la plante. Ces substances servent à l'alimentation de l'animal, l'animal lui-même (ainsi que la plante) à celle d'autres animaux et de l'homme. Ajoutons à cela que, durant sa croissance, la plante met en liberté l'oxygène de l'air, si nécessaire à la respiration de tous les êtres vivants, et sans lequel il ne saurait être question ni de vie animale ni de vie humaine.

Ainsi nous tirons de la plante ou de l'animal, qui s'en nourrit, une provision de chaleur solaire, de lumière et d'énergie, que nous convertissons en forces organiques diverses, entre autres, en cette force musculaire, qui nous a servi, comme nous l'avons dit, à monter notre montre. La mystique force vitale, sans laquelle on croyait autrefois impossible d'expliquer les phénomènes de la vie, et qui, de nos jours encore, en dépit des progrès de la science, sert de coursier de parade contre le matérialisme, acceptée qu'elle est par de soi-disant philosophes, pleins d'une ignorance déplorable et d'incurables préjugés, cette force n'est en somme que de la chaleur solaire transformée. [26]) Prenons un oeuf — cet objet de si peu de valeur, que nous achetons au marché pour quelques sous. Ne le voyons-nous pas se métamorphoser en 21 jours, *uniquement sous l'influence d'une chaleur de trente degrés*, sans que la moindre parcelle de force ou de matière vienne s'y ajouter du dehors, en un être vivant, qui sent, qui veut, qui pense, en un être muni de tous les organes et de toutes les qualités nécessaires au maintien de son existence? Et cette chaleur vitale, communiquée à l'oeuf par la poule couveuse, et qui d'ailleurs peut facilement être remplacée par la chaleur artificielle, qu'est-ce en définitive, sinon le produit des aliments assimilés par la poule, lesquels à leur tour ont été élaborés par les végétaux, qu'engendrent et mûrissent les rayons du soleil? [27]). Ce seul exemple suffit, s'écriait, il y a plus de cent ans, ce penseur de génie, qui a nom Diderot, en s'adressant à ses amis, ce seul exemple suffit pour renverser tous les temples de la terre et mettre à néant tous les systèmes de philosophie!!

Mais revenons à Bernstein, qui développe bien davantage son exemple de la montre, et cherchons à réfuter avec lui une objection en apparence des plus sérieuses: Ne pourrait-on pas, dira-t-on peut-être, se passer de la chaleur solaire et cultiver des plantes dans des serres à l'aide de la chaleur et de la lumière artificielles? Et en supposant que notre alimentation fut exclusivement composée de végétaux, produit de cette culture artificielle, ainsi que d'animaux, nourris de ces végétaux, n'aurions-nous pas puisé notre vie à une autre source que le réservoir solaire? La somme de travail ou de force développée par notre organisme, ne serait-elle pas alors indépendante du soleil?

Ici encore la réponse est facile; car, si nous nous demandons avant tout d'où proviennent la chaleur et la lumière de nos serres, nous verrons bientôt qu'elle viennent uniquement du soleil que c'est lui qui les a mises en réserve. N'est-ce pas avec du bois, de la tourbe, du charbon de terre ou du pétrole, que nous chauffons ou que nous éclairons nos serres? Or, directement ou indirectement, toutes ces substances proviennent du monde végétal; elles doivent leur existence aux phénomènes ci-dessus décrits, en vertu desquels la force vive du soleil se trouve emmagasinée dans ces matériaux combustibles à l'état de force latente ou de tension. En brûlant ces substances, nous ne faisons que produire le phénomène inverse. Nous déterminons la combinaison de l'oxygène de l'air avec le carbone fixé, emprisonné pour ainsi dire, dans les tissus végétaux, c'est-à-dire nous opérons la conversion de la force latente ou de tension en force vive de ce feu, de cette chaleur, de cette lumière, qui donne la vie à nos serres.

Ces masses énormes de houille, enfouies dans les entrailles de la terre, dont l'importance pour notre existence toute entière est incalculable, sans lesquelles ne seraient possibles ni les merveilles de notre industrie, ni notre commerce florissant avec son réseau de chemins de fer et de bâteaux à vapeur, ni nos puissantes machines; ces masses de charbon, sans lesquelles notre évolution historique et intellectuelle elle-même s'arrêterait, sont le produit direct du soleil. Elles ont été formées par les rayons, que, durant les périodes incalculables de l'époque houillère, l'astre primitif versait à flots sur les gigantesques forêts, qui couvraient alors la surface de la terre. Cette force qui emporte nos bateaux à vapeur, qui fait voler comme le vent nos locomotives sur les lignes ferrées, dont, pour le plus grand bien de l'humanité, le réseau s'étend chaque jour dans toutes les directions, cette force n'est qu'une parcelle de chaleur ou de lumière solaire. Déposée depuis des milliers d'années dans le sein d'une plante, enfouie avec elle dans les profondeurs des couches terrestres, où le gravier, les pierres et l'argile ont fini par la recouvrir, elle est aujourd'hui arrachée par la main de l'homme du sein de la terre, pour être derechef transformée en lumière, en chaleur, et servir aux besoins de l'humanité. Aussi est-ce à bon droit que les savants ont baptisé les locomotives du nom de „Chevaux du soleil.“ C'est vraiment le mythe poétique de Phaéton réalisé. Seulement les nobles coursiers, qui faisaient voler sur les nuages le char étincelant de Phaéton, ont passé du domaine de la poésie à celui de la prose; des hauteurs de l'Empyrée ils sont descendus sur la terre, pour tendre docilement au but que l'homme leur indique et affranchir ce dernier des liens de la gravitation à laquelle tout obéit!

Le fameux ingénieur, George Stephenson, constructeur de la première locomotive, principal fondateur de ce vaste réseau de voies ferrées, dont les mailles embrassent aujourd'hui toutes les parties du monde civilisé, était profondément imbu de cette vérité. Aussi fit-il observer un jour à une société, qui admirait avec stupéfaction un train arrivant à toute vitesse, que le véritable moteur de cette merveille était la lumière solaire. „Cette machine", disait le grand ingénieur, „n'est mue par nulle autre force que parla force solaire. C'est de la lumière, qui, depuis dix millions d'années, est accumulée dans les profondeurs de la terre; de la lumière, autrefois absorbée par les plantes et transformée par elles, en vertu des phénomènes dont l'organisme végétal est le siège, en carbone solidifié. Après avoir été, sous la forme d'amas de houille, ensevelie durant des milliers d'années dans les entrailles du globe, la voilà aujourd'hui rendue au grand jour — la voilà délivrée et servant d'auxiliaire à l'homme pour atteindre les grands buts de la civilisation, comme nous le voyons dans cette machine!"

„Le charbon", dit avec justesse un célèbre physicien, „c'est du soleil en cave" et, ajouterons-nous de notre côté, du soleil susceptible d'être rendu à chaque moment à sa forme primitive de lumière et de chaleur.

Et la lumière du gaz, qui éclaire nos appartements aussi bien que le ferait le soleil, est-ce encore autre chose que de la lumière solaire transformée, de la lumière solaire déguisée? C'est du charbon ou du bois, qu'on tire le gaz, et ces deux substances, comme nous venons de le démontrer, sont des manifestations directes de la lumière solaire [28]).

Cette courte digression terminée, reprenons le fil de notre démonstration et revenons à notre point de départ, c'est-à-dire à l'exemple de la serre. Si nous avons affaire à un adversaire pointilleux il peut pousser l'objection plus loin encore et nous indiquer pour notre serre des moyens de chauffage et d'éclairage autres que le bois, le charbon, la tourbe etc. Ainsi on pourrait (c'est Bernstein qui parle) chauffer la serre par des procédés mécaniques, par exemple par le frottement de deux grandes plaques de fer. Mais alors surgit l'éternelle et inévitable question de l'origine de la force motrice, nécessaire pour faire aller la machine? et ici encore la même évidence s'imposera à nous d'une manière éclatante. Que cette force soit empruntée à la main de l'homme ou à une machine à vapeur, que ce soit celle d'un moulin à vent ou d'une chûte d'eau, elle n'en provient pas moins en dernier ressort de la chaleur solaire.

On pourrait enfin songer à activer la machine à l'aide de forces chimiques ou électriques, même à leur emprunter directement de la lumière et de la chaleur. Mais il n'est pas difficile de prouver, que notre démonstration s'applique tout aussi bien à ces forces qu'aux autres. Personne ne doute aujourd'hui que ces forces ne viennent du soleil, en partie directement, en partie par voie de transformation de la force. Le fait que le soleil émet, à côté de rayons lumineux et caloriques, des *rayons chimiques,* exerçant une action indépendante des premiers, — est aujourd'hui généralement connu, et il est démontré par la décomposition de la lumière en ses parties constituantes, au moyen d'un prisme. [29]) L'action chimique de la lumière solaire se révèle nettement dans la photographie, dans le blanchiment de la toile, dans la dégradation des couleurs, dans la coloration des plantes et dans les phénomènes de la vie végétale, dans la coloration en rouge du phosphore aussi bien que dans la coloration en noir du nitrate d'argent, dans l'action exercée sur un mélange de chlore à l'état gazeux et d'hydrogène etc. etc. Mais le lien de connexion entre les forces chimiques et l'électricité est si intime, qu'on ne saurait séparer ces deux formes de l'énergie. Or, les courants électriques, circulant sans cesse autour du globe, dérivent du soleil aussi bien que le magnétisme terrestre; tout cela n'est que de la force solaire métamorphosée. *La chaleur, la lumière, l'électricité, l'affinité chimique* ne sont, comme nous l'avons déjà dit, que des modes divers de la même force primordiale ou, pour nous exprimer plus clairement, des modes variés des mêmes vibrations atomiques de l'ether, qui, partant du soleil, se distribuent aux planètes et aux corps qui se trouvent à leur surface. Il est très-vraisemblable que ces vibrations atomiques sont identiques à la force de gravitation ou d'attraction inhérente au soleil. „L'attraction exercée par le soleil", dit Bernstein, „est la source fondamentale de toutes les forces terrestres, de même qu'elle est la cause primordiale des mouvements des corps célestes, faisant partie du système planétaire." — „Toutes les forces terrestres, toutes les manifestations de la vie," dit Tyndall, „ne sont que des modulations ou des variations de la même mélodie céleste," et on pourrait aujourd'hui, selon le mot d'Onimus, inscrire à bon droit sur le temple de la science les paroles que les anciens Egyptiens plaçaient autrefois sur le portail des temples du soleil: „Il (le soleil) est celui qui a créé tout ce qui existe, et rien n'a jamais été créé en dehors de lui."

Il n'y a peut-être sur notre planète qu'une seule force, qu'une seule forme de mouvement, dont l'origine ne remonte pas directement au soleil: nous voulons parler du flux et du reflux de la mer, que l'on attribue principalement à la force d'attraction de la lune. Mais comme en somme la terre et la lune ne sont que les enfants et les satellites du soleil, comme le mouvement de ces corps dépend de l'astre lumineux central, comme la mer elle-même est continuellement alimentée par lui, ici encore nous devons reconnaître, quoique d'une manière indirecte, son pouvoir omnipotent.

Nous avons, autant que le permettent les limites étroites d'un travail du genre de celui-ci, accompli notre tâche; nous avons démontré que c'est dans le soleil, qu'il faut chercher la source suprême de toute force terrestre et par conséquent aussi celle de notre propre vie. Il nous reste à prouver, que cette dernière ne dépend pas du soleil seulement indirectement et parce que toutes les forces vitales et toutes les conditions premières de notre existence dérivent de celui-ci ou y remontent. Cette dépendance est encore toute directe, immédiate, puisque tous les phénomènes les plus importants de la vie ne s'effectuent qu'en présence de la lumière et grâce à son action. De là, comme nous le disions au commencement de cet ouvrage, le lien étroit existant dans le langage usuel entre les termes „lumière et vie", considérés presque comme synonymes; de là aussi la locution de „nuit de la mort" employée par contraste. Sans lumière — point de vie, point de croissance, point de force, point de santé! Privées de lumière, les plantes ne se colorent ni ne se développent plus; de même, sous un ciel couvert de nuages, elles décomposent plus lentement que par un beau jour l'acide carbonique de l'atmosphère. Moleschott a prouvé, que notre force musculaire est en corrélation intime avec l'action de la lumière solaire, que l'obscurité enraye tous les phénomènes de la vie, c'est-à-dire qu'elle les ralentit ou les arrête. Ainsi, par exemple, la grenouille exhale une plus grande quantité d'acide carbonique à la lumière que dans l'obscurité. Les appartements privés de lumière rendent les gens anémiques et lymphatiques et, joints à l'indigence et à la mauvaise alimentation, engendrent toutes les maladies imaginables. C'est le manque de lumière et d'air, uni à de mauvaises conditions alimentaires, qui donne naissance à ce fléau hideux de l'espèce humaine, à cette dégénérescence physique, que l'on appelle le crétinisme, toujours accompagné de la déformation ou de l'atrophie du plus noble de nos organes, du cerveau. Et ce n'est pas seulement dans les profondes vallées alpestres, où règnent l'ombre et l'humidité, mais aussi dans les quartiers populeux et misérables de nos grandes villes, où le soleil pénètre a peine, que l'on voit se produire ce fléau.[30])

On ne saurait assez s'étonner de la quantité de gens, qui non seulement dans le sens figuré, mais même dans le sens propre, fuient la lumière; puis — qu'aujourd'hui encore des hommes d'état, des économistes ne rougissent pas d'imposer les fenêtres, c'est-à-dire d'entraver l'accés de la lumière dans les habitations. On ne saurait trop le redire: nos maisons seront d'autant plus salubres; elles seront habitées par une race d'autant plus saine et vigoureux, qu'elles auront plus de lumière, d'air et d'espace. Rien de plus digne de pitié que les malheureux, entassés dans des logis étroits et malsains. La satisfaction du plus urgent des besoins vitaux, le bienfait des rayons réparateurs qui réchauffent et stimulent l'esprit et le corps, ne leur sont-ils pas refusés? [31]).

Il en est du monde intellectuel et du monde moral comme du monde physique. Dans tous les deux, la lumière est la chose première et essentielle. Partout où luit la lumière, c'est-à-dire partout où il y a connaissances, science, instruction, culture et vérité, là se trouvent aussi la santé et le bien-être de l'esprit. Au contraire, partout où règnent les ténèbres de l'ignorance, la sottise, la superstition, l'esprit de persécution, ces ennemis éternels, irréconciliables de l'humanité, traînant à leur suite la servitude et la souffrance — nous ne voyons que des peuples et des individus arriérés, atteints d'infirmité intellectuelle. Jamais les lumières de l'instruction ne sauraient être préjudiciables à l'homme; toujours et partout elles sont pour lui un bienfait. Le mensonge — voilà l'ennemi. Quant à la vérité, quelque douloureuse qu'elle nous semble parfois, quelles que soient les souffrances et les amertumes qu'elle suscite en heurtant de front de vieux prejugés, des erreurs qui nous sont chères, elle n'en est pas moins notre meilleure amie. Le devoir du sage, celui de l'homme instruit, comme l'a si bien dit Schopenhauer, est de pourchasser sans cesse l'erreur, de lutter avec elle corps à corps et de la terrasser, alors même que l'humanité, comme un malade dont on sonde les blessures et auquel on veut rendre la santé, pousse des cris perçants!

Terminons par les paroles si belles et si profondes, que prononça le grand poète allemand en quittant la vie. Malheureusement, à force d'être appliquées à tort et à travers, ces paroles, qui résument si admirablement notre sujet, sont devenues banales. Disons donc avec Goethe:

„Plus de lumière!"

DEUXIÈME PARTIE.

LA CIRCULATION DES FORCES

ET LA FIN DU MONDE.

La loi de la conservation de la force est la pierre angulaire, la règle du naturaliste. Dès qu'il est en désaccord avec elle, il doit tenir pour fausses son expérience ou son idée. Cette loi n'a pas besoin de plus ample démonstration ; l'existence de l'univers lui sert de preuve.

F. Mohr.

Dans la nature rien ne se perd, ni matière, ni force, ni travail mécanique.

Secchi.

En effet, si désolante qu'elle soit, la vérité a son charme.

G. Leopardi.

„La science moderne est le plus beau des poèmes.“

La vérité profonde de ces paroles d'un écrivain francais moderne éclate surtout quand on les applique à l'une des plus grandes et des plus importantes découvertes de la science moderne, nous voulons parler de la célèbre loi de la *conservation* ou de *l'immortalité* de la force. D'après cette loi, à laquelle obéissent et la circulation des forces et la circulation de la matière, il n'y a jamais, dans l'univers, ni perte ni gain de substance ni de force. La connaissance intime de cette loi nous décèle dans la nature une beauté, une simplicité, une ampleur, bien faites pour éveiller une sorte d'enthousiasme poétique dans le coeur de l'observateur.

C'est d'hier seulement, que nous connaissons cette loi d'une si extrême importance. On la fait dater, il est vrai, de 1837; mais ce n'est guère que dans les dernières 25 ou 30 années, qu'on a commencé, grâce surtout à l'influence du célèbre physicien Helmholtz, à en faire le cas qu'elle mérite. Que cette grande conception se soit si tardivement révélée, il y a lieu de s'en étonner d'autant plus que la circulation de la matière et l'éternité, l'indestructibilité de l'atome étant des faits depuis longtemps connus, l'éternité et l'indestructibilité de la force auraient dû en dériver nécessairement. Aujourd'hui que le principe de l'unité de la force et de la matière n'est plus guère contesté, la loi dont nous parlons semble un corollaire indispensable du. fait de la conservation ou de l'immortalité de la matière. Cette dernière donnée, introduite par le grand Lavoisier dans le domaine de la chimie, a de nos jours une valeur axiomatique. Ajoutons que la vérité générale, sur laquelle cette donnée repose, c'est-à-dire l'idée de la *pérennité de la matière*, était admise depuis dès milliers d'années et constituait dans toutes les théogonies primitives, dans presque tous les systèmes philosophiques de l'antiquité un article de foi. Tout au moins cela s'applique-t-il aux conceptions cosmogoniques des peuples aryens; quant aux sémites et surtout aux Juifs, ils admettaient l'idée si absurde de la création du monde tiré du néant, rêverie qui fut adoptée plus tard par le christianisme. Ainsi on trouve déja dans les mythes de l'Inde la conception fondamentale d'une matière première, éternelle, douée d'une force qui lui est essentielle; ce fut bien plus tard que l'on tira de là l'idée d'un créateur, placé en dehors de la matière et la gouvernant. C'est dans le Bouddhisme, que cette conception atteignit sa plus haute expression. Le Bouddhisme enseignait. l'éternité et l'indestructibilité de la matière, sous la forme de la célèbre *Prakriti* ou matière primordiale, animée des deux forces antagonistes, qui lui étaient inhérentes: l'inertie et l'activité. De cette matière primordiale, infinie, existant de toute éternité, extrêmement subtile, provenaient par condensation les mondes, destinés finalement à se résoudre et à parcourir ainsi à nouveau une échelle de créations successives, où le monde le plus récent était toujours plus parfait que le précédent. Fort semblable à cette conception était celle des anciens Parsis ou Persans, dont les deux principales déités, Ormuzd et Ahrimane, étaient le produit de la matière primordiale, éternelle, inséparable de la force primordiale. De même aux yeux des anciens Egyptiens l'idée de la création du monde tiré du néant semblait absurde; ils admettaient l'existence d'une matière primordiale, préexistante à toute chose créée, et la désignaient sous le nom de *Neith* ou de „Mère commune". La célèbre image de Neith, qui se trouvait à Saïs, portait cette inscription: „Je suis tout ce qui a été, tout ce qui est et tout ce qui sera." L'antique religion populaire de la Chine n'était que du matérialisme raffiné, et le grand fondateur de cette religion, Confucius, faisait tout dériver de l'action simultanée de *Yang* et de *Yin* ou de la matière primordiale et de la force primordiale.

Cette conception matérialiste de l'univers s'affirme encore plus nettement dans les célèbres systèmes philosophiques des écoles de l'antique Grèce, qui florissaient avant Socrate et que l'on désigne sous le nom général d'école „cosmologique“ ou „cosmophysique“. Sans exception, tous les philosophes de cette école basaient leurs théories cosmogoniques sur l'hypothèse d'une substance primordiale, éternelle, impérissable, et cette idée fut exprimée avec eclat surtout par le philosophe Anaximandre (600 ans avant l'ère chrétienne), qui pour cette raison merite d'être appelé le premier „matérialiste“. „La substance primordiale“, dit-il, „embrasse tout et gouverne tout“. Mais plus tard, comme chacun de ces philosophes croyait reconnaître cette substance primordiale, génératrice de tout ce qui existe, dans une espèce particulière de substance, on vit naître la célèbre doctrine des quatre éléments: le feu, l'eau, l'air et la terre. Cette doctrine constitua pendant longtemps la base incontestée des conceptions physico-chimiques, et tout récemment encore elle était tenue pour telle dans notre enseignement scolaire.

Aujourd'hui nous savons parfaitement que trois de ces éléments ne sont point des éléments réels ou des corps simples, mais au contraire des corps fort complexes, et que le quatrième, c'est-à-dire le feu, n'est pas du tout un élément, mais bien le résultat, le dernier mot d'un phénomène chimique. A la place des soi-disant quatre éléments on compte en réalité 60 à 70 éléments véritables ou corps simples, dont les combinaisons diverses constituent l'univers, sans que l'atome lui-même ou la particule la plus minime d'un corps simple subisse jamais la moindre altération. Un atome chimique est en soi une chose inaltérable, indestructible, conservant dans toutes les combinaisons auxquelles il participe le même caractère immuable, soit que (selon les belles paroles de Dubois-Reymond) il parcoure le cycle des mondes à l'état d'atome ferrugineux dans un aérolithe, soit qu'il résonne sur les rails dans la roue d'une locomotive, soit qu'entré en qualité de partie constituante du sang dans la composition d'un globule il circule sous la tempe d'un poète. C'est au grand chimiste Lavoisier (1743—1794), que nous sommes redevables de cette importante découverte, ce qui n'empêcha pas cette tête de génie de rouler, durant la tempête révolutionnaire, sous le couperet de la guillotine.

Si dès lors on avait connu, comme nous la connaissons aujourd'hui, la corrélation de la force et de la matière, si dès lors on avait eu, comme nous, l'idée de leur unité indestructible, on n'aurait pas manqué d'en déduire l'éternité, l'indestructibilité de la force. Mais, quelque simple et irréfutable que nous paraisse cette vérité, aujourd'hui que nous nous la sommes assimilée, il a fallu à l'esprit humain de longs efforts pour la découvrir. Des milliers d'années se sont écoulés, l'erreur a subi d'infinies métamorphoses avant que l'esprit humain soit arrivé à la connaissance des véritables rapports des choses. Dans la phase primitive de l'évolution intellectuelle, en particulier de l'évolution des notions physiques, on se représentait la force et la matière comme des choses tout-à-fait distinctes l'une de l'autre, et on donnait toute une série de noms divers aux forces de la nature, que l'on considérait comme indépendantes les unes des autres. Toutes les forces ou toutes les manifestations diverses de l'énergie universelle étaient attribuées ainsi à l'activité des „dieux" ou êtres d'une essence surnaturelle. Ainsi la terre, le ciel, l'eau, les fleuves, la lumière, le feu, le soleil, les ténèbres, le jour, la nuit, etc. etc. étaient animés chacun d'un esprit ou d'un dieu particulier. Le Zeus grec était le dieu du tonnerre et des éclairs, tandis que son épouse Junon représentait la pluie et les nuages. Apollon était le dieu du jour et sa soeur Arthémis la déesse de la nuit. Uranus représentait le ciel, Géa — la terre, Poséidon — la mer, Héphaistos — le feu, Eole — le vent, Vénus — la force d'attraction etc. Chez les philosophes grecs, notamment chez ceux qu'on désignait du nom de Cosmo-physiciens et qui florissaient, comme nous l'avons dit, avant Socrate, nous trouvons déjà des notions bien plus justes. Pourtant le plus ancien d'entre eux, Thalés de Milet, le fondateur de l'école dite ionienne, le père de la philosophie grecque (600 ans avant l'ère chrétienne) expliquait aussi la force d'attraction de l'ambre et de l'aimant par la supposition d'une *âme* inhérente à ces corps, et Empédocle, le célèbre ancêtre de la théorie darwinienne, affirmait catégoriquement la séparation de la force et de la matière et attribuait l'origine de l'univers aux force d'attraction et de répulsion. Mais leurs successeurs, Platon et Aristote, poussèrent bien plus loin cette doctrine de la distinction de la force et de la matière; considérant cette dernière comme parfaitement inerte par elle-même, ces philosophes édifièrent la fameuse théorie de l'action d'un Dieu ou d'un Esprit agissant sur la matière par l'entremise d'une „âme de l'univers", d'un „moteur universel". Grâce à l'influence puissante exercée par la philosophie d'Aristote, cette doctrine se soutint jusqu'à l'époque de Descartes. Descartes, lui aussi, tenait la matière pour incapable de se mouvoir par elle-même et avait basé sur cette manière de voir sa fameuse théorie des tourbillons, c'est-à-dire de la matière privée de force et entraînée dans un cercle éternel. Sa définition, si connue, de la substance *pensante* et de la substance *étendue*, exprimant l'une l'esprit et l'autre la matière, trahit le même dualisme, contre lequel Spinoza, son successeur, fut le premier à s'élever. Ce dernier en effet reconnaît dans la pensée et l'étendue les deux attributs d'une seule et même substance.

Nulle part cet antique dualisme de la force et de la matière n'est exprimé d'une manière aussi caractéristique que dans la version hébraïque de la création du monde. Selon les Hébreux, la terre, la mer, les étoiles, les planètes furent créées tout d'abord, et ce fut seulement ensuite qu'apparut la lumière, comme quelque chose de parfaitement distinct de la matière. [32]) Toujours d'après la même version, l'homme serait une créature pétrie de terre et d'argile, corps inerte, qui pour s'animer, a besoin de recevoir le souffle de la force et de la vie. De même que dans les religions des anciens Grecs, on trouve dans les Védas de l'Inde des dieux particuliers, incarnant les forces de la lumière, du soleil, du feu, de la lune, des ténèbres, des eaux, des vents, de la terre, et ce trait caractéristique est reproduit par les mythes des Chinois, des Egyptiens, des Perses, etc. Tous ces peuples divinisaient également les forces de la nature, et c'était en particulier, comme nous l'avons dit dans la première partie de notre ouvrage, la force de la lumière ou du feu qui constituait le principal objet de leur adoration.

Ce principe de séparation entre la force et la matière, qui était adopté en physique, régnait autrefois d'une manière tout aussi incontestée dans le domaine de la biologie. Déjà nous avons dit, d'après les croyances des Hébreux, l'homme vivant était constitué par deux principes tout-à-fait opposés. De leur côté, les anciens Hindous considéraient l'âme humaine comme quelque chose de tout-à-fait indépendant du corps, et même la philosophie Sankjah qui forme la base du bouddhisme, voit dans la *nature* et dans *l'esprit* deux principes opposés. Un caractère plus matérialiste respire dans les conceptions religieuses des anciens Egyptiens; de là leur souci de la conservation des cadavres. Nous retrouvons encore le même dualisme dans la croyance aux esprits errants des morts, généralement répandue chez les peuples sauvages, croyance accompagnée de l'effroi le plus vif.

Ce dualisme biologique avait jeté de profondes racines dans le moyen-âge; la doctrine de la séparation de l'âme et du corps ou du corps et de l'esprit était alors si bien établie, que le célèbre médecin Paracelse va jusqu'à attribuer les fonctions toutes physiques de la nutrition, de la digestion etc. à l'activité d'esprits particuliers.

A la place de ce divorce complet entre la force et la matière, surgit plus tard l'idée d'un divorce partiel. Tenue encore pour quelque chose de fort distinct de la matière *pondérable*, la force devint la matière impondérable, *l'impondérable* lui-même. Kepler fut considéré comme le créateur de cette hypothèse, qu'adoptèrent Descartes, Leibniz, Newton et d'autres. Ce fut elle qui donna naissance à la théorie complètement abandonnée aujourd'hui des *impondérables*, particulièrement à celle de l'émission de la lumière, suivant laquelle celle-ci serait constituée par des particules de substance impondérable, projetées avec une grande rapidité. D'après la même théorie, la chaleur aussi bien que le magnétisme et l'électricité, consistaient en une substance fluide, se communiquant d'un corps à l'autre; l'électricité en particulier avait été considérée par Thomas Young comme un fluide composé d'oxygène et d'hydrogène. De son temps encore, Faraday se crut obligé de combattre la nature matérielle de l'électricité. La croyance au fameux *phlogistique* ou substance du feu, dont Lavoisier, le fondateur de la chimie moderne, démontra le néant, après que Scheele et Priestley (1774) eurent découvert l'oxygène, appartient à la même époque. On admit bien dès lors, que la force était inséparable de la matière pondérable, mais on se la figurait toujours comme quelque chose d'essentiellement différent de celle-ci.

En biologie, la théorie des impondérables était remplacée par l'idée d'un moteur spirituel, désigné sous les noms les plus divers. Tantôt c'était „l'archée“ ou l'esprit de l'estomac de van Helmont, tantôt „l'esprit des nerfs“ de Borelli, tantôt „la substance vitale“ de Hofmann, „l'irritabilité“ de Haller, *l'anima animata* de Stahl ou bien les termes plus généraux de force nerveuse, de force plastique, de force vitale, etc. Ainsi on expliquait la coagulation du sang par la mort effective de l'esprit contenu dans ce liquide, c'est-à-dire du moteur spirituel, donnant l'impulsion à la circulation du sang. Ici encore la force apparaissait comme une substance très-subtile, très-tenue ou comme un principe élémentaire, impondérable ou enfin comme un fluide, un éther, un gaz; elle était liée transitoirement au corps, auquel elle communiquait ses propriétés vitales, jusqu'à ce que la mort vînt rompre le lien éphémère qui les unissait.

Nous le constatons-à regret — les conceptions biologiques de cette seconde période sont encore loin d'être complètement déracinées. En dépit des progrès de la science, la lamentable théorie de la force vitale continue à régner dans bien des cerveaux, surtout dans les cerveaux philosophiques, tandis que depuis longtemps les sciences physiques et chimiques ont atteint le troisième et dernier stade des temps modernes, le stade de la connaissance de l'unité absolue, de l'indivisibilité de la force et de la matière. C'est désormais une certitude parfaitement établie qu'il n'y a et qu'il ne saurait y avoir de force sans matière, ni de matière sans force; que leur séparation n'est possible que dans la pensée, dans l'abstraction. De même aussi il n'y a pas de matière impondérable, et la dernière énigme posée par les sciences naturelles trouve ainsi sa solution dans l'unité et l'indestructibilité de l'atome doué de force. Les découvertes de Young et de Fresnel sur la nature de la lumière ont inauguré cette dernière phase, en révélant, que toutes les forces à nous connues ne sont que des états ou des mouvements des particules les plus fines dont est constituée la matière. Ainsi ce sont seulement certaines manières d'être de la matière, que nous désignons sous le nom de *chaleur;* mais la chaleur par elle-même nous est inconnue. Comme la lumière, elle n'est qu'un mode particulier du mouvement. Ce ne sont pas des impondérables, que l'électricité, le magnétisme, l'affinité chimique, ce sont simplement des mouvements ondulatoires et vibratoires des plus fines particules de la matière pondérable. Cette dernière est elle-même dans un état d'incessante mobilité et ne connait pas le repos absolu. En général, là où il y a de la matière, il y a aussi nécessairement de la force à l'état de mouvement, de tension ou de résistance. Sans matière, — ni force, ni mouvement, ni tension, ni résistance!

Comme il n'y a dans l'organisme ou dans le monde organique tout entier aucune matière particulière, qui soit étrangère au monde inorganique, comme vraisemblablement il n'existe pas une seule combinaison d'éléments divers, constituant uniquement la substance vivante, il ne saurait donc y avoir non plus aucune force particulière organique ou vivante. Ici encore la matière avec ses forces est éternelle et indestructible, et les principes de la conservation de la matière et de la conservation de l'énergie sont le dernier mot de toute force particulière. Chaque énergie développée par l'organisme ou dépensée par lui vient et s'en va avec la substance pondérable, qui lui sert de véhicule. Grâce aux progrès de la chimie moderne, il est chaque jour plus clairement démontré que la substance organique ne possède aucune propriété chimique et vitale particulière, que la matière décèle dans le sein de l'organisme vivant exactement les mêmes propriétés que dans la nature extérieure. La vie ne saurait ni créer une substance nouvelle, ni en détruire une déjà existante et, si toutes les conditions, nécessaires à la manifestation des activités chimiques de la vie, nous étaient connues, on pourrait se convaincre qu'il n'existe absolument aucune différence entre ces activités et celles que l'on peut provoquer en dehors des corps organisés.

Cette connaissance de l'unité ou de l'identité de la matière et de la force, à laquelle l'esprit humain est arrivé si lentement, après avoir parcouru toute une série d'hypothèses erronées, se résume, comme nous l'avons déjà dit, dans le grand principe de la conservation ou de l'immortalité de la force. Si la matière est immortelle, la force doit l'être aussi, et de même que la matière peut revêtir les formes et les manifestations les plus diverses, sans subir la moindre altération dans son essence, de même aussi la force peut se manifester sous des formes et des phénomènes très variés, sans subir aucune modification dans son principe. En un mot, — à l'éternelle circulation de la matière indestructible correspond l'éternelle circulation de la force tout aussi indestructible.

A ce point de vue général, cette conception n'a même pas besoin d'être étayée par de longues démonstrations scientifiques; elle s'impose à nous avec toute la rigueur d'un concept logique. Aussi cette idée est-elle fort ancienne et nous la trouvons déjà plus ou moins nettement exprimée par les philosophes grecs cosmophysiciens. Ainsi Anaxagore dit: „Ce qui existe dans l'espace ne se multiplie ni ne diminue". Cicéron s'exprime plus clairement encore, quand il affirme qu'une force, par cela seul qu'elle existe dans la nature, ne saurait se perdre. „Ce qui ne provient pas du Temps", ainsi s'exprime le célèbre ami de la philosophie dans sa première Tusculane, chap. 23, „ne saurait non plus s'écouler dans le Temps". „De là vient que la force initiale du mouvement réside dans cela même qui se meut spontanément; mais cette force initiale ne saurait ni naître ni périr; le ciel pourrait s'écrouler, la terre pourrait s'arrêter, sans que cela importât le moins du monde à l'énergie, qui a imprimé à la matière le premier mouvement." Des expressions analogues se rencontrent aussi dans les écrits du grand Newton, auquel nous devons la découverte de la loi de la gravitation, et c'est pourquoi les Anglais se sont efforcés de lui attribuer l'honneur d'avoir découvert aussi la loi de la conservation de l'énergie. Le grand philosophe allemand Leibniz (1646—1716) était aussi convaincu (voir ses lettres à Clarke et à l'abbé Conti), qu'il n'y avait jamais dans l'univers de destruction réelle de force vive. Il signalait, par exemple, ce fait, que le mouvement en apparence évanoui s'était seulement distribué à des particules infinitésimales, se dérobant à la vue. Dans un ouvrage sur la phosphorescence des corps, Placidus Heinrich disait en 1812: „Il y a une chose au moins dont nous sommes sûrs, c'est que rien n'est perdu dans la nature. Tout se maintient par un échange naturel et incessant. L'un gagne ce que l'autre perd; l'un naît de la destruction de l'autre. Aussi point de perte dans l'univers, rien que transformation et échange."

Ce ne fut que vers la moitié de ce siècle que cette idée générale se formula nettement. Elle aurait dû, en vérité, se révéler bien plus tôt, alors qu'à la fin du siècle passé, écartant la théorie erronée du phlogistique, Lavoisier avait démontré que la combustion était simplement une combinaison chimique. Puisque la matière ne peut exister sans la force ni la force sans la matière, la grande découverte faite par Lavoisier de l'indestructibilité de la matière aurait dû entraîner nécessairement celle de l'indestructibilité de la force. Mais les savants sont gens prudents, tant soit peu timorés, ne se fiant en général qu'à ce qui est dûment établi par l'observation, l'expérience et le calcul. Or, il est bien plus difficile de mesurer et d'évaluer la force que de peser la matière. Rien d'étonnant, par conséquent, si cette découverte, aussi simple que grande, a exigé un temps relativement si long, et s'il lui a fallu, après Lavoisier, près d'un demi siècle encore, pour être enfin reconnue.

Quant à l'honneur de cette conquête scientifique, il peut être revendiqué, à titre égal, par deux savants allemands, morts tous les deux à l'heure qu'il est. L'un d'eux formula son idée en 1837, l'autre en 1842. La destinée de ces deux chercheurs, ainsi que l'accueil fait à leurs travaux dans le monde scientifique présentent plus d'une analogie. Tous deux furent méconnus, raillés, bafoués; tous deux eurent à surmonter les plus grandes difficultés avant de parvenir à divulguer une découverte, qui est aujourd'hui le pivot de la science moderne. Le premier est Frédéric Mohr, médecin et professeur à Bonn, né le 4. Novembre 1806, mort le 28. Septembre 1879. Il eut le chagrin de voir son travail „Sur la nature de la chaleur", dans lequel était formulé, pour la première fois, le principe de la conservation de la force, refusé en 1837 par la rédaction d'un des organes scientifiques les plus avancés „Annales de physique et de chimie" de Poggendorf, et cela sous prétexte qu'il ne contenait ni faits nouveaux, ni observations expérimentales! F. Mohr chercha asile pour son enfant éconduit dans un organe scientifique de Vienne (Revue de physique et des sciences connexes de Baumgarten), qui publia le travail, mais sans en donner avis à l'auteur et sans lui en envoyer un exemplaire; aussi ce dernier considérait-il son mémoire comme perdu et il n'en apprit la publication qu'en 1868, à l'occasion d'un congrés des naturalistes à Dresde. Cet écrit de Mohr n'eut aucun retentissement — le cercle des lecteurs de la revue de Baumgarten étant très-restreint et les esprits n'étant pas alors assez mûrs pour cette grande découverte. Mohr le publia pour la seconde fois en 1869 dans son remarquable ouvrage „Théorie générale du mouvement et de la force considérée comme base de la physique et de la chimie“ (Braunschweig, 1869, page 84), établissant par là son droit incontestable à la priorité de la théorie générale sur l'unité et l'action réciproque des forces naturelles. A la page 103, il s'étend longuement sur la corrélation des forces et, entre autres propositions, il formule celle-ci: „En dehors des 54 éléments chimiques connus il n'y a dans la nature qu'un seul agent, qui s'apelle la *force;* cette force peut dans des conditions favorables se manifester sous forme de mouvement, d'affinité chimique, de cohésion, d'électricité, de lumière, de chaleur, de magnétisme, et chacun de ces divers modes de phénomènes peut à son tour engendrer tous les autres.

La même force qui soulève le marteau peut, si on l'utilise autrement, produire tous les autres phénomènes". Il ajoute, page 89: „La force peut tout aussi bien être évaluée que la matière pondérable; on peut la diviser, en enlever par-ci, en aujouter par-là, sans que l'énergie première soit perdue ou que la somme de celle-ci soit modifiée."

Ces paroles résument clairement le principe essentiel de la théorie toute entière. [33])

Mais c'est aux travaux du docteur Robert Mayer de Heilbronn (né le 25. Novembre 1814, mort le 20. Mars 1878) et de l'Anglais Joule (1843—1849), travaux poursuivis simultanément, quoique d'une manière indépendante, que l'on doit les preuves mathématiques et expérimentales, nécessaires à l'établissement de la nouvelle théorie. Le premier est généralement considéré de nos jours, quoique un peu à tort, comme l'unique auteur de la précieuse découverte. Les recherches sur la rapport de la chaleur et du travail, auxquelles le second se livra durant de longues années, fournirent une base solide, tout-à-fait expérimentale à la théorie de Mayer, mais Joule semble bien n'avoir été influencé en quoi que ce soit par son émule.

Le travail de Mayer sur les forces de la nature inorganique, qui ouvrit la voie, eut, l'avons nous dit, un sort plus triste encore que celui de Mohr. Comme celui-ci, il fut refusé par Poggendorf et ne fut accepté qu'avec beaucoup de difficulté en 1842 dans les „Annales de chimie et de pharmacie“ de Liebig. Les objections, que les idées de l'illustre Mayer soulevèrent parmi ses collégues et dans le monde scientifique en général, sont du nombre de celles qui ont toujours poursuivis les intuitions et les travaux de tous les grands esprits ayant de beaucoup devancé leur époque.[34]) Ce n'est pas assez que l'hypothèse de Mayer rencontrât la même indifférence qui avait accueilli celle de Mohr, mais l'auteur lui-même fut accablé d'invectives, et les savants de Carlsruhe, de Heidelberg et de Stuttgart allèrent jusqu'à le traiter d'imbécile et son oeuvre „d'absurdité d'un cerveau brûlé!“ Les mânes de Mayer peuvent se consoler par le témoignage de l'histoire. Sans cesse celle-ci nous prouve que tel fut toujours le sort infligé aux grands hommes par leurs contemporains, ce qui n'a pas empêché la gloire de ces génies méconnus de briller d'un vif éclat aux yeux de la postérité. Les exemples de ce genre sont si frappants et si instructifs, que nous ne pouvons résister à la tentations d'en citer quelques uns. Quand Shakespeare, le plus grand de tous les poètes, dont le nom vivra tant que notre globe sera habité par des hommes, écrivit Macbeth, cette tragédie de la destinée, ce chef-d'oeuvre de psychologie, révélant une si profonde connaissance du coeur humain, un critique de l'époque, qui jouissait d'une grande estime, l'attaqua dans les termes suivants: „M. Shakespeare vient de lancer de son chantier un drame nouveau; jamais insanité plus grande n'a été écrite.“ Un autre griffonneur de la même clique, un certain Thomas Nash, jeta au grand génie le reproche d'avoir abandonné sa profession (celle de greffierd'avocat), pour s'aventurer, sans résultat notable, sur tous les domaines de l'art, sans même être capable de traduire en latin ses misérables vers. Notre grand poète Schiller ne put échapper, lui non plus, à cette destinée tragique. Ses deux drames „La conjuration de Fieschi“ et „L'intrique et l'Amour“ furent déclarés sales et immondes par la critique du temps; à l'en croire, il fallait craindre pour la raison de l'auteur. Dans un petit cercle d'amis à Mannheim, Schiller ne put achever la lecture de Fieschi, tous les assistants s'étant éclipsés l'un après l'autre. Le chef-d'oeuvre musical de l'infortuné Beethoven, ce „Fidelio“, qui aujourd'hui encore transporte tous les coeurs, provoqua, lors de sa première audition à Vienne, le 20. Novembre 1804, une critique des plus hostiles dans la *Gazette musicale universelle*, feuille très-estimée. Entre autres choses, la critique contenait ces mots: „L'oeuvre, en somme, ne brille ni par la conception, ni par le fini“. Le résultat de cette intelligente critique fut qu'après deux représentations l'opéra disparut du répertoire et que le grand maître, doutant de lui même, ne voulut plus jamais reprendre la plume pour en écrire un autre.

Loin de nous l'idée de vouloir établir un parallèle entre nous et les hommes illustres, dont nous venons de parler. Pourtant, nous croyons pouvoir, sans offenser la modestie, citer ici un exemple du même genre, puisé dans notre expérience personnelle. On se souvient de la vive émotion, qu'excita dans le monde civilisé l'apparition de „Force et Matière“. Cet ouvrage mit en émoi beaucoup de plumes et provoqua une vraie levée de boucliers. Cela n'empêcha pas M. le professeur Koestlin, qui faisait à Tubingue même, que nous habitions alors, la revue critique des nouveaux ouvrages, de déclarer en style d'oracle, que le livre avait été écrit uniquement pour provoquer du scandale, et que, ce but une fois atteint, il ne tarderait pas à être enseveli dans un juste oubli. M. Koestlin et ses élucubrations critiques sont depuis longtemps oubliés — notre oeuvre vit encore, et à quantité d'hommes elle a servi de fanal conducteur dans leurs recherches pour arriver à la vérité.

Mais revenons à Mayer. C'est surtout sur la relation entre la chaleur et le travail, ce qui est encore aujourd'hui la pierre angulaire de toute la doctrine, que Mayer insiste dans son célèbre ouvrage. Il y évalue l'équivalent mécanique de la chaleur à 365 kilogrammètres, chiffre erroné il est vrai — l'équivalent réel étant de 424 kilogrammètres. Mais ce calcul montre déjà, que Mayer était sur la bonne voie, et que son coup d'oeil de génie avait serré la vérité de bien près. Le même esprit de pénétration se révèle dans les travaux ultérieurs du célèbre savant, publiés de 1845 à 1851. En 1845 notamment, il fit paraître un mémoire sur le mouvement organique — „oeuvre“ dit Tyndall, „d'une valeur hors ligne et d'une portée immense dans son ensemble, sauf de légères restrictions, qu'on peut y faire aujourd'hui par-ci, par-là.“ En 1848, cet écrit fut suivi d'articles sur la dynamique céleste; dans ces articles „l'auteur développe avec une sagacité merveilleuse, avec une étonnante force de déduction et de pénétration la théorie météorique du soleil. Un quatrième écrit, empreint du même sçeau de puissante supériorité intellectuelle, parut en 1851. Tout bien considéré, on ne saurait donc refuser au Dr. Mayer le titre d'homme de génie ni le droit d'être placé au premier rang parmi les fondateurs de la théorie dynamique de la chaleur.“ Malheureusement les devoirs de sa profession ne laissèrent pas à ce chercheur le loisir nécessaire pour étayer sa théorie par des recherches expérimentales ou pour l'exposer suffisamment par écrit.

Mayer mourut en 1878, mais il vécut pourtant assez pour assister au triomphe de son idée, pour voir sa théorie acceptée par tous et ses services reconnus d'une manière éclatante.[35])

Après Mayer vient l'Anglais Joule de Manchester; des années durant, il poursuivit ses recherches expérimentales sur les rapports de la chaleur et du travail, sans rien connaître, comme le fait observer Tyndall, des travaux de Mayer. C'est à lui qu'appartient, d'après Tyndall, l'honneur d'avoir fourni la première preuve décisive à l'appui de la théorie. Tout d'abord il eut à subir exactement les mêmes déboires que son émule. Mais sans se laisser décourager par l'indifférence, avec laquelle ses premiers travaux semblent avoir été accueillis, il continua opiniâtrément ses recherches. Son but était de démontrer l'immutabilité du rapport entre la chaleur et la force mécanique ordinaire ou du mouvement. Pour Joule d'ailleurs il s'agissait avant tout d'un problème de physique spéciale, qu'il ne cherchait point, comme Mayer, à rattacher à des conclusions générales sur l'indestructibilité de la force, ni à d'autres déductions importantes qu'on en pouvait tirer. Aussi, dans la question de priorité entre Joule et Mayer, l'opinion publique s'est-elle prononcée en faveur de ce dernier.

A la suite de ces deux chercheurs viennent les travaux de quantité de physiciens et de physiologistes distingués, par exemple ceux de Tyndall, Grove, Thompson, Helmholtz, Clausius, Hirn, Secchi etc. Tous, sans exception, concluent dans le sens de la grande loi de la conservation ou de la transformation des forces, principe tout aussi incontestable pour le monde inorganique que pour le monde organique. Nulle part on n'est parvenu à constater la moindre dérogation à cette règle; en revanche, rien n'a été plus facile que de fournir toujours et partout la preuve victorieuse, que la force aussi bien que la matière est éternelle et indestructible, que partout où se produit une transformation de l'énergie, le quantité de force produite équivaut à la quantité dépensée. En un mot, la conversion ou la transformation des forces l'une dans l'autre a lieu dans là nature, sans qu'il s'effectue dans l'ensemble la moindre perte ni le moindre gain. Les physiciens n'avaient nullement pressenti ce merveilleux rapport; ils croyaient généralement, que la force naissait de rien et retournait à rien, se basant sur ce que certaines de ses manifestations semblent s'anéantir. Or, il n'en est rien en réalité, comme nous avons cherché à le démontrer déjà dans la première partie de cet ouvrage. Il n'y a jamais ni disparition, ni déperdition de la force, mais seulement transformation de celle-ci en d'autres modes de l'énergie, dont la corrélation nous est malheureusement inconnue ou plutôt l'était jusqu'aujourd'hui. Loin d'être tirée de rien, la force n'est jamais produite que par d'autres forces et cela en vertu de la loi fondamentale de *l'équivalence*. Aussi la somme générale des forces ne subit et ne saurait subir la moindre altération, et il en est exactement de même de la quantité générale de la matière — à condition toutefois d'envisager cette quantité générale au point de vue de l'infinité de l'univers. Les recherches les plus minutieuses et les calculs les plus exacts ne nous laissent aucun doute à ce sujet. Quelque cachée pour nous, quelque éloignée que soit la voie, par laquelle une force se manifeste ou disparaît, un examen attentif nous met toujours à même de découvrir cette voie et de nous convaincre par là, qu'il n'y a partout que des changements de forme et non *d'essence.* Les forces sont tout aussi immortelles et indestructibles que les atomes, auxquels elles sont indissolublement liées; comme ceux-ci, elles conservent à travers toutes leurs métamorphoses et leurs travestissements l'unité et l'indestructibilité de leur essence.

C'est la forme de la force le plus généralement répandue — la chaleur, et notamment le rapport de celle-ci avec la force mécanique ou mouvement, qui nous fournit le meilleur exemple de la transformation de la force. Ce fut d'ailleurs le point de départ de la découverte de la loi elle-même. Les exemples de ce genre de transformation de l'énergie sont innombrables et bien propres à confirmer la vérité du dicton inspiré par l'expérience: „Le mouvement engendre la chaleur“. Nous trouvons à chaque pas dans la vie usuelle des preuves irréfutables établissant que la chaleur engendre le travail et que le travail provoque la chaleur. Quelques uns de ces exemples ont déjà été cités dans la première partie de cet ouvrage.

Qui ne se souvient de cette farce d'écolier, qui consiste à échauffer un bouton de métal en le frottant contre le banc pour l'appliquer ensuite à l'improviste sur la main du voisin? Qui ne sait qu'à force de frotter deux morceaux de bois l'un contre l'autre on développe de la chaleur, c'est-à-dire qu'on échauffe le bois au point de l'enflammer? Qui ne sait que le frottement de nos allumettes phosphorées contre une surface rugueuse a pour résultat d'échauffer le phosphore, facilement inflammable, au point qu'il s'enflamme d'abord lui-même et finit par enflammer le bois? Qui ne sait encore qu'en faisant pivoter avec rapidité un foret pénétrant dans une planche on finit par échauffer l'outil au point qu'il devient difficile de le tenir entre les doigts? Qui n'a vu par suite du frottement incessant de la roue l'essieu d'une voiture pesamment chargée devenir incandescent? A qui n'est-il pas arrivé de voir le frein d'une locomotive, à force de frotter le fer d'une roue, opérer la conversion du travail mécanique en chaleur et provoquer par là des étincelles? Déjà le comte Rumford (1752—1814), célèbre physicien et philanthrope, fut bien près de découvrir la loi de la transformation des forces, quand il remarqua l'énorme développement de chaleur, qui accompagne le forage des canons. Notons que ce phénomène ne s'accordait guère avec la théorie de la substantialité de la chaleur, généralement admise à cette époque. En pratiquant sous l'eau ce forage ou quelque autre manipulation du même genre, il put constater, que, par suite de la chaleur développée, l'eau s'échauffait jusqu'au degré d'ébullition.[36]) On peut de même faire bouillir l'eau par le frottement de deux plaques métalliques immergées et mues par une force mécanique. Si le même frottement a lieu hors de l'eau, les plaques, auxquelles on imprime un mouvement prolongé et de plus en plus rapide, sont portées au rouge blanc et peuvent servir à chauffer une pièce. Ce procédé est utilisé dans les fabriques, où l'on à profusion de la force hydraulique. Un autre moyen d'utiliser la force ou le travail mécanique pour le chauffage d'un appartement, c'est d'imprimer, soit au moyen d'une chûte d'eau, soit à l'aide d'une rivière ou d'un moulin à vent, un mouvement de rotation à une grosse cheville en bois renfermée dans un cône en métal, hermétiquement sondé. On sait depuis longtemps qu'on échauffe l'eau ou n'importe quel autre liquide en les agitant ou en les faisant circuler sous pression dans des tubes de petit diamètres. Les biographes de Mayer racontent, qu'il fut mis sur la voie de sa grande découverte, en entendant dire aux matelots, lors d'un voyage qu'il fit à Java, que l'eau de l'Océan, agitée par la tempête, avait une température notablement plus élevée que par un temps calme. Cette observation, que la mer est plus chaude après qu'avant la tempête, est d'ailleurs très-familière aux gens de mer. Pour déterminer l'équivalent mécanique de la chaleur, Joule s'était servi d'une roue immergée et mise en mouvement par la chûte d'un certain poids. Il arriva ainsi a trouver qu'il fallait 424 kilogrammètres (c'est-à-dire le travail effectué, quand on soulève un poids de 424 kilogrammes à la hauteur d'un mètre) pour développer une calorie, autrement dit pour élever de zéro à un degré centigrade la température d'un kilogramme d'eau. Par le procédé inverse, par exemple, en laissant tomber un kilogramme d'eau de 424 mètres de hauteur et en arrêtant brusquement le mouvement, on obtiendra également une calorie ou la quantité de chaleur suffisante pour élever la température de l'eau d'un degré centigrade. Il en sera de même dans tous les cas analogues. Ainsi, l'eau courante gèle moins vite que l'eau stagnante, car le mouvement y développe de la chaleur. Quoique le lit d'un fleuve soit plus ou moins incliné, la rapidité de son cours ne va pas toujours en augmentant, le frottement de l'eau contre le fond et les bords contribuant en partie à l'enrayer, circonstance qui constitue une puissante source d'échauffement pour le lit aussi bien que pour les eaux. Les cascades, qui tombent en bondissant de rocher en rocher, développent des quantités considérables de chaleur. Ainsi des observations directes ont démontré que l'eau de la chûte du Niagara est plus chaude dans ses couches inférieures qu'à la surface.

Un exemple très-commun de la conversion du mouvement en chaleur nous est fourni dans la vie quotidienne par les étincelles et la chaleur que développent les objets tranchants (couteaux, ciseaux, aiguilles etc.) au moment où on les aiguise. La même cause provoque les étincelles, qui jaillissent du pavé sous les sabots ferrés d'un cheval; l'inflammation de l'amadou par suite du choc d'un briquet d'acier contre une pierre à fusil qui rend la plaque incandescente; l'embrasement d'un frein de voiture en bois par suite du frottement; l'échauffement de la scie coupant le bois, dont la température s'élève aussi; la fonte du sucre et l'odeur de brûlé, qu'il répand, quand on le frotte rapidement sur des râpes en fer etc. etc. Les vibrations sonores peuvent aussi se transformer en chaleur, comme nous le voyons dans les cloches qui s'échauffent en sonnant.

C'est vers la fin du siècle passé que Sir Humphrey Davy, le contemporain de Rumford, fit avec de la glace ses célèbres expériences. Dans un espace vide d'air, où par conséquent la chaleur ne pouvait pénétrer du dehors, deux morceaux de glace arrivèrent, uniquement par l'effet du frottement, à fondre sur la planche d'expérience, donnant par là une preuve décisive, que l'hypothétique substance calorique, à l'existence de laquelle on avait cru jusqu'-

alors et qui aurait dû se dégager de ces morceaux de glace, n'était qu'un mythe. Ce fait démontrait jusqu'à l'évidence que c'était uniquement la force mécanique du frottement, qui se transformait au sein des particules les plus petites de la matière en une sorte de mouvement moléculaire, nommé chaleur.

La nature ne nous fournit peut-être pas d'exemple plus grandiose et plus beau d'un phénomène calorifique produit par le mouvement de translation d'un corps ou par la transformation de la force mécanique en chaleur, que celui des météorites dont nous avons déjà parlé. En traversant notre atmosphère avec une rapidité planétaire, ces petits corps célestes atteignent, par suite de leur frottement contre celle-ci, un tel degré d'incandescence, que le fer et le silicate commencent à fondre à leur surface. A cause de la rapidité de sa course, le météore doit comprimer jusqu'à une densité incroyable l'air qui se trouve devant lui, tout en laissant derrière lui un espace presque vide de forme cylindrique; cela constitue une somme fort considérable de travail, effectué en partie aux dépens de la propre force du météore et transformé en chaleur. On a calculé qu'un aérolithe sphéroïdal du poids de 14 kilogrammes et d'un décimètre de diamètre, qui traverse notre atmosphère avec une rapidité de 16 kilomètres par seconde, sous une pression atmosphérique de 12 mm., ne développe pas moins de 446,850 calories ou unités de chaleur. Cette chaleur est suffisante pour volatiliser la plus grande partie de ces corps; aussi ceux-ci n'atteignent-ils notre sol, que dans le cas où leur volume était très considérable à l'origine. „L'air qui nous entoure de toutes parts", dit Secchi, „nous sert de cuirasse protectrice contre les ravages, que pourrait produire cette formidable artillerie céleste, qui a occasionné peut-être de grandes dévastations sur la lune."

Nous-mêmes nous produisons sans cesse de la chaleur au sein de notre organisme par toute espèce de mouvements, par la marche, la course, le travail, l'activité mécanique aussi bien que par le travail intellectuel, qui est toujours accompagné d'une circulation plus rapide dans le cerveau et d'un mouvement des molécules cérébrales. De là l'expression bien connue, employée d'ordinaire pour indiquer une forte tension intellectuelle: „La tête me brûle". Avons-nous les mains froides, vite, pour nous débarrasser de cette désagréable sensation, nous les frottons l'une contre l'autre pour les réchauffer, de même que nous cherchons par de fortes frictions à rappeler à la vie des membres à demi gelés. Il suffit parfois d'une simple et forte pression de la main pour déterminer par le fait de la contraction musculaire une élévation de la température organique; car une activité plus intense du muscle entraîne toujours de pair une oxydation ou combustion plus forte de la substance musculaire, par conséquent une production de chaleur plus considérable. C'est pourquoi une combustion plus rapide du muscle est toujours accompagnée d'un dégagement plus considérable d'acide carbonique par les poumons. Soit que nous gravissions une montagne, soit que nous nous livrions à quelque travail mécanique, soit que nous nous frottions les mains ou que nous prononcions un discours (ce qui est une dépense d'énergie transformée en son), c'est toujours la force de tension des aliments assimilés et brûlés dans le muscle jusqu'à leur réduction en acide carbonique et en eau, que nous dépensons dans tous ces actes et que nous transformons en force vivante, en chaleur et en travail.

Presque tous les exemples ci-dessus cités se rapportent de près ou de loin au phénomène du *frottement,* c'est-à-dire du mouvement mécanique de deux corps à surface plus ou moins rugueuse, mis en contact immédiat l'un avec l'autre. Ce phénomène ne développe pas seulement de la chaleur; il détruit aussi la cohésion des particules. On ignorait autrefois que ce genre de travail mécanique ou plutôt ce mouvement enrayé — car on peut définir ainsi le frottement pris dans le sens général du mot — se transformât directement en chaleur, quoique l'on se rendît parfaitement compte que celle-ci en dérivât. On croyait avoir tout dit, quand, selon l'hypothèse alors admise de la „substance calorique“, on déclarait que le frottement annule le mouvement et engendre de la chaleur. On se figurait cette dernière comme issue en quelque sorte des corps en mouvement. Aujourd'hui au contraire il ne s'agit que de la *conversion* d'une force en une autre, et ce qui était pris autrefois pour la disparition du mouvement, c'est-à-dire pour la perte d'une certaine quantité de travail, est considéré seulement par nous comme une disparition *apparente*, un autre mode de manifestation de l'énergie, restée immuable dans son essence. Le mouvement *extérieur*, devenu invisible, a été remplacé par le mouvement *intérieur* de la chaleur. Du reste, dans tous ces phénomènes, le frottement proprement dit, c'est-à-dire le contact immédiat de deux corps rugueux, n'est pas absolument nécessaire pour produire les effets dont nous venons de parler; la chaleur peut tout aussi bien être obtenue par une action éloignée, par la résistance quelconque que doit surmonter la force mécanique, sans que pour cela les surfaces aient besoin de se toucher. Si, par exemple, à l'aide d'une manivelle, on fait tourner un disque en métal entre les deux pôles d'un puissant électro-aimant, très-rappochés du disque, ce dernier s'échauffe tellement qu'il devient imposible de le toucher. En même temps le bras, qui tourne la manivelle, sent une forte résistance, et celle-ci disparaît, dès qu'on interrompt le courant électrique. Si l'on évalue en kilogrammètres la force dépensée dans ce cas, on obtiendra un chiffre représentant la valeur de l'équivalent mécanique de la chaleur.

Tyndall a poussé si loin cette admirable expérience, qu'il a réussi, en faisant tourner rapidement un cylindre en cuivre entre les deux pôles côniques d'un aimant, à faire fondre au bout de deux ou trois minutes un métal facilement fusible contenu dans le cylindre.

La rugosité des surfaces soumise au frottement n'est pas non plus une condition essentielle de la production de la chaleur. Dans nombre de cas, ce sont au contraire les surfaces unies et polies, qui, pressées et frottées avec force l'une contre l'autre, développent plus de chaleur que les surfaces rugueuses; car un plus grand nombre de leurs molécules se trouvant en contact immédiat, le mouvement général en est plus fortement enrayé. Aussi le graissage des roues, au moyen duquel on cherche à diminuer autant que possible le frottement des diverses pièces d'une machine, n'atteint-il ce but qu'en partie.

De même que le frottement, le *poids*, la *pression*, la *chûte*, le *heurt* et en général toutes les forces mécaniques, surtout quand le mouvement est enrayé, engendrent de la chaleur. Chaque balancier d'horloge peut nous servir à observer comment la pesanteur se transforme en mouvement et en chaleur — l'horloge s'échauffant, comme on le sait, par suite de son mouvement. Une pierre, une boule, que l'on lance, s'échauffent en tombant sur le sol, à cause de l'arrêt subit de leur mouvement, et du même coup elles échauffent aussi le sol par suite de la pression mécanique qu'elles exercent sur lui. Un coup de marteau sur un objet non élastique, par exemple, sur un morceau de plomb ou de fer doux, suffit pour provoquer dans ce corps une élévation de température, que l'on constate facilement à l'aide d'un thermomètre électrique, très sensible aux plus légères variations thermiques et les décélant par les oscillations de l'aiguille d'un galvanomètre. En se transformant en force mécanique, cette quantité de chaleur, quelque minime qu'elle soit, suffirait, si on pouvait l'utiliser en totalité, à soulever, par exemple, un marteau juste à la hauteur d'où il était tombé. Les forgerons se servent de ce procédé sur une plus large échelle en martelant, comme on dit, le fer afin de le porter au rouge blanc ou de le maintenir à l'état d'incandescence. En Angleterre, dans les fabriques d'objets en acier, des barres de ce métal de $^1/_3$ de mètre de longueur, dont l'un des bouts est chauffé au rouge blanc, sont transformées à l'aide de marteaux mécaniques en barres très-minces, dix fois plus longues et cela sans avoir besoin d'être remises au feu. Chaque point, frappé par les coups rapides du marteau, est porté au rouge blanc de telle sorte que la barre entière finit par être élevée à la même température. La chaleur ainsi développée pourrait porter au point d'ébullition plusieurs livres d'eau, tandis que la portion de la barre primitivement chauffée à blanc, aurait suffi à peine à élever quelques onces d'eau à ce degré de chaleur.

Un boulet de canon, en vertu de l'impulsion qui lui a été communiquée par la poudre, vient frapper le bordage d'un vaisseau cuirassé. L'arrêt subit du mouvement de totalité imprimé au projectile provoque un mouvement intime de ses plus petites molécules, et il en résulte ce que l'on appelle un déplacement du mouvement: celui-ci se transforme instantanément en un état d'incandescence tel, qu'un éclair lumineux et une teinte rouge prononcée à l'endroit touché révèle à l'oeil le point précis où s'est produit le choc. C'est du moins ainsi que les choses se passent quand la cuirasse est assez solide pour résister au choc du boulet. Mais il en est autrement si ce dernier réussit à percer la cuirasse; il ne se produit alors qu'une élévation moyenne de température, la force d'impulsion ayant été en grande partie conservée. Il en est de même lors du choc de deux corps élastiques; ici, en vertu des propriétés intimes de ces corps, la force mécanique au lieu de se transformer en chaleur, se convertit en mouvement de recul. Pour la même raison, deux balles de plomb qui se choquent et s'immobilisent mutuellement, sont plus ou moins échauffées en raison de la violence du heurt, tandis que cela n'arrive point ou n'arrive qu'à un degré insignifiant à deux balles d'ivoire qui rebondissent en arrière. Une balle en caoutchouc, rebondissant entre deux murs, s'échauffe à peine, tandis que la balle de plomb d'une arme à feu, tirée contre un mur, s'échauffe au point de ne pouvoir être touchée et commence même à fondre en partie. C'est que, dans le premier cas, à cause de l'élasticité, le mouvement de totalité du corps n'est que dévié; dans le dernier cas, il disparaît en tant que mouvement de totalité pour reparaître sous forme de chaleur. La chûte réitérée d'une balle de plomb, tombant du plafond d'une chambre sur une plaque de fer posée sur le plancher, finit par échauffer la balle, d'abord froide, assez pour qu'à son approche l'aiguille du galvanomètre d'un thermomètre électrique dévie instantanément. Les sels fulminants s'enflamment, comme on le sait, au moindre choc, tandis que la poudre de percussion a besoin pour cela d'un choc plus fort. Rien de plus facile que de démontrer, d'une manière pour ainsi dire palpable, à l'aide de moteurs hydrauliques reliés au frein de Prony, que la chaleur peut être produite par la pesanteur. [37])

Si on applique ces données aux corps célestes, on comprendra que, vu l'énorme volume de ces derniers aussi bien que la rapidité prodigieuse de leur mouvement, leur choc doit développer une quantité incommensurable de chaleur. Ainsi, par exemple, le choc de notre planète contre le soleil (événement prévu avec certitude, quoique dans un avenir éloigné, par l'astronomie physique), devrait, d'après Tyndall, engendrer une quantité de chaleur, compensant amplement, pour toute la durée d'un siècle, la perte de calorique rayonné dans l'espace par le soleil. Le choc de Jupiter, planète bien plus grande que la nôtre, couvrirait la même perte pour la durée de 32,240 ans; celui de Mercure pour 7 ans seulement, tandis que celui de toutes les planètes réunies venant heurter le soleil, compenserait la perte de son calorique pour 50,000 ans. Un météore tombant sur le soleil y développerait, selon les calculs du docteur Mayer, la même quantité de chaleur que produirait la combustion d'une masse de charbon de terre 4000 fois plus considérable. Le même météore, tombant sur la terre, y dégagerait une chaleur équivalente à celle résultant de la combustion de son double poids de charbon. Le heurt de deux corps célestes devrait suffire, en vertu de la chaleur qu'il engendre, à ramener les-dits corps à leur état primitif, c'est-à-dire à les volatiliser. Helmholtz (Corrélation des forces naturelles, p. 31) a calculé, que, si la terre pouvait être subitement arrêtée dans sa révolution autour du soleil, cet arrêt développerait une chaleur si considérable, qu'il faudrait, pour l'obtenir par les moyens naturels, la combustion de 14 globes de charbon pur aussi grands que notre terre. Cette chaleur suffirait non seulement à faire fondre le globe terrestre, mais encore à le ramener à son état originaire de corps liquide ou gazeux. [38])

De même que la pesanteur, le choc ou la chûte, la pression mécanique de tout corps solide, liquide ou gazeux, produit de la chaleur. La dilatation d'un corps a au contraire pour résultat l'abaissement de sa température, car alors la chaleur est employée à écarter les unes des autres les molécules et ainsi transformée en mouvement intime. Si, dans un vase clos, on comprime de l'air, celui-ci peut s'échauffer assez pour allumer de l'amadon ou du coton imbibé d'un liquide inflammable. Pour cela, il faut fixer ces corps au bout d'un piston se mouvant dans un tube de verre aux parois épaisses. Il suffit alors d'abaisser le piston pour se procurer du feu; c'est ce qui arrive dans le *briquet à air* ou *pneumatique.*

Si l'on abandonne à lui même le vase contenant de l'air ainsi comprimé, jusqu'à ce que cet air soit revenu à sa température première, puis qu'à ce moment on le laisse s'échapper par un étroit orifice, la dilatation du gaz produit un tel refroidissement, que l'on voit un nuage épais se former. Sir Humphry Davy à décrit une machine, qu'il avait vue à Chemnitz en Hongrie; dans cette machine l'air était comprimé par le poids d'une colonne d'eau de 260 pieds de hauteur. Dès qu'en ouvrant un robinet on laissait l'air s'échapper, la température devenait si glaciale, que non seulement les vapeurs aqueuses contenues dans l'air se précipitaient, mais encore qu'elles se précipitaient sous forme de neige, pendant que les parois du tube, à travers lesquelles l'air faisait irruption au dehors, se couvraient de glaçons. Une des plus belles expériences de ce genre consiste dans la congélation de l'acide carbonique comprimé, alors que par une brusque dilatation il se transforme partiellement en corps solide, ayant l'aspect de la neige. Si, à l'aide d'une forte pression mécanique, opérée dans des vaisseaux en fer, on fait passer l'acide carbonique, gaz fixe normalement, à l'état liquide, et si ensuite on le laisse s'échapper par un orifice étroit, sa dilatation subite exigera une telle quantité de force, que pour la fournir, une portion de ce gaz se condensera suffisamment pour se solidifier sous la forme d'une substance blanche, floconneuse, ayant l'aspect de la neige. Cette substance est assez froide pour produire sur la main qui la touche, l'effet d'une brûlure.

Inversement, on peut faire fondre la glace en la soumettant à une forte pression mécanique sous des presses hydrauliques. Il en est de même, comme nous l'avons déjà dit, pour tous les autres corps. Dès que l'on place un morceau de bois, une plaque de plomb ou quelque autre objet analogue sous le pilon d'une presse hydraulique, le galvanomètre ne tarde pas à indiquer une élévation dans la température du dit corps. Cette expérience se fait tous les jours dans les ateliers des hôtels de monnaie, alors que les pièces frappées s'échauffent sous le choc. L'air comprimé dans une pompe à air s'échauffe, et se refroidit au contraire quand on relève brusquement le piston. Le refroidissement bien connu de l'eau, dans laquelle on fait fondre du sucre, provient de ce que les molécules du corps qui fond ou se dissout, s'écartent les unes des autres et pour cela absorbent une partie de la chaleur de l'eau. Au contraire en se rapprochant les molécules de tous les corps dégagent la chaleur ou la force qui les maintenait dans un état de moindre cohésion; de là production de chaleur. En d'autres termes, elles restituent sous forme de chaleur leur force de cohésion. Au contraire, en s'écartant les unes des autres, elles absorbent la chaleur du milieu — d'où production de froid. Il y a comme un conflit perpétuel entre le travail intime des molécules, c'est-à-dire des particules les plus ténues de la matière, et le lien de cohésion reliant les unes aux autres les parties d'un corps; et, quelle que soit la nature de ce lien, les effets produits par la chaleur seront toujours en rapport direct avec le travail nécessaire pour le briser.

Nul exemple de production de chaleur par condensation ou rapprochement des particules les plus ténues de la matière ne surpasse en grandeur celui que nous offre le corps central de notre système planétaire. On sait que c'est presque exclusivement à sa condensation graduelle depuis l'état de nébuleuse primordiale, que le soleil est redevable de l'énorme quantité de chaleur qu'il contient. —

Un fait dans la nature semble pourtant contredire la loi que nous venons d'exposer; c'est la dilatation de l'eau au moment où elle se congèle. Mais la contradiction n'est qu'apparente, car les cristaux, que forme l'eau en se congelant, sont séparés par de petites cavités, ce qui accroît le volume de la masse totale. Le même phénomène s'observe pour d'autres corps, par exemple, pour le bismuth; ce métal, en passant de l'état liquéfié à l'état solide, se dilate exactement pour les mêmes raisons et fait éclater, par la force de sa dilatation, les vases qui le contiennent.

On voit par ce qui précède combien sont multiples les causes mécaniques qui engendrent la chaleur. Chaque fois que par suite d'un choc, d'un frottement, d'une chûte, d'une pression, la force visible ou mouvement semble détruite ou enrayée, nous voyons se dégager de la chaleur; par là est démontrée cette importante vérité, que la perte de force mécanique est toujours compensée par un gain calorifique. Le mouvement lui-même n'est point perdu en tant que mouvement; il n'a fait que se transformer; de mouvement extérieur et visible il est devenu mouvement intime, invisible, représenté par les vibrations calorifiques des plus petites particules de la matière. B. Stewart compare très heureusement ce phénomène à un train plein de voyageurs, qui, étant lancé à toute vitesse, serait subitement arrêté dans sa course. A ce moment même, les voyageurs, qui jusque là étaient tranquillement assis, seraient précipités avec violence les uns sur les autres et rudement secoués. C'est ainsi que les atomes ou les molécules d'un corps choqué ou arrêté dans son mouvement sont dérangées, bouleversées à peu près comme l'intérieur des wagons en question.[39])

Ainsi les mouvements de tous les corps terrestres ont une tendance nécessaire à se transformer graduellement en chaleur et, par conséquent, quoique certainement dans un avenir fort éloigné, toutes les forces en jeu sur notre globe arriveront à un état d'équilibre. Le résultat de cet équilibre final serait naturellement l'arrêt absolu de tout mouvement sur la terre. A l'origine de notre système planétaire, la somme entière d'énergie disponible existait probablement sous forme de force mécanique ou de mouvement, qui se transformait de plus en plus en chaleur et continue à le faire. Selon toute vraisemblance, la somme d'énergie, intacte encore, se convertira, elle aussi, en chaleur sous l'influence de cet incessant mouvement de transformation. Alors l'univers d'aujourd'hui aura atteint le terme de sa carrière, et un univers nouveau surgira à sa place. Nous aurons d'ailleurs plus d'une occasion, dans le cours de cet ouvrage, de revenir sur cette théorie de la „fin du monde“.

La contre-partie de la transformation de la force mécanique en chaleur nous est fournie par la transformation de la chaleur en force mécanique ou en mouvement, c'est-à-dire par le travail que la chaleur accomplit. Cette métamorphose inverse, plus compliquée que celle que nous venons de décrire, sera peut-être plus difficilement comprise par les personnes à qui les notions physiques sont peu familières. A chaque pas cependant nous rencontrons des exemples de ce genre; toute dilatation d'un corps produite par la chaleur, et grâce à laquelle ce corps accomplit un double travail extérieur et intérieur, en surmontant d'une part la résistance de l'air, de l'autre la force de cohésion de ses molécules, constitue un mouvement mécanique, dont la raison dernière est la chaleur. Décharger une arme à feu, faire partir un pétard, c'est simplement produire par le moyen de la chaleur une subite dilatation de l'air ou de certains gaz, sans préjudice de l'égalisation des différences chimiques, base du phénomène. Toutes les machines à vapeur, à air chaud ou à air comprimé, plus généralement toute espèce de machines mues par la force calorique ne sont en réalité autre chose que des appareils artificiels, servant à la transformation de la chaleur en force mécanique. Chaque coup de piston de la machine, chaque kilogramme soulevé par elle, chaque roue, qu'elle met en mouvement, répondent à la perte d'une quantité équivalente de chaleur. (Tyndall.) Arrivant du foyer embrasé où elle à été produite par la combinaison du carbone du combustible avec l'oxygène de l'air, la chaleur se communique à la vapeur d'eau; par la dilatation de cette vapeur échauffée, c'est-à-dire par la force élastique de cette vapeur, à laquelle toute issue est coupée, la chaleur soulève le piston du corps de pompe, dont le mouvement incessant finit, après une série de transformations de la force mécanique, par effectuer un travail ou vaincre une résistance. Pendant toute la durée de l'opération, l'énergie se trouve retenue dans le corps de pompe, loin du foyer, mais elle disparaît aussitôt que la vapeur a accompli son oeuvre. De là la différence très-notable entre l'échauffement d'une machine manoeuvrant à vide ou restant immobile et une machine exécutant un travail. La première s'échauffe bien plus que la seconde, parce qu'elle ne dépense pas comme celle-ci en force mécanique une partie du calorique produit d'ordinaire en quantité trop considérable dans toutes les machines mues par la chaleur. Tout naturellement la chaleur est perdue dans ce cas en tant que calorique, c'est-à-dire qu'elle est convertie en mouvement ou en travail extérieur. Ensuite on évalue le travail accompli d'après les lois de l'équivalence de la chaleur et l'on détermine en même temps les quantités de force perdues soit dans le machine, soit par rayonnement extérieur. Il en résulte que le travail accompli par la machine à vapeur est exactement équivalent à la quantité de chaleur disparue en apparence.

Ces mêmes observations, si intéressantes, avaient déjà été faites depuis longtemps par le célèbre physicien Rumford, dont nous avons déja parlé plus d'une fois. Il avait remarqué que le canon d'un fusil chargé à poudre était plus échauffé au moment de la décharge, que celui d'un fusil chargé à balle, une partie de la chaleur développée par la combustion de la poudre se transformant dans le dernier cas en force d'impulsion. Une autre fois, Rumford combina ses expériences de manière à employer la même quantité de poudre pour charger le fusil tantôt avec une balle, tantôt avec plusieurs, tantôt sans balle. „J'avais pris", dit-il, „l'habitude de saisir après chaque coup le canon de mon fusil de la main gauche, afin de pouvoir le nettoyer avec la main droite et je fus fort étonné en remarquant que le canon était bien plus échauffé, quand je n'y avais mis qu'une simple charge à poudre que qand je l'avais chargé à balle."

La même observation s'applique, d'autant mieux encore à un canon. Il est curieux d'observer, comme nous l'avons déjà dit, comment le boulet d'un canon, au moment même où il rencontre un corps résistant, par exemple, la cuirasse d'un navire, restitue sous forme de chaleur, c'est-à-dire sous forme d'élévation de température et de lumière, la force motrice qui lui avait été communiquée par la chaleur.

Ce que nous avons dit des machines à vapeur s'applique d'ailleurs en général à toute espèce de machines ou de forces motrices artificielles, toutes se ramenant en fin de compte à la chaleur comme à leur moteur essentiel. Quand nous faisons marcher nos navires et tourner nos moulins à l'aide du vent, ou bien quand nos utilisons la force des chûtes d'eau et des courants pour mettre en mouvement nos usines et nos moulins, nous ne devons pas oublier, que l'eau, aussi bien que le vent, sont les enfants de la chaleur. „La différence", dit Clausius, „entre une usine mue par la force de la vapeur et par celle de l'eau ou bien entre un bateau à vapeur et un navire à voile consiste uniquement en ceci: dans les premiers cas, la chaleur agit à l'aide de petites machines artificiellement arrangées, dans les seconds, c'est la grande machine de la nature, que nous mettons en réquisition en faisant servir ses puissants rouages au profit de nos petits intérêts."

Notre propre organisme ou plutôt l'organisme animal en général est le siège de phénomènes tout-à-fait analogues à ceux que nous venons de décrire. Ici encore le rapport entre la chaleur et le travail est un rapport constant, le travail se transformant continuellement en chaleur et la chaleur se convertissant en travail. On peut dire sans exagération, que sous ce rapport les êtres vivants sont de vraies machines à vapeur, les recherches les plus exactes ayant démontré que partout où se produit un travail mécanique le besoin de respirer et la consommation de l'oxygène s'accroissent en proportion. Ainsi les hommes, qui se livrent à un travail excessif ou qui font une ascension, absorbent deux fois plus, parfois même trois, quatre ou cinq fois plus d'oxygène qu'à l'état de repos et exhalent une quantité d'acide carbonique correspondante. Cet échange accéléré des matériaux de la nutrition entraîne nécessairement un accroissement de chaleur, comme peuvent s'en convaincre par eux-mêmes tous ceux qui se livrent à un travail excessif ou à un exercice violent. Si on évalue la quantité de chaleur ainsi produite dans l'organisme humain, on la trouve bien inférieure à ce qu'elle devrait être d'après l'énergie de la combustion, et cela uniquement parce qu'une partie de cette chaleur a été convertie en force mécanique ou travail. La différence de température, que l'on constate entre une machine manoeuvrant à vide et une autre fournissant du travail, se retrouve aussi dans l'organisme vivant, surtout dans les organes et les muscles en activité. Des observations directes ont démontré que la chaleur développée dans un muscle, qui se contracte, *diminue* tant que dure ce travail mécanique; elle s'élève au contraire immédiatement quand, par exemple, un bras tendu laisse tomber le poids qu'il tenait, car alors la quantité de chaleur, utilisée auparavant pour l'effort mécanique, devient libre. C'est pour quoi aussi la chaleur développée, soit par l'ascension d'une montagne ou d'un escalier, soit par une course précipitée, fait pour ainsi dire explosion au moment où nous atteignons le sommet ou le terme de la course, c'est-à-dire au moment où la production organique de la chaleur accélérée par le travail ou l'effort musculaire cesse de se transformer partiellement en force mécanique. Inversement, la chaleur interne du corps s'accroît, quand on descend un escalier, parce qu'alors l'action de la gravitation vient s'ajouter au travail organique. Sans cesse dans l'organisme vivant se fait un troc des matériaux nutritifs en circulation, et ce troc donne lieu à des phénomènes chimiques, qui au fond, ne sont autre chose qu'une combustion dûe à l'oxygène absorbé par les poumons, d'où production d'une quantité considérable de chaleur, gardant à l'état de repos, la forme de calorique, mais se manifestant, durant le travail ou le mouvement, tout au moins en partie, sous celle de force mécanique. En raison de ce travail l'échange moléculaire est naturellement accéléré, d'où par conséquent un plus grand besoin de respirer; personne n'ignore en effet, que rien ne nous est aussi nécessaire après un violent effort musculaire, qu'une fréquente et profonde inspiration. Quand nous gravissons une montagne, il nous semble bien que ce n'est pas la force qui manque à nos jambes, mais l'air à nos poumons. Quand notre respiration haletante n'introduit plus dans notre poitrine la quantité d'oxygène nécessaire, nous nous sentons envahis par un sentiment d'épuisement et de prostration, qui se dissipe seulement après un certain temps de repos. F. Mohr (Théorie générale du mouvement et de l'énergie 1869) nous parle d'un faiseur de tours de force, qui, à l'aide d'une machine spécialement construite, réussissait en tendant tous ses muscles, à arrêter deux chevaux de trait. L'expérience une fois terminée, l'homme tombait sur un banc et aspirait l'air avec tant d'avidité qu'il était hors d'état de répondre aux questions qu'on lui adressait et se bornait à faire des gestes.

Le docteur Onimus de Paris a fait des expériences très-intéressantes pour établir la corrélation directe de la chaleur et du travail dans l'organisme humain. Partant de la donnée physiologique, d'après laquelle, toutes choses égales d'ailleurs, la fréquence du pouls chez un homme bien portant est en rapport direct avec sa chaleur organique, il observa que, chez des personnes habituées au travail musculaire et soulevant un poids très-lourd, le coeur battait plus lentement que si les mêmes efforts et les mêmes mouvements musculaires étaient exécutés sans qu'il y eut soulèvement de poids. Quand par une application de glace on refroidit un muscle chez une grenouille préparée, ce muscle devient incapable de soulever en se contractant le poids auquel il est attaché et qu'il soulève avec la plus grande facilité avant et après l'expérience. La structure anatomique du corps humain s'accorde parfaitement avec ces observations: en effet les muscles chargés d'accomplir sans cesse une grande somme de travail, par exemple, le coeur, le diaphragme, la langue, sont aussi desservis par les plus grosses artères, qui leur apportent le sang nécessaire à l'échange moléculaire si intense, dont ils sont le siège. On peut aussi invoquer à l'appui de la théorie le fait bien connu, que, parmi tous les animaux, ceux qui sont doués de la plus grande motilité, comme, par exemple, la plupart des oiseaux, sont aussi ceux dont la température est le plus élevée. Leur température surpasse quelquefois celle de l'homme et atteint de 41 à 44 degrés centigrades. Conséquemment leur circulation a une grande vitalité. Leur pouls est très-fréquent; leur activité cardiaque est très-grande; leur fonction respiratoire est très-énergique, car leurs poumons sont très-developpés. Ainsi un oiseau chanteur, par exemple, consomme, toute proportion gardée, quatre fois autant de carbone que l'homme, et il exécute vingt fois plus d'inspirations que ce dernier. Cet échange moléculaire si intense doit être compensé par des besoins nutritifs et caloriques beaucoup plus considérables. Un pigeon absorbe relativement dix fois et une poule six fois autant de substances alimentaires que l'homme. Ce que nous venons de dire des oiseaux est applicable à certaines espèces d'insectes, dont le système musculaire est très-développé. De même dans l'humanité les individus pourvus d'artères de fort calibre, charriant une grande quantité de sang, d'où résulte par conséquent la production d'une grande quantité de chaleur interne, sont, il est vrai, d'un tempérament irritable, sanguin, comme on dit, mais ils sont aussi bien plus capables d'activité physique et intellectuelle que les autres. C'est le contraire qui arrive chez les hommes lymphatiques. Les personnes affamées succombent généralement plus souvent par le froid que par l'inanition ; aussi un surcroît de chaleur externe est-il le meilleur remède contre les conséquences fatales des privations. Dans les climats froids et tempérés, l'homme a continuellement besoin d'être garanti par l'alimentation, le toit et le vêtement contre les influences mortelles du milieu extérieur, tandis que l'habitant des tropiques jouit sous ce rapport d'une bienheureuse indépendance.

Après tout ce que nous venons de dire, il n'est plus permis de douter que l'organisme animal et humain ne soit, sous le rapport physiologique, une véritable machine. Cette machine, qui convertit constamment la chaleur en travail et le travail en chaleur, est tout aussi bien chauffée et maintenue en activité par les substances alimentaires, que les machines mues par la chaleur artificielle le sont par le charbon. Ce que nous constatons dans les deux cas, c'est la transformation de l'énergie chimique, contenue dans le combustible et dans l'aliment, en énergie calorique et en mouvement visible. Nous pouvons activer une machine par la combustion directe des substances dont nous nous servons pour notre alimentation, de même que nous pourrions, comme le fait remarquer Helmholtz, puiser directement nos forces vitales dans le charbon, si notre estomac était organisé de manière à le digérer. Les savants, tels que Tyndall, Helmholtz, Grove, Clausius, Stewart, Spiller, Wundt, Fick etc. etc., qui se sont voués à l'étude de ces problèmes et les ont exposés avec soin, se prononcent tous en faveur de l'analogie du corps humain avec la machine, tandis qu'à l'unanimité ils repoussent comme contraire à la loi de la conservation de la force l'hypothèse si peu scientifique de la soi-disant force vitale. Il est non moins incontestable que l'activité intellectuelle de l'animal et de l'homme est soumise à la même loi; elle dépend presque directement du sang amené au cerveau par de grosses artères et de l'intensité de l'échange moléculaire, qui s'opère grâce à lui dans l'organe de la pensée. Le lien entre l'intelligence et le besoin d'activité sera donc, en règle générale, d'autant plus étroit chez l'individu, que le coeur et le cerveau seront plus voisins, que le premier de ces organes pourra envoyer au second des flots de sang plus chauds et plus abondants; sous ce rapport les individus ayant le cou long se trouveraient dans des conditions opposées. De même les animaux au long cou, les girafes, les oies etc. dont le sang perd une partie de son calorique et de sa force d'impulsion durant son trajet du coeur au cerveau, sont en général fort peu intelligents. Le célèbre philosophe anglais, Herbert Spencer, le philosophe de la théorie de l'évolution, a raison de dire: „Que les forces intellectuelles soient soumises, elles aussi, à la loi de la transformation et d'équilibration des forces; qu'elles soient l'équivalent des forces physiques, dont elles proviennent et qu'elles développent, c'est là un fait démontré depuis longtemps par la science. *Comment* les forces physiques se transforment en forces intellectuelles, *comment* une force se manifestant sous forme de mouvement, de chaleur ou de lumière peut devenir un fait de conscience, cela est inexplicable, mais pas plus que ne le sont la conversion des forces physiques les unes dans les autres ou l'essence de l'esprit et de la matière.“ *)

Relativement à son degré de puissance calo-

*) Voir sur ce sujet les „Tableaux physiologiques“ de l'auteur, tome II, page 22 et suivantes.

rique la force mécanique de la chaleur est prodigieuse, à peine croyable. Une quantité de chaleur, à peine suffisante pour élever d'un seul degré centigrade la température d'une livre d'eau, est capable de soulever à la hauteur d'un pied $13^1/_2$ quintaux ou, ce qui est la même chose, d'élever à 1350 pieds un poids d'une livre. C'est ce rapport, que l'on a l'habitude de désigner sous le nom „d'équivalent mécanique de la chaleur“. Aujourd'hui on n'évalue plus comme autrefois en pieds et en livres, mais bien en kilogrammètres, de sorte qu'une quantité de chaleur, nécessaire pour élever de 0 à 1 degré centigrade la température d'un kilogramme d'eau distillée, a en réalité effectué un travail de 424 à 425 kilogrammètres, suffisant pour soulever un poids de 424 kilogrammes à la hauteur d'un mètre, ou bien encore — ce qui équivaut — capable de soulever un kilogramme à 424 mètres.. Cette force calorique reçoit le nom de *calorie* ou *d'unité de chaleur*. Une unité de chaleur équivaut par conséquent à 424 unités de travail, tandis qu'un kilogrammètre ou unité de travail équivaut à la 424ième partie d'une unité de chaleur.[40])

Une livre de charbon pur suffit, à condition qu'elle soit brûlée sans aucune perte, à élever d'un degré centigrade 8000 livres d'eau ou, ce qui est la même chose, à porter au degré d'ébullition 80 livres d'eau glacée. Il s'ensuit donc que la chaleur représentée par cette livre de charbon suffit également pour élever un quintal à la hauteur de 4½ milles. En appliquant ce calcul au corps humain, nous verrons, d'après Tyndall, que la force vivante, nécessaire pour élever un poids de 145 livres du niveau de la mer au sommet du Mont Blanc, exigerait seulement la combustion de *deux onces* de charbon — abstraction faite des quantités de chaleur développées inutilement dans le corps et perdues pour le travail mécanique. En présence de ce résultat énorme, gigantesque, presque fabuleux, on comprend facilement le surnom de diamant noir donné au charbon, enfoui dans les entrailles de la terre et renfermant une si puissante force calorique. Chaque kilogramme de charbon fournit par sa combustion ou réduction en acide carbonique près de 8000 unités de chaleur et récèle par conséquent une force mécanique de plus de 3 millions de kilogrammètres, ce qui correspond à peu près au chiffre de 45,000 chevaux par seconde. Ceci veut dire, en d'autres termes, que le calorique, produit par la combustion de cette quantité de charbon, serait capable d'élever un poids d'un kilogramme à une hauteur dépassant 3000 kilomètres. A son tour le poids en question, tombant de cette hauteur, pourrait développer par son choc une quantité de chaleur équivalente à celle fournie par la combustion d'un kilogramme de charbon. Au moyen des 100 millions de tonnes de charbon, que l'on extrait annuellement des houillères de l'Angleterre, on obtient une force mécanique dont les proportions sont tout-à-fait fabuleuses. Et pourtant ces noirs ouvriers, qui travaillent nuit et jour, sans se fatiguer jamais, n'ont besoin ni de logement, ni de vêtement, ni de nourriture.

Malheureusement nous ne savons pas encore faire un emploi judicieux de ces énormes sources de force et de richesse contenues dans le charbon, car à cause de l'imperfection de nos machines à vapeur des quantités considérables de chaleur sont gaspillées inutilement. Cette fumée noire, composée de particules de charbon non consumé, que vomissent sans cesse les cheminées de nos fabriques et de nos usines et qui reste suspendue dans l'air au-dessus de nos grands centres industriels, n'est que de la force perdue. Le refroidissement des diverses pièces de la machine, l'échappement de la vapeur surchauffée aussi bien que son refroidissement dans le condensateur par le rayonnement de la chambre à feu, l'échauffement jusqu'à cent degrés de l'air et de l'eau amenés du dehors, le dégagement par la cheminée des gaz, qui ont échappé à la combustion, etc. — tout cela constitue des causes de déperdition du calorique dont nous devons tenir compte. Aussi dans nos machines à vapeur ou plus généralement dans toutes les machines activées par la chaleur, fussent-elles aussi bien construites que possible, à peine parvenons-nous à utiliser dix ou douze pour cent de la force mécanique contenue dans la chaleur mise en liberté. Nous perdons ainsi, d'après Grove, la somme de chaleur (et même au-delà) suffisante pour porter l'eau au degré d'ébullition. On a cherché, à l'aide de divers procédés, à diminuer autant que possible cette perte, mais on n'est pas parvenu à dépasser le rapport ci-dessus indiqué. La machine animale ou humaine est sous ce rapport mieux construite que les machines artificielles; en effet la déperdition de son calorique n'est que de 80 % au lieu de 90 %, tandis que $1/5$ de la chaleur organique produite se transforme en travail musculaire ou force mécanique. Ce fait avait déjà été si bien compris par Rumford, qu'il fit remarquer qu'une tonne de foin employée à l'alimentation d'un cheval de peine était mieux utilisée que si on la brûlait pour chauffer une machine. Quant au calorique en excès développé par l'organisme, il est, de même que celui de la machine, dépensé sans utilité pour l'activité mécanique; il se perd en partie par le rayonnement, par la conductibilité, par l'évaporation, dont la surface de la peau et les poumons sont le siège, en partie par l'échauffement des substances alimentaires, des boissons et des gaz, introduits dans l'organisme ainsi que des produits de sécrétion solides et liquides. Helmholtz a évalué à 2,700,000 (en prenant un gramme d'eau pour unité) le chiffre des calories produites en 24 heures par un homme du poids de 82 kilogrammes. Si la déperdition ci-dessus mentionnée était évitée et si le mouvement mécanique pouvait se continuer nuit et jour, sans interruption, il en résulterait une production de plus d'un million d'unités de travail. Chez les bêtes de somme de grande taille, pourvues d'une riche musculature, ce rapport entre le travail musculaire et la production de la chaleur est encore un peu plus favorable que chez l'homme. Ainsi Traube l'évalue chez le cheval à 23 %, c'est-à-dire à un peu plus d'un cinquième.

Nous voyons par tout ce qui précède quelle puissance prodigieuse représente la force mécanique de la chaleur. Elle est si énorme, cette puissance des forces dites moléculaires, c'est-à-dire résultant des vibrations atomiques, parmi lesquelles la chaleur tient le premier rang, que rien ne saurait lui résister et qu'à côté d'elle la force pourtant si importante de la gravitation semble peu de chose. „La force de la gravitation", dit Tyndall, „disparaît presque si on la compare aux forces moléculaires; l'attraction exercée par la terre sur un poids d'une livre n'est rien en comparaison de l'attraction mutuelle des molécules entre elles." En partant de ces particules infinitésimales des éléments chimiques, le même savant se sert d'une expression aussi heureuse que pittoresque. Il les appelle „géants travestis", dont la puissance victorieuse a raison de la résistance la plus opiniâtre. Des vases en fer de l'épaisseur d'un doigt se brisent comme verre sous la pression d'une petite quantité d'eau qui se dilate en se congelant ou sous l'action d'une petite batterie galvanique qui décompose l'eau en ses gaz constituants. Les pierres et les rochers les plus solides se fendent sous l'action de l'eau qui se gèle ou sous celle de la dilatation de coins en bois humide, que l'on y enfonce. Les tubes des canons les plus solides ne sauraient résister à la force de dilatation de l'eau congelée ou de la vapeur surchauffée, et les terribles explosions de chaudières, qui coûtent, chaque année, la vie et la santé à tant d'hommes et détruisent tant de richesses, sont, elles aussi, les manifestations de cette force. Inversement des barres de fer d'une épaisseur moyenne, dilatées par la chaleur et raccourcies ensuite par l'action du refroidissement, acquièrent une telle force de résistance qu'elles peuvent servir à redresser de lourds édifices menaçant ruine. Sous l'influence d'une calorie, c'est-à-dire de la quantité de chaleur capable d'élever d'un degré centigrade la température d'un kilogramme d'eau, une barre de fer acquiert la faculté d'effectuer, en vertu de sa force de contraction, un travail de 424 kilogrammètres. Personne ne songera a qualifier d'insignifiante une force, qui élève 424 kilogrammes ou un poids de 848 livres à la hauteur d'un mètre, et l'esprit humain a besoin d'un effort pour se représenter qu'une telle force soit équivalente à celle qui élève d'un seul degré de l'échelle centigrade un kilogramme d'eau. De même que le raccourcissement des barres de fer qui se refroidissent a été utilisé pour redresser de lourds édifices, on est aussi parvenu à dresser de pesantes colonnes en pierre, des obélisques par la force de contraction communiquée par l'eau aux câbles mouillés, qui servaient à les maintenir. L'eau, cet élément si mobile et si souple, acquiert, on le sait, par la pression mécanique une puissance de résistance presque insurmontable. On s'en convainc facilement en étudiant la construction des presses hydrauliques, dont la puissance est incroyable. Les molécules de l'eau que l'on s'efforce de rapprocher au moyen d'une force mécanique, opposent une telle résistance, qu'emprisonnée dans un vase de métal flexible et soumise à une pression puissante l'eau suinte à travers les parois qui la contiennent et apparaît à l'extérieur du vase sous forme de fine rosée. A chaque moment nous avons l'occasion de constater la force gigantesque engendrée par l'écartement des molécules de la vapeur d'eau surchauffée; mais l'habitude nous a si bien familiarisés avec ce spectacle merveilleux que la puissante impression, qu'il devrait produire, s'en trouve émoussée. D'où vient la force motrice de ces palais flottants, qui parcourent l'océan avec une rapidité inconnue jusqu'ici et semblent des bras gigantesques tendus d'un rivage à l'autre, de ces trains à longues files de wagons, chargés de voyageurs et de marchandises, qui circulent dans toutes les directions, avec la vélocité magique dont était doué le manteau de Faust? D'où vient la force motrice des roues, du foret, du ciseau, de la scie, qui, mus par une force mystérieuse dans nos gigantesque ateliers où l'on construit les machines, y taillent, comme on taillerait du fromage, le bois le plus résistant, le fer massif, ou broient les pierres les plus dures entre deux rouleaux de fer aussi facilement que nous écrasons des amandes? Cette force provient uniquement des innombrables atomes, qui s'entrechoquent d'abord dans l'intérieur du fourneau, d'où une production de chaleur, communiquant le mouvement aux molécules de l'eau et de la vapeur. L'action des énergies moléculaires entrant en jeu au moment de l'explosion de la poudre, de la dynamite ou du gaz fulminant est presque supérieure encore à la force de la vapeur surchauffée. Nous voyons de pesantes masses de fer disparaître presque, s'émietter en des milliers de parcelles invisibles sous l'action d'une charge de dynamite, que l'on dépose sur elles et que l'on fait éclater. L'explosion d'un kilogramme de gaz fulminant engendre, d'après Secchi, un travail de 1,674,336 kilogrammètres ou bien 23,381 (?) chevaux-vapeur, somme de travail, dont, toujours d'après le même Secchi, nous pouvons à peine nous faire une idée. „Si on voulait l'appliquer mécaniquement pour engendrer de la chaleur, on en produirait par seconde autant qu'il s'en développe, quand les gaz générateurs de l'eau se combinent pour former un litre de ce liquide. Cette énergie équivaut à celle de la chaleur, que rayonne en cinq minutes un pied carré de la superficie du soleil! Qu'on juge par là de la force incommensurable, qui a dû se développer pendant la formation de l'Océan!" Et pourtant tout ceci n'est rien à côté de l'action exercée par une autre force naturelle, par l'éclair. Il lui suffit d'une fraction insignifiante de seconde, pour manifester son pouvoir destructeur en déchaînant les forces moléculaires. Il est évident que cette formidable énergie, que déploient les particules infiniment petites de la matière, résulte seulement de leur nombre prodigieux; ce sont les forces additionnées d'unités innombrables, qui finissent par constituer cette énergie collective à laquelle rien ne peut résister.

Ce que nous venons de dire suffit à établir la relation si importante, qui existe entre la chaleur et le travail mécanique. Tout ce qui se rapporte à la conversion réciproque de ces deux modes de l'énergie, s'applique également à toutes les autres forces naturelles. La physique entière n'est qu'une longue démonstration de cette vérité, et pour faire bien comprendre cette circulation éternelle de l'énergie, il nous suffira d'en esquisser les phénomènes principaux.

L'électricité, cette force mystérieuse et étonnante, si intimement liée à la chaleur, est produite par les mêmes causes ou les mêmes métamorphoses de l'énergie que celles qui engendrent la chaleur elle-même. Elle est provoquée tantôt par l'activité mécanique ou mouvement, c'est-à-dire par le frottement, la pression, le choc etc., tantôt par la chaleur elle-même, tantôt par l'activité chimique. Réciproquement l'électricité engendre soit le travail ou mouvement mécanique, soit la chaleur, soit l'activité chimique. C'est dans l'électrolyse ou décomposition de l'eau en ses deux parties constituantes, l'hydrogène et l'oxygène, opérée par les pôles d'une batterie électrique, que la force chimique de l'électricité éclate le mieux. Si au lieu de réunir directement ces pôles nous les plongeons dans un vase rempli d'eau, la décomposition commence immédiatement, et de petites bulles d'oxygène s'élèvent au-dessus du pôle positif, tandis qu'au pôle négatif apparaissent des bulles d'hydrogène. Emprisonnés dans le même récipient, ces deux gaz forment par leur réunion ce que l'on appelle le gaz fulminant, dont l'explosion produit de si puissantes manifestations de lumière, de chaleur et de force mécanique. La batterie elle-même nous présente un exemple de la transformation des décompositions chimiques en électricité active, car en s'oxydant ou en brûlant le zinc de la batterie engendre par sa combustion du travail exactement comme les machines caloriques produisent du travail par la combustion du charbon. Donc l'énergie chimique d'oxydation du métal zinc se convertit en énergie électrique.

En général le rapport entre l'électricité et la force chimique est si étroit, que tout courant électrique provoque des combinaisons ou des décombinaisons chimiques, de même qu'à son tour tout phénomène chimique engendre un courant électrique. Nous venons de décrire la décomposition de l'eau en ses parties constituantes; quand nous contraignons celle-ci par l'explosion ou la combustion à se recombiner en eau, nous domptons des forces chimiques par le moyen du courant électrique. Mais nous pouvons tout aussi bien obtenir le même résultat en recourant aux forces mécaniques, en provoquant, par exemple, un courant électrique au moyen d'une machine électro-magnétique; ce courant électrique, qui opère la séparation de l'hydrogène et de l'oxygène, est produit lui-même par la force mécanique du bras qui tourne la manivelle. De même que la machine à vapeur transforme la force chimique en force mécanique, la machine électro-magnétique transforme la force mécanique en force chimique. La décomposition chimique opérée peut d'ailleurs être aussitôt convertie en combinaison chimique; il ne faut pour cela que substituer au fil de platine du pôle positif un fil semblable en métal oxydable. Dès lors il n'y a plus d'oxygène mis en liberté, car à peine produit, il s'unit immediatement au métal et l'oxyde, c'est-à-dire qu'une combinaison chimique a lieu.

Quantité d'autres composés chimiques sont, comme l'eau, décomposables par le courant électrique, par exemple les oxydes; et alors l'oxygène s'accumule toujours au pôle positif, tandis que le radical va au pôle négatif. Quand on place, par exemple, un morceau de soude mouillée sur une lame d'argent ou de platine, reliée au pôle positif d'une puissante pile de Volta, il suffit de toucher le morceau de soude avec le fil d'argent ou de platine du pôle négatif pour voir immédiatement apparaître le long du fil de petites boules de sodium métallique brillantes, qui au contact de l'eau se transforment rapidement de nouveau par l'effet d'une combustion active en oxyde de sodium. D'autres corps complexes se laissent, tout aussi bien que les combinaisons d'oxygène, décomposer par l'action du courant électrique, et toujours dans ces cas une des parties constituantes s'accumule au pôle positif, tandis que l'autre apparaît au pôle négatif. Ainsi, lors de la décomposition de l'acide chlorhydrique, le chlore se dépose au pôle positif, l'hydrogène au pôle négatif etc. D'un autre côté, comme nous l'avons déjà dit, les courants électriques peuvent tout aussi bien, dans les batteries galvaniques ordinaires, être produits par les forces chimiques.

L'exemple du gaz fulminant montre à quelles puissantes manifestations de lumière, de chaleur et de force mécanique l'électricité donne lieu. Tous ces phénomènes peuvent d'ailleurs être obtenus directement, sans aucun intermédiaire, uniquement par la force électrique. Tous les conducteurs métalliques, à travers lesquels circule un courant électrique, s'échauffent, comme on le sait, et cela au point qu'un fil de platine, par exemple, est chauffé à blanc au bout de quelques secondes et se met à fondre. Cette propriété, qu'ont les fils métalliques de devenir incandescents par l'action de l'électricité, a été utilisée de diverse manière en chirurgie, en mécanique etc. On s'en est servi, par exemple, pour faire éclater des mines de poudre placées à de grandes distances, pour extirper des tumeurs profondes, que le scalpel ne pouvait atteindre, pour abattre les arbres gigantesques des forêts vierges de l'Amérique etc. Si l'on plonge dans l'eau un fil de platine rendu incandescent par l'électricité, il y aura arrêt dans la production de la chaleur développée par le fil, et le mouvement moléculaire enrayé se portant sur une lampe à fil de platine intercalée dans l'appareil, celle-ci donnera une lumière presque insupportable à l'oeil pour s'obscurcir de nouveau dès que le fil sera tiré de l'eau. En immergeant celui-ci plus profondément, on peut arriver par suite de l'échauffement trop fort et de la fusion du fil de platine tordu contenu dans la lampe à éteindre celle-ci. D'autres métaux, le zinc, le cuivre, l'or etc. peuvent de même être portés par l'action d'un puissant courant électrique à l'état d'incandescence, de fusion, voire même de combustion. Par le moyen de l'électricité voltaïque on peut produire la chaleur la plus intense qui nous soit connue — une chaleur échappant à toute mensuration et capable de volatiliser toute espèce de substance.

L'immersion d'un fil incandescent de platine a aussi pour résultat d'augmenter directement l'activité chimique de la batterie. Ceci veut dire qu'une plus grande quantité de zinc s'oxyde et qu'une plus grande quantité d'hydrogène est mise en liberté, la translation de la chaleur dans l'eau nécessitant, pour son déplacement, un accroissement d'activité chimique, de même que l'on a besoin d'autant plus de combustible que l'évaporation s'effectue plus rapidement. — Si l'on renverse l'expérience et qu'au lieu de plonger le fil dans de l'eau on l'expose à la flamme d'une lampe à esprit de vin, de sorte que l'énergie de la chaleur rencontre un plus grand obstacle à sa dispersion, on voit l'activité chimique de la batterie *diminuer*. Si l'on continue l'expérience, en plaçant le fil dans différents autres milieux gazeux ou liquides, on verra toujours l'activité chimique de la batterie se modifier proportionnellement au plus ou moins de facilité avec lequel la chaleur dégagée se transmet au milieu.

Voici une charmante expérience de la transformation de l'électricité en chaleur; nous la devons à B. Stewart. Une toupie en métal pivotant rapidement sur elle-même est transportée dans le voisinage de deux pôles en fer, transformés à l'aide d'une batterie en pôles d'un puissant électro-aimant. Aussitôt on voit le mouvement de la toupie s'arrêter, exactement comme s'il était enrayé par un frottement invisible, et cela parce que, en sa qualité de bon conducteur, la toupie devient le siège de toute une série de courants induits, qui arrêtent son mouvement et finissent par le transformer en chaleur. L'énergie visible de la toupie est convertie dans ce cas par l'intermédiaire de l'électricité en chaleur, aussi sûrement qu'elle est ramenée au repos par le frottement ordinaire.

De même que la chaleur est produite par l'électricité, celle-ci à son tour est engendrée par la chaleur. Si nous chauffons un cristal de tourmaline, un des bouts de son axe principal présentera le pôle électrique positif, l'autre le pôle électrique négatif. D'autres cristaux considérés comme de mauvais conducteurs, tels que le borax, le quartz, le spath, la topaze, le titane et autres se comportent de la même manière. Dans tous ces cas une certaine quantité de chaleur disparaît en tant que calorique pour reparaître sous forme de mouvement électrique. Des courants électriques sont de même provoqués par la chaleur dans les chaînes thermo-électriques. Si dans un thermo-rectangle, c'est-à-dire dans un appareil conducteur composé de deux métaux formant un circuit fermé, on approche un foyer de chaleur de l'un des points de jonction des deux métaux il en résulte immédiatement une perturbation de l'équilibre électrique; et dans le conducteur métallique surgit un courant nettement indiqué par la déviation d'une aiguille magnétique placée dans le circuit.

La découverte des courants provoqués par la chaleur a conduit à la construction des thermo-multiplicateurs de Nobili. Le thermo-multiplicateur est un instrument, qui permet de mesurer la température avec une précision dépassant de beaucoup celle de tous les thermomètres connus jusqu'ici. Avec cet appareil on a réussi à constater dans toutes les substances, soumises à l'action d'une source calorique l'existence en dehors du mouvement vibratoire calorique, d'un autre mouvement, lequel dans des conditions favorables se manifeste au dehors sous forme de courant électrique mais qui ne fait jamais défaut dans le corps chauffé.

Outre la chaleur, l'électricité produit aussi la lumière la plus intense. L'arc lumineux, que fait jaillir un puissant courant électrique entre deux ponites de charbon devenues incandescentes et qui dépasse en intensité la lumière calcaire de Drummond, a trouvé de nos jours l'application pratique la plus large, sous forme de lumière ou d'éclairage électrique. C'est bien la lumière la plus splendide que l'on puisse imaginer. Nous avons déjà parlé de la lumière émise par des fils métalliques chauffés par l'électricité et devenus incandescents; l'éclair provoqué par une décharge électrique peut aussi, on le sait, transformer la nuit la plus sombre en un jour éclatant. Sous cette forme de l'éclair, l'électricité produit à la fois de la lumière, de la chaleur, de la force mécanique et cela au plus haut degré. Les étincelles électriques, que nous provoquons artificiellement et qui apparaissent dans l'électricité positive sous forme de touffes rayonnées, dans l'électricité négative sous celle de petits points lumineux, sont également des manifestations de la puissance lumineuse de l'électricité. Le phénomène inverse peut aussi se produire, et la lumière peut être convertie en électricité. Pour cela on place dans une boîte, entre deux lames de platine, une feuille de papier imbibée d'une solution d'iodure d'argent, et a travers un orifice pratiqué dans la boîte on projette un rayon lumineux sur une des lames de platine; cela provoque immédiatement (probablement à la suite de phénomènes chimiques) un courant galvanique.

Le rapport entre l'électricité et le magnétisme, mis pour la première fois en lumière par Oersted, est plus intime encore. Nous avons appris à le connaître par l'action puissante de l'électro-aimant, qui forme la base de tout notre système de télégraphie électrique. On n'ignore pas non plus que le courant électrique a la propriété de faire dévier à droite l'aiguille magnétique. Un fait particulièrement intéressant et qui nous révèle le mieux la corrélation intime de ces deux modes de la force, c'est qu'un fil conducteur mobile, roulé en spirale, acquiert, du moment où il est traversé par un courant électrique, toutes les propriétés d'un véritable aimant, c'est-à-dire qu'il attire la limaille de fer, se dirige du sud au nord tandis que son extrémité nord est répoussée par le pôle nord de l'aimant et attirée vers le pôle sud.

De même que l'électricité dégage le magnétisme, celui-ci donne réciproquement naissance à l'électricité et, par son intermédiaire, à la chaleur, à la lumière, à l'activité chimique etc. Du reste c'est aussi directement que le magnétisme produit de la chaleur et du mouvement, puisque, comme l'a démontré Grove, chaque fois qu'un métal sensible au magnétisme est soit magnétisé, soit démagnétisé, sa température s'élève et l'écartement de ses molécules en résulte necessairement. On a aussi observé qu'une barre de fer, légèrement courbée par son propre poids, se redresse sous l'action du magnétisme ou bien s'allonge. Il est aussi probable que le magnétisme, en se métamorphosant, engendre directement l'affinité chimique et la lumière. Le lien étroit, qui unit le magnétisme à l'électricité et à la chaleur, ressort encore du fait suivant: si l'on chauffe un aimant au point de lui faire perdre toute sa force, la chaleur dépensée sera équivalente à celle perdue par le courant électrique pour produire du magnétisme. D'après Spiller (La Force primordiale de l'Univers 1876), l'électricité n'est que du magnétisme en mouvement, et le magnétisme à son tour n'est que de l'électricité au repos à l'état de tension. De même, d'après Secchi, les phénomènes magnétiques sont seulement des cas particuliers de l'action électro-dynamique, et la réduction des deux agents au même principe n'est plus de nos jours une simple hypothèse, mais bien une vérité mathématiquement démontrée. En se basant sur les découvertes d'Ampère, Secchi croit pouvoir affirmer, que non seulement le fer, mais toute autre substance peuvent, à notre gré, être transformée en aimant, pourvu que l'on parvienne à y faire circuler l'électricité d'une manière appropriée.

„S'il est vrai, comme la chose est d'ailleurs démontrée,“ dit Grove „que le magnétisme se relie aux autres énergies ou états de la matière; s'il est vrai, comme nous le voyons en réalité, que toujours et partout le courant électrique fasse incliner à droite, dans le sens de sa propre direction, la ligne de l'énergie magnétique, il en résulte que le magnétisme doit être un élément cosmique, puisque partout où il y a de la chaleur et de la lumière il y a aussi de l'éleciricité et du magnétisme... Le magnétisme doit donc être inhérent à l'univers entier et non exclusif au globe terrestre.“

Un lien plus intime encore, s'il est possible, rattache l'électricité au galvanisme. Ces deux modes de l'énergie, que l'on avait longtemps considérés comme distincts, sont si indissolublement unis par une chaîne de phénomènes se reliant les uns aux autres, qu'on a reconnu aujourd'hui leur idendité; ils constituent une seule et même force, dans laquelle il n'y a que des différences d'intensité et de quantité. Que le courant galvanique dégage de la chaleur, opère des décompositions chimiques, produise du travail mécanique — ce sont là des faits généralement connus, n'ayant pas besoin de longue démonstration.

On comprendra désormais sans peine, qu'a cette étroite parenté de l'électricité et de la chaleur doit correspondre une corrélation non moins étroite entre l'électricité et l'énergie mécanique, autrement dit le travail. Toutes les causes mécaniques, qui engendrent la chaleur, produisent aussi de l'électricité, et l'une des formes les plus anciennement connues et les plus communes de l'activité electrique consiste dans le mouvement mécanique, comme nous pouvons le voir dans la célèbre machine électrique à frottement.

Il suffit en effet de frotter des disques en métal ou en verre ou des bâtons de cire, ou de fouetter avec une queue de renard la surface d'un gâteau de résine pour provoquer immédiatement un dégagement d'électricité. Le fait seul que l'électricité peut de cette manière être produite à l'infini, suffit à prouver qu'elle n'est pas une substance, mais bien le mouvement des molécules des corps ou des molécules de l'ether, peut-être des deux, mouvement dû à la transformation de la force mécanique employée. Ici encore le mouvement visible, extérieur se convertit exactement comme dans les phénomènes calorifiques en mouvement invisible, intérieur.

La pression à son tour développe aussi de l'électricité. On peut s'en convaincre par l'expérience suivante: un morceau de taffetas ciré, pressé contre un plateau en métal, s'électrise positivement, tandis que le plateau s'électrise négativement. De même un morceau de spath-calcaire pressé entre les doigts s'électrise positivement, et une lame de platine, immergée dans un liquide, engendre, dès qu'elle est touchée ou secouée, un courant galvanique, qui fait défaut si on ne la remue pas. Krebs (Conservation de l'énergie 1877) raconte, que, dans ses premiers écrits parus vers 1840, Mayer cherchait déjà à démontrer, que l'énorme quantité d'électricité, que l'on pouvait tirer d'un électrophore, rien qu'en rapprochant et en éloignant le couvercle en métal, ne peut être obtenue que par le déplacement du travail accompli dans le soulèvement et l'abaissement du couvercle. C'est sur cette transformation du travail en électricité, que sont basés certain appareils aussi ingénieux qu'importants, tels par exemple que la machine électrique à influence de Holz et l'inducteur de Siemens.

La transformation inverse de l'électricité en travail mécanique ou mouvement est généralement connue, elle est prouvée par les attractions et les répulsions, que provoquent les corps électriques dans d'autres corps électrisés ou non, par la déviation de l'aiguille électrométrique, par le mouvement de l'aiguille aimantée ou de la roue électrique etc. A l'aide du magnétisme, l'électricité accomplit dans les machines électro-magnétiques une somme de travail mécanique fort considérable et suffit à attirer de pesantes masses de fer. L'action mécanique de l'électricité a été largement utilisée dans les télégraphes électriques, et récemment on l'a appliquée d'une manière plus éclatante encore dans la construction des chemins de fer électriques. Par l'intermédiaire de la chaleur, et tout aussi bien qu'elle, l'électricité peut effectuer toute espèce de travail mécanique, à la seule condition que l'on ait à sa disposition une quantité suffisante de force génératrice.

Tout ce que nous venons de dire de la chaleur, de l'électricité, du magnétisme etc., s'applique également à la lumière, a ce principe merveilleux, auquel, comme le fait remaquer si judicieusement

Secchi, peuvent se ramener tous les phénomènes de l'univers. La lumière, qui si longtemps a été considérée comme un agent, uniquement destiné à mettre l'homme et l'animal en communication avec le monde extérieur, par le moyen de la vue, est, nous le savons maintenant, une des plus puissantes énergies de la nature et intimement liée à toutes les autres forces naturelles. L'action qu'elle exerce n'est pas uniquement lumineuse; elle est aussi calorique et chimique. A droite et à gauche des rayons lumineux, qui occupent à peu près le milieu du spectre solaire, s'étalent les rayons caloriques et chimiques: „Mais il ne faudrait pas se figurer ces trois activités se manifestant l'une à côté de l'autre, comme des forces distinctes, ayant une origine différente; c'est le même rayon, qui éclaire, réchauffe et agit chimiquement.“ (Secchi.) L'énergie calorique aussi bien que chimique est en réalité propre au spectre tout entier, mais elle se manifeste sous des formes diverses selon les circonstances aussi bien que selon le degré de sensibilité de la substance sur laquelle tombent les rayons. Il n'y a pas de lumière sans chaleur et sans activité chimique. La lumière terrestre la plus éclatante, que nous puissions produire artificiellement, la lumière électrique, par exemple, se comporte sous ce rapport exactement comme celle du soleil et nous donne un spectre plus riche encore que le spectre solaire.

Rien d'aussi merveilleux que l'action chimique de la lumière; elle produit tantôt des combinaisons, tantôt des décombinaisons chimiques. Sous l'influence d'un rayon lumineux nous voyons le nitrate d'argent noircir, par ce que les éléments constituants du sel se dissocient; certains entrent dans des combinaisons nouvelles, tandis que le métal se dépose sur la lame sous la forme d'une fine poudre noire. C'est là ce qui constitue la base de la photographie, art dont l'importance scientifique et technique devient depuis quelque temps trop considérable. Les substances chimiques employées dans la photographie ne sont pas les seules que modifie l'action de la lumière; quantité d'autres corps, les uns simples, les autres composés, subissent des altérations analogues. A en croire Grove, leur nombre serait si considérable, „que l'on aurait presque le droit d'affirmer, que toute substance se modifie sous l'action de la lumière.“

La combinaison du chlore avec l'hydrogène pour former l'acide chlorhydrique, cette réaction chimique, si instantanée sous l'action directe de la lumière solaire, qu'elle provoque une explosion formidable, est un des meilleurs exemples de combinaison chimique provoquée par la lumière. En laissant ce même phénomène s'effectuer plus lentement, à la lumière diffuse, on peut constater, la réaction une fois produite, que l'intensité de la lumière à diminué, l'activité chimique ayant absorbé la force vive des ondes lumineuses.

C'est dans la croissance de la plante, que l'action chimique de la lumière joue surtout un rôle des plus importants. En effectuant la décomposition chimique de l'acide carbonique de l'air en ses parties constituantes, la lumière fixe le carbone dans le tissu de la plante et met en liberté l'oxygène, qui va se mêler à l'atmosphère. Mais les rayons du soleil, qui opèrent dans les feuilles de la plante ce phénomène de décomposition, disparaissent pendant ce temps en tant que rayons, — ils sont absorbés. C'est pourquoi une si petite quantité de rayons sont reflétés ou renvoyés par les feuilles, éclairées par le soleil; c'est pourquoi aussi il est si dificile à la photographie de nous reproduire l'image de ces feuilles éclairées. Sur les images photographiques, elles ne produisent que des taches sombres, car elles ont pu refléter les rayons disparus qu'elles ont absorbés, pour ainsi dire consommés à leur profit. En un mot les rayons, qui ont subi sur la plaque photographique une modification chimique, se trouvent dans des conditions analogues à ceux qui ont été utilisés par les plantes.

Par ces modifications variées, que la lumière fait subir à la matière pondérable, elle écrit, pour ainsi dire, elle-même ses propres annales, selon l'ingénieuse expression de Grove. La lumière que nous tirons du charbon ou des autres combustibles, qu'est-ce, sinon de la lumière emmagasinée, que les plantes ont bu autrefois dans un rayon de soleil? C'est ainsi qu'un phénomène éphémère laisse depuis un temps immémorial sa trace dans l'histoire de l'univers.

Ce n'est pas seulement dans la croissance et la coloration des végétaux, mais encore dans la coloration du poil ou de la peau des animaux et dans leurs teintes et leurs nuances infinies, que se manifeste l'énergie chimique de la lumière, en les modifiant, détruisant ou provoquant tour à tour.

On plonge dans de l'eau acidulée deux plaques de platine, réunies par un galvanomètre très-sensible; à peine l'une des surfaces de platine est-elle frappée par la lumière, que l'aiguille aimantée commence à dévier, ce qui ne peut-être dû qu'à l'activité chimique. Cette déviation de l'aiguille étant plus marquée sous l'action de la lumière bleue que sous celle de la lumière rouge ou jaune, il est permis d'en conclure que la cause du phénomène git dans la lumière et non dans la chaleur. Sous l'action des rayons lumineux, l'acide prussique se décompose pour former une combinaison solide et carbonnée, etc.

Quant à corrélation entre la lumière et la chaleur, comme elle est bien plus intime encore que celle entre la lumière et l'activité chimique, elle n'échappe à personne, et depuis longtemps on s'est habitué à considérer ces deux forces comme absolument identiques. Partout où il y a conservation ou absorption de la lumière, il y a production de chaleur. L'expérience enseigne à tout le monde, que les étoffes foncées, par exemple, un chapeau noir ou l'eau colorée, s'échauffent davantage sous l'action des rayons lumineux qu'ils absorbent, que ne le font les corps ayant la propriété de réfléchir ces rayons. Aussi la lumière, que nous envoient les étoiles les plus lointaines des profondeurs des espaces célestes et qui transformerait la nuit en un jour éclatant, sans la résistance de l'agent intermédiaire, remplissant l'espace, cette lumière ne peut pas être perdue, mais elle est transformée en une somme déterminée de chaleur, qui élève la température des espaces sidéraux.

Inversement, toute espèce de chaleur portée à un certain degré se convertit en lumière. *Au-dessous* de 500 degrés centigrades, il n'y a que des rayons caloriques obscurs, tels qu'en émet un corps chaud, par exemple, une barre de fer chauffée; mais au-dessus de 500 degrés, le fer devient incandescent et d'un rouge sombre. Que la chaleur, c'est-à-dire le nombre des vibrations éthérées augmente encore, et la barre de fer passera graduellement par toute la série des couleurs de l'arc-en-ciel, du jaune-rouge au violet, pour se fondre enfin dans un blanc éclatant, c'est-à-dire que le corps échauffé émèt successivement toute la gamme des couleurs, qui va de 478 à 760 billions de vibrations par seconde. A leur température habituelle, les atomes éthérés d'un corps vibrent environ 300 billions de fois par seconde. Par une élévation de température, suffisante pour fondre le basalte et le platine, c'est-à-dire à 1700—2000 degrés centigrades, ces vibrations atteignent le chiffre de 800 billions. Une plaque de platine chauffée modérémment ne donne d'abord que la sensation d'une température légèrement surélevée, facile à constater au moyen d'un thermomètre. Mais à mesure que la chaleur augmente, la couleur de la plaque change; d'abord d'un rouge foncé, elle passe ensuite au rouge clair et finalement au blanc. On voit apparaître en même temps, sur le côté éclairé du tube thermométrique une faible lueur, et de petites particules de poussière, qui se meuvent en avant de la plaque de platine et deviennent plus perceptibles dès que la lumière et la chaleur entrent en jeu simultanément. On peut porter les gaz à une température fort élevée, sans les rendre lumineux d'une manière sensible. Mais dès que l'on y place un corps solide, par exemple, du platine, la lumière se développe immédiatement par la transformation de la chaleur. On peut conclure de ce qui précède, que la lumière et la chaleur réunies dans un rayon de soleil, aussi bien que dans le rayon de toute flamme ou de toute lumière artificielle, sont au fond identiques. Leur seule différence consiste dans le nombre divers des vibrations de l'éther ou dans les vibrations moléculaires provoquées par celles-ci. La séparation de ces deux modes de l'énergie dépend, selon toute vraisemblance, des propriétés particulières de notre oeil; en vertu de son organisation, celui-ci n'est pas apte à percevoir sous forme de lumière toutes les vibrations de l'éther, mais uniquement celles qui sont animées d'une certaine vitesse. Ainsi la chaleur constitue une partie de la lumière, et la lumière une partie de la chaleur; quand la lumière semble s'anéantir par absorption, cela indique simplement la transformation des vibrations rapides en vibrations plus lentes, c'est-à-dire des vibrations de l'éther en vibrations moléculaires.

Il est presque inutile d'ajouter que la lumière peut avec le secours de la chaleur produire le mouvement mécanique et peut-être même l'engendrer directement, comme dans le célèbre radiomètre. Il est non moins incontestable, que la lumière peut à son tour être produite par le mouvement et cela soit directement, quand, par exemple, elle apparait à la suite de l'échauffement produit par le frottement (nos allumettes en sont un exemple banal), soit indirectement au moyen de l'électricité due au frottement etc. Mais par l'intermédiaire de l'électricité, de la chaleur, de l'affinité chimique, du mouvement la lumière se trouve aussi en corrélation intime avec toutes les autres forces et peut en conséquence servir elle-même de force initiale, engendrant directement ou indirectement tous les autres modes de l'énergie. Le physicien anglais Grove est parvenu à construire un appareil fort complexe, au moyen duquel il obtenait non moins de cinq forces diverses ou variétés de la force (activité chimique, électricité, magnétisme, chaleur, mouvement), s'engendrant l'une l'autre et prenant, toutes, leur source dans la lumière. [41]) Si on remonte la série de ces phénomènes, on ne tarde pas à se convaincre que la lumière est produite par l'électricité, l'électricité par le mouvement, le mouvement par la chaleur, la chaleur par l'affinité chimique. C'est partout le même chaos de métamorphoses de l'énergie, dont l'énigme tantôt nous échappe, tantôt se laisse facilement résoudre.

L'affinité chimique, grâce à laquelle des substances dissemblables tendent à s'unir et à constituer des combinasions nouvelles, douées de propriétés tout-à-fait distinctes de celles de leurs parties constituantes, peut passer par les mêmes métamorphoses, la même circulation de l'énergie que tous les autres modes de la force dont nous avons parlé jusqu'à présent. Nous avons déjà démontré, que presque toujours l'activité chimique s'accompagne d'un dégagement d'électricité et que cette dernière peut facilement être produite par la première. Chaque pile de Volta, chaque appareil d'induction, chaque batterie galvanique donnent un exemple de la production immédiate de l'électricité au moyen de l'activité chimique. Il n'y a pas d'activité chimique qui ne puisse être provoquée par l'électricité; l'oxydation des métaux, la combinaison de l'oxygène et de l'hydrogène etc. peuvent devenir des sources d'électricité, et plus une activité chimique sera puissante, plus puissante sera aussi l'activité électrique engendrée par elle. Or, comme la chaleur, la lumière, le magnétisme ou le mouvement peuvent être produits par l'application d'un courant électrique, il est clair que c'est de l'activité chimique, en dernier ressort, que nous tenons ces forces. Nous pouvons d'ailleurs les obtenir sans l'intermédiaire du courant électrique. C'est un fait bien connu expérimentalement, que toutes les combinaisons chimiques sans exception dégagent de la chaleur, et que chaque combinaison chimique en développe une quantité déterminée et invariable. Les combinaisons les plus fixes sont celles qui d'ordinaire produisent, au moment de leur formation, la plus grande somme d'unités caloriques, et inversement la quantité de la chaleur produite sera d'autant plus insignifiante que les combinaisons seront plus complexes. L'échauffement de l'eau, quand on éteint la chaux, est dû à la transformation chimique de l'oxyde de calcium en hydrate de chaux: c'est là un exemple banal de production de chaleur par l'activité chimique. Quelquefois aussi un dégagement de lumière et de force mécanique considérable se produit là où, comme c'est le cas pour l'inflammation de la poudre à canon, il existe des affinités chimiques non satisfaites et juxtaposées, par exemple lors de la déflagration de la poudre à canon. Il suffit alors d'une étincelle pour que la différence chimique se neutralise et la chaleur, la lumière, la force mécanique la remplacent. En brûlant du phosphore dans de l'oxygène, nous obtenons une lumière d'origine chimique, mais éblouissante, bien plus intense que l'éclair accompagnant l'explosion de la poudre à canon. En général, toute combustion est simplement une transformation de combinaisons chimiques ou de l'activité chimique en lumière et en chaleur, à la seule condition que la combinaison se fasse rapidement. Ainsi la rouille du fer résulte bien d'une combinaison chimique; mais cette combinaison s'effectue si lentement, que la chaleur insignifiante quelle développe se perd et ne peut être constatée. Nos lampes à huile, ainsi que tous nos appareils d'éclairage nous montrent d'une manière palpable, comment un phénomène chimique peut engendrer de la lumière et de la chaleur. Mais parfois aussi la lumière se produit sans que nous puissions constater la présence de la chaleur; tel est le cas de la *phosphorescence* de beaucoup de corps; car ce phénomène résulte d'une combustion ou oxydation lente. Par la déflagration du gaz fulminant, d'un mélange d'oxygène et d'hydrogène, nous pouvons obtenir à la fois des quantités considérables de chaleur et de lumière. Si on applique cette chaleur à faire marcher une machine, on aura obtenu, par voie d'activité chimique, de la force mécanique, et celle-ci à son tour engendrera toutes les autres forces. Ce sera toujours la même énergie sous une forme diverse. Quand, durant le phénomène de la combustion, les atomes du carbone et de l'oxygène, mis en liberté, se précipitent les uns vers les autres, pour s'unir dans une nouvelle combinaison chimique qui est l'acide carbonique, les particules nouvellement constituées de ce gaz sont animées d'un mouvement moléculaire, c'est-à-dire d'un mouvement calorique plus rapide, et elles s'échauffent; c'est le phénomène inverse, qui a lieu quand, durant une décomposition chimique, les atomes rapprochés s'écartent les uns des autres et que l'absorption de la chaleur du milieu et la transformation de celle-ci en mouvement mécanique engendre le froid, c'est-à-dire de la chaleur en moins. L'exemple le plus intéressant de ce genre nous est offert par le phénomène de la *croissance végétale*, où sous l'influence des rayons solaires. l'acide carbonique de l'atmosphère se décompose en ses parties constituantes. La fraîcheur, si vantée, des forêts ne dépend pas uniquement du fait, que les feuilles des arbres jouent le rôle d'abri protecteur contre les rayons du soleil; sans parler de l'absorption calorique effectuée à la superficie des feuilles par l'évaporation, cette fraîcheur dépend surtout de ce que la lumière et la chaleur des rayons solaires se transforment dans les parties vertes des plantes en décomposition chimique. La force vive de ces rayons est par là employée à un travail mécanique, consistant à éloigner les uns des autres les atomes de l'oxygène et du carbone. Secchi compare ce travail à celui qui serait nécessaire pour éloigner d'une planète un corps pesant.

„Si les rayons du soleil tombent sur une plaine sablonneuse“, ainsi s'exprime le célèbre Tyndall, „celle-ci s'échauffe, puis reflète dans l'espace la chaleur qu'elle reçoit. Si au contraire ces rayons viennent frapper une plaine boisée, la quantité de chaleur renvoyée par celle-ci sera très-minime, comparée à celle qu'elle absorbe, l'énergie d'une partie des rayons solaires étant dépensée en croissance végétale.“ [42]).

Le son, qui est constitué uniquement par les vibrations des corps élastiques, doit également être rangé dans la catégorie générale des mouvements. Par conséquent, tout ce qui vient d'être dit à propos du travail mécanique ou mouvement, se rapporte également à cette forme de l'énergie. D'ailleurs les vibrations sonores ne sont pas uniquement produites par un ébranlement spécial des corps; la chaleur, l'électricité, les phénomènes chimiques peuvent tout aussi bien les engendrer, quoique dans le dernier de ces cas, la transformation ne s'effectue pas toujours directement. A son tour le son provoque des phénomènes mécaniques, thermiques, électriques etc. Qui n'a observé le sautillement des grains de sable sur un disque en verre peint, ou le rebondissement d'une boule de bois arrivant au contact d'une cloche mise en branle, ou bien tout autre phénomène analogue? L'équivalent mécanique du son n'est d'ailleurs pas encore déterminé.

Ces expériences et ces exemples de la circulation éternelle des forces pourraient être multipliés à l'infini; mais ils sont plus que suffisants pour démontrer la grande loi de la conservation ou de l'immortalité de l'énergie. Il est inutile de multiplier ces exemples, le domaine tout entier de la physique et des sciences naturelles n'étant pour ainsi dire qu'une manifestation de cette loi jusqu'ici sans exception, soit dans le jeu des forces vives ou actives, soit en ce qui touche les forces latentes ou à l'état de tension. La vie organique elle-même, pour laquelle on se croyait obligé autrefois de créer des lois à part, est loin de faire exception à ce principe; elle constitue au contraire, comme nous avons déjà essayé de le démontrer, un cercle de métamorphoses, régi par la grande loi de la conservation de la force, cercle dont les anneaux fortement soudés ne présentent nulle part d'interruption. Conservation de l'énergie, conservation de la matière — par conséquent transformation incessante du mouvement et du travail ou, si on aime mieux, mutabilité éternelle de la forme et immutabilité de la substance et de la force, — tel est le dernier mot de la science moderne. Toutes les forces de la nature, sans en excepter une seule, se ramènent en dernière analyse au *mouvement* et à la *matière*, ce qui nous fait revenir à cette philosophie de la nature, déjà connue de Galilée, et expliquant toutes les métamorphoses naturelles par un nouveau groupement des molécules et une transformation du mouvement.

Ces expériences et ces observations diverses ont fini par suggérer aux physiciens la conjecture suivante. Ils se sont demandé, si toutes les forces que nous connaissons dans la nature ne seraient pas en réalité les modifications ou formes diverses, les manifestations variées d'une seule et même force essentielle; si ce que l'on avait pris jusqu'à présent pour des forces isolées, agissant chacune pour son propre compte, ne serait pas simplement des états divers d'une seule et même force. Aujourd'hui cette conjecture est bien près de devenir une certitude, puisque l'expérience scientifique a démontré qu'à peine une force est provoquée dans un corps, aussitôt tous les autres modes de l'énergie entrent du même coup en jeu. Si on électrise par exemple du sulfure d'antimoine ce corps révèle immédiatement des propriétés *magnétiques* et *s'échauffe* à un degré plus ou moins considérable selon l'intensité de la force électrique. La lumière ne tardera pas à se joindre à la chaleur, si on augmente le courant électrique, le corps électrisé devenant lumineux à un certain moment. En outre il se produit du *mouvement* par dilatation et enfin de *l'activité chimique*, puisque le corps se décompose. Ainsi voilà une seule et même cause provoquant dans un corps l'action simultanée de six forces différentes. Les mêmes expériences poursuivies sur les métaux aboutissent à un résultat identique, sauf peut-être pour ce qui concerne l'activité chimique. Et pourtant il est prouvé aujourd'hui que la structure moléculaire des métaux électrisés subit des modifications.*) Il est vraisemblable que sous ce rapport toutes les substances se comportent également et que l'action d'une force quelconque, une fois provoquée, entraîne à sa suite celle de plusieurs autres; elle aurait même entraîné, comme le fait observer Grove, celle de *toutes* les autres, si la substance donnée se trouvait dans des conditions favorables à leur développement ou si nos instruments d'expérimentation possédaient le degré de sensibilité nécessaire pour constater leur présence. Chaque mode de l'énergie est sus-

---

*) Voir sur ce sujet „Force et Matière“. 14ième édition. Notes p. 4 et 5.

ceptible d'engendrer les autres, et aucun d'entre eux ne peut-être produit que par celui qui l'a précédé. Ainsi donc, selon la belle démonstration de Helmholtz, c'est toujours une seule et même force infinie, agissant de toute éternité, qui nous apparaît sous la variété bariolée des phénomènes; elle se manifeste tantôt sous la forme de force vive, mettant les corps en mouvement, tantôt sous celle de vibrations régulières, auxquelles nous donnons le nom de lumière et de son, tantôt sous celle de chaleur, c'est-à-dire de vibrations irrégulières des molécules, ou bien encore elle se révèle sous la forme de la pesanteur de deux masses gravitant l'une contre l'autre, ou sous celle de la tension intérieure et de la pression de deux corps élastiques; enfin elle nous apparaît comme affinité chimique ou comme décharge électrique ou comme magnétisme. A peine disparaît-elle sous une forme, qu'on est sûr de la voir reparaître sous une autre, et là où elle semble se manifester sous un mode nouveau, nous pouvons être certains qu'une forme de l'énergie qui l'avait précédée est épuisée.

Les choses étant telles que nous venons de les exposer, le mot „force ou énergie“ ne saurait être défini autrement que comme le *mouvement des atomes*, et peut-être, pour la plus grande clarté du langage, vaudrait-il mieux écarter ces deux premiers termes, en y substituant simplement celui de mouvement. Tout au moins pourrait on le faire avec pleine certitude pour toutes les forces dites vivantes, actives, kinétiques ou forces en mouvement, réservant le terme „énergie“ pour les forces latentes, potentielles, statiques ou à l'état de tension, parmi lesquelles on peut compter la pesanteur ou force de l'attraction universelle, la cohésion et la différence chimique. Du reste, même pour ce qui est de ces forces dites de tension, le terme d'énergie ne pourrait leur être appliqué que jusqu'au moment où il serait demontré avec la dernière évidence, qu'elles aussi ont leur origine immédiate dans le mouvement réel des particules infinitésimales de la matière. [43])

Mais nous voyons qu'à chaque moment la pesanteur ou la force de tension peut être transformée en force vivante ou mouvement. Nous le constatons pour la pesanteur dans le balancier d'une horloge et dans la chûte d'un corps quelconque; pour l'élasticité dans la détente d'un ressort, d'une arbalète, dans une montre, dans un fusil à vent et aussi dans le travail formidable, qui peut être effectué par l'air comprimé; enfin l'activité chimique nous révèle le même fait dans la force d'explosion de la poudre à canon, de la dynamite, du gaz fulminant aussi bien que dans tout autre phénomène de combustion. Ici donc encore il n'y a point de dérogation à la loi générale de la conservation de l'énergie, il n'y a rien qui diffère essentiellement des autres phénomènes de la transformation de la force. Nous l'avons déjà dit: les diverses espèces d'énergie ne sont que des états modifiés de celle-ci, des vibrations atomiques se manifestant sous des formes variées, sous celle de chaleur, de lumière, d'électricité, de magnétisme, d'activité chimique, de force d'attraction etc. etc. „Il n'y a" dit Wüllner, (Transformation et conservation de la force 1860) „qu'une seule activité dans la nature, le *mouvement*, et les phénomènes les plus variés ne sont que ses manifestations multiples."

C'est ici le lieu de répéter encore une fois que toutes les métamorphoses de l'énergie, sans exception aucune, étant régies par la loi de l'équivalence, il n'y a jamais dans l'ensemble ni perte ni gain. Si nous constatons une déperdition de l'énergie, cette déperdition n'est jamais qu'apparente. L'énergie a seulement disparu sous une forme déterminée pour reparaître sous une autre, seulement nous avons parfois de la difficulté à constater cette dernière. Quand, par exemple, nous frottons avec force nos mains l'une contre l'autre, s'imagine-t-on que la force est épuisée, qu'elle ne subit plus de transformation ultérieure? Il n'en est rien! Le développement de la chaleur dans le muscle, la fréquence de la respiration et l'échange moléculaire, qui s'opère dans les poumons, ayant été quelque peu activés, il en résulte une certaine diminution de force, que nous sommes obligés de compenser par un supplément de nourriture. Soit que nous tendions un ressort, ou que nous soulevions un poids à une certaine hauteur, la force (ou le travail) dépensée pour produire ces actes n'est ni perdue ni détruite, comme il semble au premier abord; elle est simplement rentrée pour un temps indéterminé dans le repos et peut reparaître à chaque moment, dès que nous laissons le ressort se détendre ou le poids retomber par terre. [44])

La loi de l'équivalence se laisse le mieux démontrer au moyen de la chaleur, car c'est un fait prouvé par le calcul, que la quantité de chaleur dépensée ou absorbée pendant la décomposition d'un corps est exactement égale à celle qui était produite durant la formation du dit corps par l'union de ses molécules chimiques constituantes. Quand, par exemple, à l'aide de l'électricité, on décompose l'eau en ses parties constituantes, l'hydrogène et l'oxygène, on peut produire durant la combustion exactement la quantité de chaleur équivalente au courant électrique appliqué — abstraction faite naturellement des pertes insignifiantes qu'il est impossible d'éviter. Prenons un autre exemple. Voici une tonne de charbon fournissant par sa combustion une quantité exactement déterminée de calorique et destinée à provoquer le mouvement d'une machine à vapeur. Si on additionne toutes les fractions de chaleur distribuées les unes à la machine et au condensateur, les autres perdues par rayonnement et par le contact avec l'air, on trouvera cette quotité de chaleur moindre que celle engendrée par la combustion de la tonne de charbon. Néanmoins cette quotité moindre correspondra exactement à la somme de travail mécanique fourni par la machine. „Supposons que ce travail consiste à soulever un poids de 7720 livres à la hauteur d'un pied. La chaleur produite par la combustion restera inférieure à son maximum précisément de la quantité qui serait nécessaire pour porter une livre d'eau à la température de 10 degrés Fahrenheit.“ (Tyndall.)

Ce que nous venons de dire de la chaleur s'applique exactement à toutes les autres forces et „ceci nous mène nécessairement à la conclusion suivante: Une force quelconque est susceptible de se transformer en une autre, dans un rapport exactement déterminé, et dans les cas où cette équivalence ne peut être parfaitement constatée, la cause n'est pas imputable à une perte, mais bien à une dispersion de la force, qui s'est transformée en une autre dont nous n'avons pas connaissance. *L'équivalent constitue une limite, qui n'est jamais atteinte en réalité.*“ (Grove.)

On le voit, aucune force ne peut surgir que par la disparition d'une autre et nulle part un mouvement ne peut se produire sans qu'il y ait sur un autre point quelque arrêt d'un mouvement équivalent. Il en résulte, que, dans l'ensemble, c'est-à-dire dans l'univers, la totalité de l'énergie reste absolument immuable, par son essence, quelque variable que soit d'ailleurs son accumulation sur des points isolés. Il est tout aussi impossible de détruire ou de créer de la force, de l'énergie ou du travail, qu'il est impossible de détruire ou de créer des atomes ou de la matière; la circulation éternelle de l'une correspond à la circulation éternelle de l'autre. „Il s'ensuit“ dit Helmholtz, „qu'en dépit des changements incessants qui se produisent dans la nature, la somme d'énergie active reste toujours la même, toujours immuable. Tous ces changements consistent uniquement en ce que la force mécanique se manifeste sous une autre forme et dans un autre lieu, sans que considérée dans sa totalité elle subisse pour cela la moindre altération. L'univers possède une fois pour toutes un capital de force ou de travail qu'aucun changement dans les phénomènes n'est capable de modifier; ce capital ne saurait ni croître, ni diminuer et il renferme à l'état virtuel tous les changements auxquels nous assistons.“ [45])

S'il en est ainsi, si aucune force ne saurait ni disparaître, ni être créé à nouveau, si toute action ou toute manifestation de l'énergie provient d'un fonds inaliénable, éternel, immuable en lui-même, une question fort importante ne tardera pas à se poser devant nous.

D'où provient la totalité de l'énergie, qui existe et agit sur notre globe? Puisque rien ne peut provenir de rien, quisqu'il est prouvé que les forces se comportent sous ce rapport exactement comme les substances et que par conséquent leur provenance peut et doit être recherchée, force nous est de conclure, qu'il doit exister quelque part une source, d'où la somme de l'énergie terrestre tire son origine.

Cette question, si grosse de conséquences, n'est pas restée sans solution satisfaisante. La science nous répond: *cette source, c'est le soleil.*

Les savants et les naturalistes reconnaissent à l'unanimité, que toutes les énergies ou tous les mouvements, qui se manifestent sur la terre, proviennent, en dernière analyse, de l'astre solaire. Seul le mouvement du flux et du reflux de l'Océan ou ce que l'on appelle le marée fait peut-être exception, puisque ce phénomène dépend principalement de l'attraction lunaire. „Sauf de légères exceptions", dit encore Helmholtz, „tout ce qu'il y a de vie et de mouvement sur la terre se maintient grâce à une seule force, à l'énergie des rayons solaires, qui nous versent la chaleur et la lumière."

Nous avons essayé de donner une idée de la puissance prodigieuse de la chaleur, en ayant soin d'indiquer que presque partout où il y a transformation de la force, la chaleur entre en jeu.

Nous avons de même démontré comment dans chaque acte, où l'on croyait jadis à une déperdition de force, par exemple, dans le frottement, celle-ci ne faisait en réalité que se métamorphoser en chaleur. C'est pourquoi aujourd'hui les notions de force, de chaleur et de mouvement sont tenues pour synonymes.

Rappelons aussi ce que nous avons déjà dit dans la première partie de ce livre au sujet de la quantité énorme d'énergie solaire, que la terre reçoit annuellement; cette quantité suffirait à faire fondre une enveloppe de glace de 98 à 100 pieds d'épaisseur, recouvrant toute la surface terrestre, ou bien à fondre chaque jour une masse de glace de six milles cubes. Selon Helmholtz, le soleil émet une quantité de calorique équivalente à celle que fournirait la combustion, sur chaque mètre carré de sa surface, de 1500 livres de charbon par heure, ce qui représenterait le travail incessant de 7000 chevaux-vapeur. Selon Spiller, la chaleur, que le soleil rayonne dans l'espace d'une minute sur la surface entière de notre globe, équivaut à 2247 billions d'unités caloriques, capables d'élever d'un degré la température de $5^1/_2$ milles cubes d'eau. La chaleur suscitée sur notre globe dans l'espace d'une heure équivaut à celle que produirait la combustion d'une couche de charbon de 10 pieds d'épaisseur, disposée tout autour de la terre.

Cette force énorme de calorique représente tout naturellement un capital équivalent d'énergie ou de travail, capital qui peut être ramené à la force ou au travail de 228,000 millions de machines à vapeur, chacune de la force de mille chevaux. Secchi évalue l'énergie thermique du soleil à 77,232 chevaux par mètre carré de sa surface; la chaleur émise par un décimètre carré et évaluée à 772 chevaux, représente à peu près la force d'une des machines de nos bâteaux à vapeur. Pour développer la force de 4000 chevaux, la grande machine dite „Friedland", qui a figuré à l'exposition de Paris en 1869 consommait la chaleur de huit grands fourneaux continuellement allumés. Or, il aurait suffi de la chaleur dégagée par cinq décimètres carrés de la surface solaire pour effectuer ce travail, c'est-à-dire pour maintenir la machine en mouvement, et la chaleur d'un seul mètre carré de la surface solaire suffirait à alimenter toutes les machines à vapeur fonctionnant sur la terre.

Et pourtant notre globe ne reçoit, comme on le sait, qu'une partie fort minime du calorique, que le soleil rayonne dans toutes les directions du monde sidéral; on a évalué cette quantité à la 2300millionième fraction de la totalité de l'énergie solaire. Telle qu'elle est, elle suffit parfaitement à maintenir ou à rendre possible, à l'aide du principe de la transformation de la force que nous venons exquisser, tout travail, tout mouvement, toute transformation de la force à la surface de notre globe. Toute force terrestre ou mouvement n'est que de l'énergie solaire métamorphosée. La force, qui a permis de percer le tunnel du Mont-Cénis ou celui du Saint-Gothard à travers les puissants massifs des montagnes, n'est que l'énergie utilisée de grandes masses d'eau, élevées par le soleil à une certaine hauteur, d'où elles retombent. La locomotive, qui glisse sur les rails et transporte avec facilité les plus lourds fardeaux, s'alimente, elle aussi, aux dépens de l'énergie solaire, accumulée depuis des milliers de siècles dans le charbon qu'elle brûle. L'attelage fougueux, qui brûle le pavé, doit de même la force de ses jarrets et la noble et fringante allure de ses mouvements, aux rayons du soleil, qui font mûrir les aliments, dont se nourrissent ces nobles animaux, compagnons inappréciables de l'homme. C'est encore le même principe tout puissant, transformé en chair, en sang et en activité organisque, qui anime cette bande d'oiseaux, dont le vol rapide fend l'éther bleu au-dessus de nos têtes. — Et au bal, voyez-vous ces couples gracieux glisser légèrement sur le parquet? Eh bien! la respiration haletante des danseurs, le mouvement rapide qui soulève le sein des femmes, l'agilité infatigable de leurs pieds, l'éclat plus vif des yeux et l'animation des causeries, les lumières éblouissantes, qui ruissellent sur les élégantes toilettes et se jouent dans les mille reflets des pierres précieuses, les sons de la musique, qui donnent la vie et l'entrain à ce monde brillant — tout cela, ce n'est autre chose que des transformations multiples et variées de la force solaire! — Et cette force terrible, qui sur un champ de bataille éclate dans le fracas de la canonnade et dans le cliquetis des armes, cette force, qui en un clin d'oeil fauche impitoyablement dans leur fleur tant de milliers de vies humaines et remplit notre coeur d'épouvante, n'est-ce pas la même énergie solaire, la même force des atomes dansants de l'air, qui nous charme et nous ravit, quand nos yeux, nos oreilles et notre odorat s'enivrent de la majestueuse beauté et de la fraîcheur de la forêt, avec ses mille gazouillements d'oiseaux ou de la splendeur parfumée des près émaillés de fleurs?

Que l'on nous pardonne cet élan de lyrisme! Mais la simplicité, l'unité des phénomènes de la nature ont quelque chose de si grandiose, de si bien fait pour éveiller une profonde émotion dans le coeur de l'observateur, qu'une fois pénétrés de ce merveilleux rapport des choses les plus grands savants ne peuvent s'empêcher, saisis qu'ils sont d'une sorte d'inspiration poétique, d'exprimer leurs sensations en langage coloré et pittoresque. Nous ne pouvons mieux faire que de citer à l'appui de notre dire ces belles paroles du célèbre Tyndall:

„De même qu'il est certain“, dit-il, „que le

mouvement de la montre dépend de la main qui l'a monté, il est non moins certain que toutes les énergies terrestres découlent du soleil. Sans parler des volcans, ni des courants marins, toute activité mécanique, toute action de la force — qu'elle soit du genre organique ou inorganique, physique ou physiologique — prend son origine dans le soleil. C'est sa chaleur, qui maintient l'Océan à l'état liquide et l'atmosphère à l'état gazeux; toutes les tempêtes, qui troublent le sein de l'un ou de l'autre ne sont que des manifestations de sa puissance mécanique. C'est la chaleur solaire, qui suspend les glaciers et les sources des fleuves aux flancs des montagnes et c'est d'elle encore que tirent directement leur force les cascades et les avalanches bondissantes. Le tonnerre et l'éclair ne sont que de la force solaire métamorphosée. Le feu qui brûle, la flamme qui illumine, dégagent une lumière et une chaleur, qui à l'origine faisait partie du soleil. Et si nous dirigeons nos regards du côté de ces champs de carnage, si fort à la mode aujourd'hui, nous y verrons dans chaque attaque de cavalerie, dans le choc de deux corps d'armée, l'application ou plutôt l'abus de la force mécanique du soleil. Les rayons solaires nous parviennent et nous quittent sous forme de chaleur. Mais entre le moment de leur arrivée et celui de leur départ ils donnent naissance à toutes les énergies si variées de notre planète; ces dernières sont, sans exception, des formes particulières de l'énergie solaire ou autant de transformations successives' se poursuivant depuis leur origine jusqu'à l'infini.“

C'est avec un enthousiasme encore plus vif, mais avec non moins de vérité, que le professeur Reitlinger (Libres Regards, 1874, p. 13) s'exprime dans les termes suivants: „Tous les êtres vivants, existant sur la terre, depuis l'infusoire jusqu'à l'homme, sont des créations du rayon solaire. Dans son évolution ascendente, c'est dans la force du rayon solaire, que l'homme trouve son appui. C'est cette force, qui lui enseigne à parler, à créer des religions, à organiser des états. Le rayon du soleil prête, il est vrai, la force au bras de l'oppresseur, mais il anime aussi l'esclave, qui rompt ses chaînes. Prométhée n'avait pas besoin d'escalader le ciel pour y dérober le feu. Ce feu descend de lui-même sur la terre sous la forme de rayon solaire. On peut dire de celui-ci ce qu'Achille disait de Prométhée: Pour tout exprimer en un mot, il a fait don aux mortels de tous les arts. Oui, c'est de lui, que découle la lumière de la poésie et de la science: La vérité, c'est sa révélation! L'histoire entière de notre planète et de la vie, qui s'épanouit à sa surface, depuis qu'évoluant de l'état de masse incandescente et liquide à celui de globe refroidi et durci, elle roule dans l'espace avec sa variété bigarrée de formes organiques, ses luttes entre la tyrannie et la liberté, les joies et les douleurs des bons et des méchants, — cette histoire, dirons-nous, n'est que le poème d'un rayon de soleil parvenu un jour à la terre et remonté à son foyer. A côté de ce poème grandiose, la Divine Comédie de Dante et le Paradis Perdu de Milton ne sont que de pâles imitations."

„Quelle est la force", se demande le professeur Forster, „qui emporte la locomotive haletante à travers les continents et oblige le bateau à vapeur à fendre les flots? Quelle force communique leur rapidité mortelle à l'obus qui éclate et à la balle du chassepot? Et la lumière du gaz de cette salle de bal, à quelle force doit-elle son existence? Quelle est encore l'énergie dégagée par la flamme réconfortante de nos cheminées ou celle du fourneau dont se servent nos ménagères? — Toutes ces forces — depuis les plus considérables jusqu'aux plus insignifiantes, depuis les plus utiles jusqu'aux plus nuisibles — sont empruntées au soleil; ce sont de petits fractions de la somme d'énergie, que, depuis des périodes incalculables, le soleil envoie à la terre sous forme de lumière et de chaleur."

„Les rayons de soleil," dit Wüllner (loc. cit.) „sont la source de toute activité terrestre. La chaleur du soleil détermine les courants marins, l'élévation de l'eau dans l'atmosphère, aussi bien que les mouvements du vent, que l'homme sait utiliser à son profit; elle produit les sources, les ruisseaux et les fleuves, ces artères de l'activité humaine. Sous forme de pluie, l'eau évaporée par le soleil, rafraîchit les champs et les prés et permet aux plantes et aux arbres de croître. Le soleil apporte et entretient la vie, le mouvement et l'activité, puisque la chaleur et la lumière revêtent toutes les formes du mouvement."

On pourrait citer quantité de passages de ce genre empruntés à des savants célèbres. Aussi il suffit de les connaître et d'en être pénétré pour considérer d'un tout autre oeil que le commun des hommes cet énorme globe de feu, qui verse sur nous chaque jour sa lumière; pour comprendre combien était judicieux cet instinct des peuples de l'antiquité, qui leur faisait voir dans le soleil une divinité, la source de toute vie.

Mais ce prétendu dieu-solaire a un grand défaut, un défaut qui ne permet pas de le considérer comme une divinité réelle, eternelle, immortelle. Ce grand défaut du soleil, c'est qu'il ne nous éclairera pas toujours, nous et notre terre, et cela prouve encore une fois la vérité du vieil adage, suivant lequel tout ce qui naît apporte avec soi en venant au monde, le germe de sa propre destruction. Le soleil perd, on le sait, incessamment des quantités énormes de chaleur, par suite de son refroidissement et de son rayonnement dans l'espace. Quelque considérable que soit sa provision de calorique ou de force, il ressemble donc en tout point à un homme dont les dépenses dépasseraient régulièrement les revenus qui, comme on le dit vulgairement, mangerait son capital. Quelque insignifiant que puisse être le déficit annuel, la destinée de quiconque est dans cette situation n'en est pas moins une ruine inévitable. La catastrophe finale peut, selon les circonstances, être retardée pour longtemps, mais tôt ou tard elle ne peut manquer d'arriver. Il en est de même pour le soleil, dont la durée est fatalement bornée. „Il n'y a pas à notre connaissance de phénomène naturel", dit Helmholtz, „qui puisse épargner à notre soleil le sort qu'ont déjà subi tant d'autres astres". Quelque énorme que soit la quantité de calorique que le soleil peut encore développer pendant des millions d'années, soit par sa propre condensation, soit par l'appoint, qui lui vient du dehors, cette quantité doit s'épuiser un jour ou l'autre. On a calculé qu'après une période de dix à vingt millions d'années le soleil sera refroidi au point que sa masse, aujourd'hui encore molle et à demi liquide, aura acquis par condensation incessante à peu près la densité de notre terre. Dès lors l'astre brillant du jour ne sera plus en état de nous verser ses flots de lumière; il sera entré dans une nouvelle phase de son existence cosmique, dans la période d'évolution *géologique*, celle dans laquelle se trouve déjà notre planète. Dès aujourd'hui on aperçoit sur le soleil à certaines périodes régulières un grand nombre de taches sombres ou scories, témoignages irrécusables, selon l'opinion des meilleurs observateurs, d'un commencement de refroidissement. A cause de ce refroidissement, les planètes les plus éloignées du soleil, Saturne, Uranus, Neptune, ne possèdent plus depuis longtemps les conditions nécessaires à l'éxistence d'êtres vivants, semblables à ceux que nous connaissons. Mais avec l'extinction du soleil toutes les manifestations de la vie s'éteindraient dans notre univers. „Le désert et les ténèbres“, dit Mayer, „régneraient dans l'espace, où les cadavres des planètes continueraient à se mouvoir autour du corps de leur souverain décédé. Le reste de chaleur, qui persisterait encore au sein de l'astre central, s'éteindrait graduellement et le noyau solaire jadis incandescent et liquide finirait par se solidifier.“

Si la lumière solaire est bien réellement la source de toutes les forces terrestres, la vie et le mouvement sur notre globe devront un jour prendre fin et ce globe lui-même devra entrer dans cet état de mort et de rigidité, auquel est déjà arrivé depuis longtemps notre satellite, la lune. A cela beaucoup de nos lecteurs objecteront peut-être qu'en vertu du principe fondamental établissant l'existence d'une somme d'énergie inaliénable en elle-même cette force primordiale devrait suffire à entretenir éternellement le mouvement et le jeu des activités diverses, dont nous avons parlé. Mais cette objection, si bien fondée en apparence, est réfutée par ce fait que la terre perd constamment ou cède à l'espace de grandes quantités de chaleur, qui ne peuvent plus lui revenir et être utilisées par elle. Il existe dans le phénomène de la transformation des forces une circonstance très-particulière, qu'il est nécessaire de noter: tandis que la force mécanique se métamorphose totalement et sans le moindre obstacle en chaleur, il n'en est plus de même du phénomène inverse, et il est tout-à fait impossible de convertir à nouveau en travail la totalité de cette chaleur. Dans chaque fait de transformation de chaleur en énergie ou en mouvement, une partie de cette chaleur est toujours perdue à cause de la tendance particulière du calorique à se perdre dans toutes les directions par rayonnement et conductibilité. Il s'ensuit nécessairement, que l'énergie mécanique de l'univers tend de plus en plus à se convertir en chaleur, c'est-à-dire qu'au point de vue des êtres vivants et de leur utilité l'état des choses empire insensiblement. Le surplus de chaleur, produit constamment de cette manière, étant absorbé par l'espace — sans parler d'autres phénomènes de transformation qui ont lieu simultanément — la somme d'énergie existant sur la terre diminue lentement mais graduellement. Prenons pour exemple un forgeron, martelant le fer sur son enclume. Le métal n'absorbe qu'une partie du calorique développé par la force mécanique, le reste passe dans le marteau, dans l'enclume, dans l'atmosphère et dans le forgeron lui-même. Ces divers objets à leur tour cèdent le calorique par rayonnement et par conductibilité au milieu ambiant, sans qu'il soit possible de rassembler de nouveau cette chaleur éparpillée afin d'en convertir la totalité en force mécanique ou travail. En d'autres termes — la chaleur ne se transforme en travail, que quand elle se transmet d'un corps à température plus élevée à un autre corps dont la température est inférieure. Or, comme il est dans la nature de la chaleur de tendre à se distribuer des corps à température plus élevée à ceux dont la température est moindre, la température des corps abandonnés à eux-mêmes s'egaliserait bien vite. Nous avons déjà signalé la perte énorme de calorique subie par les machines à vapeur durant la transformation de la chaleur en force mécanique. Notre organisme, qui au point de vue mécanique présente une grande analogie avec une machine à vapeur, est aussi un appareil des plus dispendieux, puis qu'il produit une quantité de calorique bien plus grande que n'en consomme son travail organique, fait que tout exercice, tout effort musculaire démontrent clairement. S'il en était autrement, la température de notre corps ne s'élèverait pas par suite de la marche ou d'un effort musculaire ou cérébral, comme elle le fait.

Puisque de cette manière une perte continuelle de chaleur se produit, puisqu'à chaque transformation de l'énergie il reste un petit excédent de calorique, qui ne peut plus être converti inversement, ce déficit, qui s'accroît toujours, dans le grand bilan de la nature, doit dévorer finalement le capital tout entier. Pour ce qui est spécialement de la terre, il y a longtemps qu'elle aurait atteint ce terme d'égalisation finale de la température, entraînant à sa suite l'arrêt du mouvement et de la vie, s'il n'y avait pour elle une compensation continuelle venant du soleil, c'est-à-dire, si des quantités considérables de chaleur ne lui arrivaient du dehors. Mais, puisqu'il est prouvé que le soleil ne pourra nous éclairer ni nous envoyer éternellement des provisions d'énergie, qu'il est destiné à partager le sort de tout corps organique ou inorganique, la terre elle-même ne pourra donc échapper au même et inévitable destin. Quelqu'éloigné qu'il puisse être, ce destin sera, comme nous le disions déjà plus haut, l'extinction de tout mouvement à sa surface, par suite de l'égalisation des différences thermiques. De là l'impossibilité de tout travail, de toute manifestation ultérieure de l'énergie, puisque celles-ci dépendent absolument des différences thermiques, puisque la décadence de l'univers (selon le mot de Stewart) ou la diminution générale de la chaleur s'accentuera, chaque année, davantage. Selon Helmholtz, la somme générale d'énergie existant dans l'univers consiste en partie en chaleur, en partie en force chimique, mécanique, électrique, magnétique etc., soumises toutes à des modifications incessantes. A chaque manifestation de ces forces, une de leurs parties se transforme en chaleur, laquelle à son tour peut être convertie en travail, alors du moins qu'elle passe d'un corps chaud dans un autre plus froid. Il en résulte une tendance continuelle vers l'égalisation, un excédent constant de chaleur et une diminution toute aussi constante dans ce qui touche aux autres métamorphoses. Enfin une égalisation parfaite de la divergence des conditions, en équilibre complet dans les phénomènes de la nature finiront par s'établir et „l'univers sera condamné à un repos éternel.“

Ainsi en nous plaçant au point de vue de la loi de la conservation ou de l'immortalité de l'énergie, nous ne pouvons invoquer aucune objection valable contre cette possibilité d'un refroidissement graduel du soleil et d'une égalisation des différences thermiques, menaçant le monde d'une destruction finale. Ces objections s'affaibliront encore si nous examinons les rapports mécaniques généraux de notre système planétaire, qui concluent fatalement au même résultat. Apparu dans la durée du temps, ce système doit nécessairement y trouver sa fin. Toute création étant indissolublement liée à la destruction, le commencement et la fin sont, comme le dit Du Prel, les deux pôles entre lesquels oscille le balancier de tous les événements. Le ciel stellaire lui-même, immuable pour notre courte vue, loin de se trouver dans un repos absolu, est dans un état continuel de transformation et de mouvement. Proktor fait observer, que probablement parmi ces myriades de corps célestes il n'en existe pas deux qui soient dans un état identique ou à peu près identique, car les modifications corrélatives au degré particulier d'évolution de chacun d'eux ne sont jamais exactement semblables à celles des autres.

Nos planètes, elles aussi, ont parcouru tout un long cycle d'évolution depuis leur état initial de masses incandescentes et lumineuses par elles-mêmes, jusqu'à leur état actuel de solidité. De même qu'elles sont issues du soleil, elles finiront par rentrer dans son sein maternel, et elles seront alors dans le même état d'incandescence, par lequel elles ont debuté, il y a des millions d'années. Chaque moment de leur existence les rapproche, ne fut-ce que lentement de ce terme final. Les savants d'aujourd'hui reconnaissent presque à l'unanimité, que la durée de la révolution des planètes et en particulier de notre terre autour du soleil diminue, quoique d'une manière à peine perceptible pour nous; ceci a lieu en partie à cause de la résistance, quelque insignifiante qu'elle soit, opposée par l'éther remplissant l'espace, en partie à cause du grand nombre de météorites qui tombent annuellement et enrayent nécessairement sa force de rotation, en partie enfin à cause de l'influence des „marées“ agissant à l'encontre de cette force de gravitation et diminuant à son profit la provision de force mécanique.[46]) Ajoutons à cela que le volume de notre astre central et celui de la terre s'accroissant sans cesse aux dépens d'un appoint de météores et de comètes venant du dehors, il en doit résulter une augmentation graduelle de leur force d'attraction.[47]) Quand même tout cela ne s'effectuerait que d'une manière fort lente, à peine sensible pour nous, et durant des périodes de temps incommensurables, il n'en est pas moins vrai que tel est le cours des choses et que rien ne saurait détourner le résultat final. Ce résultat irrévocable, c'est qu'en vertu de la force d'attraction du soleil, prenant de plus en plus le dessus sur la force centrifuge de la terre et des planètes en général, notre globe (ainsi que les planètes) se rapprochera graduellement du soleil, décrivant autour de lui des courbes de plus en plus rétrécies, jusqu'au moment où la force d'attraction remportant une victoire définitive sur la force centrifuge, la terre sera précipitée sur le corps central, d'où elle tire son origine, pour ne former de nouveau avec lui qu'une seule et même masse. Semblable au dieu grec Kronos ou Saturne, le soleil aura donc dévoré ses propres enfants et les planètes revenues à leur foyer natal trouveront leur tombeau dans l'astre incandescent, qui leur avait servi de berceau. „Le soleil incandescent“ dit du Prel, „nous révèle notre passé, de même que la lune plongée dans l'engourdissement de la mort nous indique notre avenir. C'est en qualité d'enfant du soleil, que la terre a commencé sa carrière; elle la poursuivra à l'état de planète refroidie, pour revenir finalement au soleil, source de son origine.“

Chaque fois qu'un des satellites du soleil sera de cette manière précipité sur lui, ce dernier, à cause de la chaleur développée par le choc, flamboiera pendant quelque temps d'un nouvel éclat, en rayonnant dans toutes les directions de nouvelles provisions de chaleur. Ce phénomène, qui selon toute vraisemblance doit se produire sur plusieurs points de l'espace céleste, est probablement la cause de cet éclat soudain, que certains astres jettent transitoirement. Mais, nous l'avons déja fait observer, la chûte simultanée de toutes les planètes sur le soleil pourrait couvrir tout au plus pour 50,000 années la chaleur solaire perdue par rayonnement. Notre astre central est donc destiné à se transformer finalement en une masse morte, opaque, d'une température uniforme, et la destruction de tout ce qui vit au sein de notre système cosmique n'est par conséquent qu'une question de temps. „De même“, dit Sir W. Thompson, „qu'il y eut, selon toute vraisemblance, une époque, où la matière du soleil était encore disséminée dans l'espace infini, de même que la condensation graduelle de cette matière a produit ce dégagement de chaleur, de même il y aura une époque où, ne formant plus qu'une seule masse avec ses satellites aujourd'hui errants, cet astre roulera à travers les espaces sidéraux à l'état de corps refroidi et opaque."

„Attiré par une puissance — mystérieuse et fatale — le sombre phalène décrit autour de la lumière — des cercles de plus en plus étroits. — De même tournent autour du soleil, — enivrées d'amour, les sombres planètes; — elles tournent en courbes toujours plus rapprochées — jusqu'à ce qu'elles se précipitent sur son coeur."

Qu'il est triste pourtant de se dire que notre terre si belle, cette patrie si aimée, avec ses habitants innombrables, avec toutes les merveilles créées par le génie de l'homme, avec tous les trésors intellectuels aussi bien que matériels, accumulés par un travail de tant de milliers d'années, deviendra un jour la proie de ce feu, que nous avons appris à considérer comme la source de toutes les énergies terrestres. Consolons-nous au moins par la pensée que bien avant cette catastrophe la vie se sera déjà éteinte sur notre globe depuis un temps immémorial. Une série de phénomènes physico-chimiques, se poursuivant lentement mais incessamment pendant le cours de milliers et peut-être de millions d'années, aura fini par amener la destruction de tous les êtres vivants peuplant la surface de notre globe. L'existence de ce monde organique est, on ne l'ignore point, tout-à-fait subordonné à une certaine composition de l'atmosphère, c'est-à-dire à la présence dans celle-ci d'une quantité déterminée d'oxygène, de carbone et d'eau; or, la quantité de ces corps va diminuant sans cesse. Quant à l'eau, elle est perpétuellement absorbée par l'écorce terrestre, et tous les minéraux entrant dans la composition des roches (à l'exception du quartz) absorbent de l'humidité en quantité considérable. Le phénomène de désagrégation, auquel toutes les pierres sont soumises, a pour résultat de fixer l'eau sous la forme dite hydratée, ce qui veut dire que chimiquement les pierres s'assimilent constamment de l'eau et forment de nouvelles combinaisons, tandis que leur structure devient de plus en plus poreuse et que leur volume augmente. Ce n'est pas seulement, comme on pourrait le croire, à la surface de la terre, dans les roches exposées à l'air, que ce phénomène a lieu; l'eau s'infiltrant à travers les pierres les plus dures, le même fait se produit aussi, quoique dans une moindre mesure, à l'intérieur du globe, dans les profondeurs les plus cachées de notre planète. Quelque insignifiante que paraisse à première vue la quantité d'eau perdue de cette manière, les calculs ont démontré que le poids total de l'eau de l'Océan, constituant seulement la 24 millième partie du poids de la terre, il suffirait d'une force d'absorption bien inférieure à celle dont nous venons de parler, pour que les roches s'assimilassent dans le cours des temps toute l'eau de la planète. Un tel état de choses marquerait naturellement le terme final de ce cycle d'évolution terrestre, qui a débuté par la condensation graduelle des vapeurs aqueuses contenues dans l'atmosphère et retombées sur la terre, ce qui a fini par produire à la surface de celle-ci la séparation de la terre ferme d'avec l'Océan. L'acide carbonique, qui de même que l'eau se trouvait en quantité bien plus condérable dans l'atmosphère durant la période primitive de l'évolution terrestre et y produisait une végétation bien plus luxuriante, est aussi en voie de diminution. Il faut chercher les causes de cette diminution dans l'appauvrissement et dans la suppression finale de tout ce qui constitue actuellement les sources de ce gaz: c'est d'abord l'épuisement graduel des couches carbonifères, ensuite le refroidissement progressif de l'intérieur du globe, déterminant l'absorption des gaz, ainsi que l'extinction des volcans. Si les plantes seules s'emparaient de l'acide carbonique pour restituer à sa place de l'oxygène, on pourrait prévoir un état d'équilibre, dans lequel les animaux et les plantes par l'échange mutuel de ces deux gaz se suffiraient réciproquement. Mais il n'en pourra jamais être ainsi, car l'atmosphère perd en outre d'énormes quantités d'acide carbonique, qui se fixe dans les carbonates, — par exemple, durant la désagrégation des roches de divers genres — ou bien dans la constitution des écailles et des os faisant partie des squelettes d'innombrables organismes animaux depuis les rhizopodes jusqu'aux vertébrés. Cette diminution incessante de l'acide carbonique ne finira d'ailleurs que lors de l'extinction de toute vie organique sur le globe, après que la vie végétale sera anéantie. Mais ce n'est pas ce fait seul, c'est aussi la diminution de l'oxygène, qui, selon Bischoff, menace la vie organique d'une destruction universelle. Il n'est pas douteux que par suite de l'oxydation incessante de beaucoup de minéraux, en particulier des oxydes de fer, l'atmosphère ne perde continuellement son oxygène et cela dans de telles proportions, qu'on peut prévoir avec certitude, qu'un jour elle sera privée complétement de cet élément vital.

Or, il n'y a point d'êtres organisés, qui puissent exister sans eau, sans acide carbonique et sans oxygène.

„Quand la réaction du noyau incandescent sur l'écorce terrestre sera arrivée à son terme, par suite du refroidissement uniforme de l'un et de l'autre, quand l'eau et l'atmosphère, attaquant les parties solides du globe, les auront désagrégées par combinaison chimique ou absorption", dit Zittel

(Des âges primitifs, p. 17), „alors le repos éternel de la mort et de l'équilibre régnera sur notre terre".

„Si nous considérons l'avenir de la planète, que nous habitons," dit Proktor (l'Univers à notre point de vue, p. 28), „nous sommes forcés d'admettre, fut-ce dans un temps fort éloigné, une époque, où la vie se sera complétement éteinte sur la surface terrestre. Alors, en tout point semblable à notre lune actuelle, la terre, globe immense et mort, tournera autour du soleil, conservant encore des traces et des vestiges de sa période de vie, mais ne présentant, d'après nos idées, qu'un tableau de mort et de désolation."

Force nous est de conclure de tout ce qui précède, que la décadence de notre système planétaire, en particulier celle de la vie organique de notre globe, est un fait inéluctable dans l'avenir. La grande loi d'évolution et de régression, de la naissance et de la mort, qui régit tout ce qui existe, est tout aussi valable pour les corps célestes, dont l'existence se compte par milliards d'années, que pour l'éphémère tourbillonnant pendant quelques heures aux rayons du soleil, ou pour l'infusoire, dont la vie est encore plus courte. Cette loi de la nécessité naturelle, en vertu de laquelle chaque chose ou chaque être créé est destiné à parcourir les trois stades de la naissance, du développement et de la décadence, ne souffre aucune exception.

et chaque commencement d'un monde implique nécessairement sa dissolution ou sa ruine. Cette loi s'applique tout aussi bien à la plante, à l'animal, à l'homme, qu'à la race, au peuple, à la nation, à l'idée, aussi bien à chaque corps céleste qu'à chaque système planétaire. Il n'y a de différence que dans le laps de temps, employé par l'individu pour parcourir le cycle de son existence, et plus cette durée est longue, moins nous sommes capables, tant notre existence est brève, de constater l'universalité de cette loi. Combien les arbres séculaires pourraient en savoir plus que nous sur ce chapitre!

„Pendant trois cents ans ce chêne puissant a grandi — Pendant trois cents ans il est resté dans sa force. — Il lui a fallu — trois cents ans pour vieiller — Il lui faudra trois cents ans pour s'éteindre."

Quelque éloignée que soit cette perspective menaçante de la fin du monde, dût-elle n'arriver qu'après des millions d'années, elle n'en est pas moins fatale. Ainsi se trouve confirmé cet étrange pressentiment sur la fin du monde, qui se manifeste sous une forme ou sous une autre, dans les mythes et dans les traditions de presque tous les peuples civilisés. Il est réellement tout-à-fait singulier, comme nous avons déjà eu occasion de le remarquer à propos du culte solaire, que les découvertes et les explications de la science moderne concordent d'une manière si extraordinaire avec les idées ou les intuitions instinctives, formulées durant ces époques primitives de l'évolution, si étrangères à toute connaissance scientifique. Peu importe qu'une conception générale sur le commencement, l'évolution et la fin des choses, telle que nous la voyons chez les anciens Hindous, soit ou non sortie de ces intuitions premières *); c'est là une circonstance qui n'altère en rien la valeur si significative du fait lui-même. [48]) De même l'idée du renouvellement du monde, renaissant une autre fois après sa destruction, cette idée que nous trouvons dans tous les anciens mythes sans exception, est aussi confirmée par la solution scientifique des problèmes cosmologiques, solution à laquelle ont été consacrées et le seront longtemps encore les recherches des savants. Quand on parle de la fin du monde dans ce sens, il faut bien se souvenir que ce n'est point l'univers ou le Cosmos, toujours éternel et immuable dans son ensemble, que l'on a en vue, mais bien *notre* monde, notre système planétaire ou l'ordre actuel de notre univers. Mais cet ordre et ce système une fois détruits, d'autres

*) L'univers, dit la philosophie indienne, et tout ce qu'il contient, parcourt les trois stades de la croissance, de la maturité et de la décadence. Cette dernière est incarnée dans le dieu Siva, tandis que la force créatrice est représentée par Brahma. „Une chose créée ne saurait durer; tout ce qui naît et se reproduit, doit nécessairement mourir.“

mondes se constitueront à leur place. Quand la terre aura cessé depuis longtemps de servir d'habitation aux êtres organisés, d'autres corps célestes auront pendant ce temps assez evolué pour devenir à leur tour un milieu approprié au développement d'innombrables formes végétales et animales. Des cycles incalculables s'écouleront ainsi, jusqu'à ce que tous les corps célestes soient devenus l'un après l'autre le théâtre d'une série de manifestations vitales et que chacun à son tour, après avoir fourni sa carrière et épuisé la somme de vie qui lui est échue en partage, retombe dans une morne et stérile inaction. „La flot de la vie", dit Proktor avec autant de poésie que de vérité, „qui recouvre aujourd'hui notre globe, n'est qu'une ride légère dans l'océan de la vie du système solaire tout entier, et cet océan à son tour ne constitue qu'une des mille vagues dans l'océan de la vie éternelle du cosmos lui-même."

De même notre système planétaire, son cycle d'existence une fois parcouru, c'est-à-dire quand les planètes se seront confondues avec le soleil éteint, ne sera pas condamné à une mort éternelle. Il renaîtra un jour sous d'autres formes, peut-être plus belles et plus parfaites que les précédentes. Mais comment se fera ce renouvellement? Selon l'hypothèse admise pour d'autres corps célestes aujourd'hui éteints, ce qui aura été autrefois notre système solaire, se trouvera-t-il disséminé dans les espaces célestes sous forme de nuage cosmique ou de nébuleuse planétaire, à température très élevée, pour s'en détacher ensuite et, recommençant à nouveau son évolution, former un système planétaire distinct? Ou bien, le choc, le heurt violent d'un grand nombre de corps célestes éteints, produit par une attraction réciproque, engendreront-ils une chaleur suffisante pour ramener encore une fois les parties constituantes de ces corps à leur ancien état gazeux et leur faire recommencer les cycles de rotation et de condensation déjà parcourus? Enfin, d'autres savants supposent que les corps célestes éteints finiront par se dissoudre graduellement en essaims de comètes et en anneaux météoriques, dont une fraction, précipitée sur d'autres soleils et d'autres planètes, prendra part à leur évolution, tandis que la plus grande partie, disséminée dans les espaces infinis du ciel, qui s'étendent entre les principaux groupes d'étoiles, finira par suite de la rencontre successive d'un grand nombre de comètes, par constituer ce que l'on appelle un nuage cométaire. Devenu incandescent et lumineux, obéissant à la force de rotation, ce nuage finira à son tour par se mettre à évoluer comme ces nébuleuses, que nous observons dans le ciel aux stades les plus divers de leur développement.[49]) Quoiqu'il en soit, l'investigation des espaces célestes au moyen des télescopes les plus puissants (selon Klein) y signale des phénomènes s'accordant bien plus avec la théorie, d'ailleurs indémontrable aujourd'hui, d'un cycle éternel de formation des corps célestes, qu'avec l'idée d'une évolution cosmique destinée à finir un jour. Il est plus que possible, il est vraisemblable, que ces nébuleuses à l'état gazeux, disséminées en si grande quantité dans les espaces infinis du ciel, sont composées d'atomes désagrégés ayant fait partie d'anciens systèmes solaires et sont en voie de se condenser de nouveau pour former des étoiles. La constitution toute entière des nébuleuses à forme spirale indique clairement que ces corps célestes si étranges sont en proie à des cataclysmes terribles; des courants gigantesques de matière incandescente, retombant en spirale sur la masse centrale, y soulèvent des cyclones, des tourbillons, qui déterminent à leur tour la formation de corps célestes sphéroïdaux.

Mais si ces hypothèses aussi simples que vraisemblables se trouvent confirmées, il faudra certainement plus d'une demi-éternité avant que le phénomène bien connu de l'évolution graduelle ait produit des formes nouvelles, des mondes nouveaux et des êtres nouveaux, c'est-à-dire pour que l'évolution du monde encore une fois créé recommence le cycle de vie déjà parcouru. Ce serait, dans toute la force du terme, une *renaissance* du sein du chaos formé par les éléments primaires, *renaissance* dont on retrouve l'idée dans les conceptions mythiques des peuples dont nous avons parlé. Ce monde nouveau sera-t-il réellement plus parfait que le monde actuel, comme l'admettent volontiers la plupart des mythes? — c'est là une question que la science est impuissante à résoudre. Ce qui est certain, c'est que *l'ancien univers*, tel qu'il est, aura disparu à jamais sans retour possible. Tout ce que l'homme aura jamais créé de grand sur la terre, nos édifices, nos découvertes, nos chefs-d'oeuvre artistiques, de même que nos états politiques, nos poèmes, notre science, notre industrie etc. — tout cela sera noyé dans la nuit d'un oubli éternel, sans espoir de renaître jamais, sinon au moyen d'une nouvelle et lente évolution. „Tous les actes de l'humanité en registrés par l'histoire, toutes les conquêtes du génie humain, les joies aussi bien que les souffrances des créatures terrestres, seront à jamais ensevelis dans la nuit de l'oubli. Aucune race nouvelle, aucune espèce de créature appelée à des destinées plus hautes, ne recueillera l'héritage de la terre, et rien de ce que l'humanité a acquis ne sera transmis à d'autres êtres vivants. Une série d'évolutions sans cesse interrompues et destinées à recommencer toujours — tel est le spectacle que nous présente le cosmos" etc. (du Prel.)

Ces hypothèses, que la science moderne la plus avancée vient apporter à l'appui des intuitions mythiques et des traditions antiques, le coup d'oeil de génie du plus grand des poètes semble les avoir entrevues, quand, dans son célèbre drame, „*La Tempête*", il met dans la bouche du savant Prospero ces strophes magistrales:

„Un jour . ., de même que l'édifice sans base de cette vision, — les tours coiffées de nuées, les magnifiques palais, — les temples solennels, ce globe immense lui-même, — et tout ce qu'il contient se dissoudront, — sans laisser plus de brume à l'horizon que la fête immatérielle, qui vient de s'évanouir!"

Mais pendant que tout dans le cosmos se transforme, passe et „disparaît sans laisser de traces", une seule chose ne se transforme, ne passe et ne disparaît jamais — ce sont les atomes éternels et indestructibles, base de tout ce qui existe, véritables piliers de la science moderne. Eternels et immuables, ils poursuivent leurs vibrations, se groupant tantôt sous une forme, tantôt sous une autre, et cela *d'éternité en éternité*. C'est à cause de ce caractère d'éternité propre aux atomes qu'il ne saurait jamais être question de la fin du cosmos, mais seulement de celle d'un corps céleste déterminé ou d'un système de corps célestes. Le grand tout ne perd jamais rien et ne meurt point; pas un atome, pas une fraction d'énergie, quelque minime qu'elle soit, ne peuvent jamais être détruits. Le cosmos lui-même est éternel, infini, et ce qui meurt *sur un point* doit renaître sur un autre;

seules les formes individuelles sont passagères et périssables. Notre terre et notre système solaire ne perdront, eux aussi, au bout d'un certain temps, que leur forme actuelle, pour renaître sous quelque autre, peut-être plus belle et plus parfaite.

„Ainsi mille cieux, mille terres — se sont déjà évanouis dans la grande nuit; — les atomes même, les ruines — n'en gardent pas plus de traces que s'ils n'avaient jamais été. — Un jour aussi quand notre terre — sera mise en pièces, quand l'immense univers — sera détruit, une vie nouvelle fermentera, — de nouveaux essaims de soleils et de planètes, — chargés d'êtres, dont le malheur fera sa proie, — surgiront dans un nouveau ciel. — Ni trêve, ni repos dans le perpétuel — cercle de naissance et de mort, etc.“

De Schack: „Nuits d'Orient“.

Pour notre intelligence finie, developpée dans les limites du temps et de l'espace et, fatalement bornée par elles, ces notions d'éternité et d'infini, inévitables en pareille matière, sont trop difficiles, pour ne pas dire impossibles à concevoir. Et pourtant la vérité qu'elles contiennent ne souffre pas le moindre doute. La simple logique nous impose cette solution de la grande énigme du monde comme la seule possible, et il y aurait plutôt lieu de s'étonner que cette solution rencontre encore tant d'objections dénuées de fondements. „Le mystère de l'être“, écrivait l'auteur, il y a quelques années, sur l'album d'une personne de sa connaissance, se peut représenter par la figure d'un cercle. Sans fin ni cause, l'éternité roule sur elle-même; elle commence et cesse à chaque point de l'incommensurable univers. Mais l'esprit humain, habitué à voir tout ce qui existe obéir dans l'espace et dans le temps à la relation de cause à effet, frémit, dès que, dans le champs de la méditation et de la connaissance, il s'écarte quelque peu de ces étroites limites et il recule encore bien plus devant cette solution si simple de la grande énigme du monde."

On ne saurait pourtant nier qu'une pareille conception d'un renouvellement éternel du phénomène de l'évolution, phénomène toujours le même, est peu consolante pour l'individu. L'individu se complaît dans la pensée qu'il peut contribuer plus ou moins par sa vie et ses efforts à faire avancer l'humanité vers les grands buts qu'elle poursuit, vers la réalisation de cet idéal humain, auquel on assigne une éternelle durée. Mais que signifie l'individu dans le cercle éternel de la nature et de l'histoire? Il n'a ni plus ni moins d'importance que n'en a un atome isolé de la matière dans le cercle éternel de la matière et de la force. Comme celui-ci, il vient, va et disparaît, après avoir joué son rôle sur la grande scène du monde, pour céder la place à la foule toujours nouvelle d'êtres semblables, qui se suivent et se pressent — pareils à la vague surgissant un moment du sein immense de l'Océan et disparaissant sous l'assaut incessant des flots qui la suivent. Nous ne devons pas oublier que la nature n'existe point pour le plus ou le moins de consolation, que chacun de nous veut y trouver; c'est par elle même qu'elle existe et, dans son cours éternel et régulier, elle n'a point à s'inquiéter des souffrances et des joies, des douleurs ou des désirs, des illusions ou des espérances des êtres auxquels son sein, éternellement en travail, a donné naissance. Il ne nous reste qu'à la prendre telle qu'elle est, en nous consolant par la pensée que la vérité est au dessus de toutes les choses humaines et divines; cette vérité il faut savoir la regarder en face au lieu de chercher à nous leurrer par des fantaisies théologiques ou philosophiques, qui se dissipent au premier souffle de la réalité. Comme l'a si bien dit Louis Feuerbach „aux yeux de la foi, les choses sacrées sont seules vraies; aux yeux de la science, la vérité seule est sacrée.“

TROISIÈME PARTIE.

DE LA PHILOSOPHIE DE LA GÉNÉRATION.

„Si nous n'avions pu sans cesse édifier des théories, c'est-à-dire des interprétations générales des phénomènes, la science se serait perdue dans un chaos de faits sans lien et ce chaos ne se serait jamais débrouillé de lui-même."

Grove.

„L'ignorance bien plus que le savoir produit l'assurance. Ce sont toujours ceux qui savent peu et non ceux qui savent beaucoup, qui affirment avec assurance, que tel problème ou tel autre sera à jamais insoluble pour la science."

Darwin.

„Les métaphysiciens forment une armée toujours battue, continuellement mise en déroute, par le corps victorieux des faits scientifiques."

J. C. Fischer.

C'était le 8. Janvier 1848, l'année mémorable de la révolution, — par conséquent quelques semaines à peine avant qu'éclatât ce puissant mouvement d'affranchissement politique, dont l'Europe entière fut comme enivrée et dont le souvenir est tellement affaibli aujourd'hui, que la génération actuelle peut à peine se faire une idée de l'ardent enthousiasme manifesté par le peuple à cette grande époque. Ce jour-là, dans une communication sur „la femme et la cellule“ faite à la société d'accouchement de Berlin, le professeur Rudolphe Virchow, actuellement une des autorités médicales les plus estimées en Allemagne et peut-être dans le monde entier, prononçait ces prophétiques paroles:

„L'origine et le développement de la cellule ovulaire dans le corps maternel, la transmission des qualités physiques et intellectuelles du père au moyen de la semence, voilà les faits auxquels se rattachent toutes les questions que l'esprit humain s'est jamais posées à propos de l'existence humaine.“ — „Connaître les liens qui rattachent l'homme et la femme à la cellule ovulaire, ce serait résoudre tous ces mystères.

Ces mystères ont une importance non moins grande au point de vue de la question, si fort débattue aujourd'hui, de la place de l'homme dans la nature et dans la série entière des phénomènes. Car, poursuit Virchow, „la question de la formation de la cellule, la question de l'excitation d'un mouvement homogène et continu, la question de la spontanéité dans le système nerveux et l'âme — tels sont les grands problèmes, qui servent à mesurer la force de l'esprit humain."

Au moment où Virchow prononçait ces paroles, quatre années à peine s'étaient écoulées, depuis que les recherches, devenues classiques, du professeur Th. Bischoff, avaient jeté quelques lumière sur les phénomènes de la génération et de la fécondation, jusqu'alors complètement obscurs. L'esprit pénétrant de Virchow saisit dès lors l'importance de ces phénomènes au point de vue d'une conception philosophique de l'être humain dans ses rapports avec le reste de la nature. Depuis, le temps et les expériences, qui se sont succédé sont venus confirmer la justesse de cette appréciation, car depuis cette époque, toutes ces questions soulevées par Virchow, et auxquelles alors on n'osait pas trop toucher, sont en quelque sorte, tombées dans le domaine public. Ce résultat, il faut l'attribuer en partie à l'influence de la théorie darwinienne, en partie à celle de la philosophie matérialiste, pour une part enfin aux progrès généraux des sciences.

Mais Virchow ne s'était pas borné à pressentir ces questions. Son coup d'oeil pénétrant avait même entrevu *comment* elles surgiraient. Voici ce qu'il dit plus loin dans son mémoire:

„Si les sciences spéculatives, enfermées avec suffisance dans leurs étroites limites, daignaient jeter un regard sur le domaine de la science positive, jamais elles n'essayeraient même de faire allusion à ces questions. Si elles pouvaient en général prévoir les difficultés que l'étude de ces problèmes rencontre sur le terrain empirique, elles reculeraient probablement avec épouvante devant la grandeur de la tâche."

Tout cela se trouva dans la suite confirmé à la lettre; chaque fois que la philosophie spéculative s'attaquait à ces questions, chaque fois en général qu'éclatait un conflit entre elle et la science expérimentale, la philosophie spéculative subissait le plus lamentable échec. Nous avons eu nous-mêmes occasion d'en donner au lecteur un exemple fort instructif à l'appui de ce qui précède dans un petit opuscule „sur l'origine de l'âme" publié dans un recueil de nos articles intitulé: „Science et Nature". (3ième édition allemande, p. 361). Mais un exemple plus curieux encore nous est fourni par la lutte soulevée au commencement de l'année 1850 à propos de la fameuse théorie de la substance de l'âme de Rodolphe Wagner. Cette théorie, qui n'émanait pas, il est vrai, du camp spéculatif proprement dit, mais bien du camp spiritualiste, son fidèle allié, prétendait se baser sur les phénomènes de la génération et de l'hérédité. Aujourd'hui qu'elle est totalement vouée à l'oubli, il nous est difficile de nous faire une idée du bruit qu'elle souleva à cette époque. C'est dans le même oubli, que se trouvent ensevelis les innombrables spéculations de l'ancienne philosophie de la nature sur ce sujet ingrat, spéculations, qui nous font l'effet, quand nous les rencontrons par hasard, de réminiscences des temps depuis longtemps écoulés et qui semblent faites exprès pour donner la mesure de la différence immense entre la manière de penser d'alors et celle d'aujourd'hui. Ainsi, voici ce qu'écrivait en 1834 dans un article sur la génération organique, publié dans l'Encyclopédie médicale de Berlin, le professeur Purkynje, savant jouissant alors de la considération générale et réellement très-versé dans les sciences physiologiques.

La génération y était présentée, „comme un acte particulier de l'objectivation subjective de la nature. Par cet acte, la nature, dans sa tendance à la connaissance et à la jouissance de soi-même, doit partout se différencier en matière organisable et en force organisable s'influençant réciproquement; elle doit refléter toujours dans de nouvelles limites, son individualité universelle en autant de monades organiques subordonnées, et cela jusqu'à ce que le règne de toutes les formes possibles de la vie soit épuisé.“

Quel cerveau lucide est en état de tirer l'idée d'une définition précise de ces phrases entortillées et creuses, si vides malgré leur sonorité ronflante, et qui représentent une phase de la pensée que nous ne saurions comprendre aujourd'hui? On sera encore moins en état de le faire, quand l'auteur, serrant la question et définissant la substance génératrice comme „la réunion de l'élément idéal et de l'élément matériel, tire de ses déductions la conclusion suivante:

„Or, tandis que la qualité se transforme en quantité et que son contenu se déroule sous les formes du temps et de l'espace, *l'intension* devient *extension*, c'est-à-dire que la forme à l'état intensionnel atteint sa réalité dans la forme matérielle organique, la détermination purement abstraite de l'idée détermine effectivement et organise la matière indéterminée jusqu'à ce que celle-ci s'incarne dans des formes achevées. Nous appelons ce processus évolution et l'unité des deux agents sera la génération.“

Ces confuses et vagues divagations de la fantaisie philosophique nous laissent, comme nous le disions tout-à-l'heure, l'impression de réminiscences, de vestiges d'un temps depuis longtemps évanoui, et nous avons de la peine à comprendre aujourd'hui, comment ces creuses élucubrations ont jamais pu être prises pour de la science et de la vraie philosophie. Nous pourrions citer beaucoup de passages du même genre empruntés non seulement à des auteurs vieillis, mais encore à des écrivains philosophiques modernes et même tout récents; mais nous préférons laisser là les philosophes pour nous occuper des hommes de science, des expérimentateurs, des spécialistes proprement dits. Ces derniers sont malheureusement tombés dans l'erreur opposée et là où les philosophes avaient trop fait, ils firent, eux, trop peu. Déjà Virchow dans l'introduction du mémoire ci-dessus cité fait avec raison aux savants le reproche d'avoir, parmi tant de miracles de la vie quotidienne, négligé le miracle par excellence; le même reproche leur fut adressé à l'occasion de la théorie darwinienne; on disait que les grands arbres leur avaient masqué la forêt, c'est-à-dire; qu'absorbés par les innombrables faits de détail, qui sont l'objet de leurs études, ils avaient été incapables d'apercevoir le fait unique et grandiose du lien intime reliant tous les êtres organisés. Mis en défiance par l'insuffisance de la philosophie de la nature de leur temps, insuffisance, dont nous venons de produire des preuves si lamentables, les savants adonnées aux sciences naturelles et appartenant à la génération qui nous a précédée, commirent la grave erreur de s'abstenir en général de toute généralisation, de toute théorie philosophique, se contentant simplement d'accumuler faits sur faits et observations sur observations. Ils ne remarquaient pas, qu'en procédant ainsi, ils agissaient comme l'architecte travaillant toujours à entasser des matériaux pour un édifice futur, sans jamais songer à l'édifice lui-même. Grâce à l'apparition de la théorie de l'évolution, peut-être aussi grâce à l'influence de la philosophie matérialiste, qui s'éveillait alors en Allemagne d'un long sommeil, le mouvement philosophique fut transporté dans le domaine des sciences naturelles et, pour la première fois, le lien nécessaire entre l'empirisme et la spéculation, entre l'investigation et la généralisation philosophique des résultats de l'expérience et de l'analyse fut hautement proclamé. La plupart de nos savants contemporains ne craignent plus, comme leurs prédécesseurs, de franchir le cadre étroit de leurs spécialités; ils n'ont pas honte de s'intéresser à autre chose qu'aux pesées, au microscope, à quelque muscle nouvellement découvert, aux glandes, aux pattes galvanisées d'une grenouille etc. etc.

Néanmoins les recherches plus d'une fois tentées pour obtenir, par une voie ou par une autre, une explication satisfaisante des phénomènes de la génération dans leur relation avec les branches annexes des sciences naturelles, restèrent longtemps sans résultat, les autorités scientifiques les plus distinguées ayant déclaré, que le problème de la génération et de l'hérédité serait éternellement une énigme, dont il était inutile de chercher la solution !!

Cette manière de voir est d'ailleurs irréfutable aussi longtemps que l'on considère ces phénomènes si merveilleux avec des idées préconçues, c'est-à-dire en se plaçant au point de vue spiritualiste, comme l'avaient fait jusqu'aujourd'hui non seulement les philosophes, mais encore la plupart des médecins et des naturalistes. Envisagés à ce point de vue ces faits semblent bien réellement énigmatiques et insolables! Dans un écrit dirigé contre nous et destiné à ressusciter la vieille théorie de la substance de l'âme, que Karl Vogt avait déjà réduite à néant, le professeur Naumann de Bonn *), en parlant de la manière dont cette substance pourrait bien pénétrer dans le germe fécondé et dans les germes organiques en général, en arrive à un aveu naïf, confirmant pleinement tout ce qui précède: il déclare, que cette question nous mène „sur le seuil d'un ordre de choses supérieur", seuil qu'il ne nous est pas donné de franchir. De même le professeur Ulrici **), une fois arrivé à cette

---

*) Naumann: Les sciences naturelles et le Matérialisme. Bonn 1869.

**) Dr. H. Ulrici: Dieu et l'Homme. I. Le corps et l'âme. Leipzig 1866.

question épineuse, ne sait qu'invoquer la fameuse substance de l'âme comme une espèce de „fluide“(!!) et accumuler des phrases de rhétorique aussi pompeuses que vides. Selon lui, si l'on accepte l'hypothèse admise en physique de la force et de la matière reliées par de mutuels rapports, la difficulté est „simplement insoluble.“ (p. 136.)

Mais tout cela n'est admissible que si l'on adepte dans cette question importante le point de vue spiritualiste, c'est-à-dire l'existence d'une âme particulière, séparée du corps, ayant sa vie propre. Tout change dès que l'on se met au point de vue de la philosophie réaliste, empirique, matérialiste. Dès lors, tout devient simple et clair, et il ne nous reste plus qu'une chose merveilleuse à admirer — une chose qui ne saurait nous égarer, puisque nous la rencontrons partout, alors que, guidés par l'investigation et par la connaissance des faits, nous tâchons de pénétrer dans les mystères infinis de la nature! C'est l'infinité et la simplicité des moyens, à l'aide desquels, sans le secours d'aucune force métaphysique, la nature arrive aux effets les plus grandioses, les plus merveilleux, les plus incroyables en apparence. Par exemple, dans la question qui nous occupe, considérons la finesse extrême, inconcevable de l'élément organique, sa constitution intime, sa mobilité, causes premières d'effets, qui sans ces qualités mêmes seraient tout-à-fait *incompréhensibles.*

Il est temps de couper court à cette longue introduction, pour aborder enfin l'étude des faits, formant la base d'une véritable philosophie de la génération et de l'hérédité, mais qui en général, sont peu familiers à la grande masse des lecteurs. Il n'est guère de plus merveilleux phénomène dans le domaine des sciences naturelles et, abstraction faite de leur portée philosophique, ils sont dignes par eux-mêmes de l'intérêt de tout esprit cultivé. Tout d'abord rappelons un fait, probablement bien connu de la plupart de nos lecteurs, savoir que le monde organique tout entier, du haut en bas de l'échelle, la plante aussi bien que l'animal, se ramène en dernière analyse à un élément primordial, unique, essentiellement le même partout et constituant l'élément primaire de toutes les formes organiques, quelque complexes qu'elles deviennent par suite de leur évolution ultérieure. Cet élément est la *cellule*, corpuscule microscopique, que l'on ne peut le plus souvent distinguer qu'à l'aide du microscope, et se composant à l'état parfait d'une enveloppe, d'un contenu et d'un noyau. Cette cellule est continuellement le siège d'un échange moléculaire avec les liquides ambiants, et elle est susceptible de toutes les transformations possibles. *) On admet presque généralement aujourd'hui, que chaque cellule ne peut provenir que d'une autre

*) Voir sur ce sujet l'ouvrage de l'auteur: „Tableaux physiologiques", I. vol. 2ième édition. Article „La cellule".

cellule; c'est là un axiome proclamé par Virchow „*Omnis cellula ab cellula*"; il semble que ce soit une règle générale à laquelle n'échappent que quelques organismes inférieurs, composés uniquement de *protoplasma* et n'ayant pas encore évolué jusqu'à l'état de cellule constituée. Il s'en suit nécessairement, que tous les êtres organisés du globe forment une chaîne ininterrompue et fatale de cellules, se succédant les unes aux autres; la continuité de la vie se transmet donc de cellule à cellule, d'individu à individu, d'espèce à espèce et ne peut nulle part être brisée, sans se perdre à jamais.

Nulle part dans la vie organique ce principe d'une série cellulaire continue ne se manifeste avec autant de force et d'évidence, que dans les fonctions si importantes de l'organisme, ayant trait à la reproduction ou à la conservation de l'espèce, c'est-à-dire dans les phénomènes de la *génération*, de *l'évolution* et de *l'hérédité*, dans le rapport du parent à l'enfant, du générateur à l'engendré. Aussi ne saurait-on trouver un représentant plus élevé et plus parfait du type de la cellule, dans sa forme la plus complète, que ces deux espèces de cellules se développant, l'une dans le corps de *l'homme*, l'autre dans celui de la *femme*, et destinées à l'importante affaire de la *reproduction*. Chez la femme, cette espèce de cellule s'appelle *cellule germinative femelle* ou *ovule;* chez l'homme, elle prend le nom de cellule germinative mâle ou *sperme*.

D'ailleurs ce n'est point partout dans la nature, mais seulement là où existe ce que l'on appelle *génération sexuée,* que l'on rencontre ces deux éléments générateurs produits par deux organismes de sexe différent. Mais il y a un autre mode de reproduction, la *génération* dite *asexuée,* c'est-à-dire la génération *sans* le concours de deux individus distincts ou de deux organes reproducteurs. Ce genre de reproduction, infiniment plus répandu que l'autre, appartient aux organismes inférieurs (animaux inférieurs et la plupart des plantes), et il s'effectue de diverses manières : par *bourgeonnement,* par *germination* ou *gemmiparité,* par *fissiparité,* par *production de spores,* par *parthogénèse* etc. D'ailleurs la génération asexuée ne se sépare pas bien nettement de la génération sexuée ; en effet la *conjugaison* ou la *copulation* se retrouvent accidentellement chez beaucoup de ces organismes inférieurs. Tous les animaux supérieurs au contraire, en particulier les vertébrés et l'homme, se reproduisent, invariablement, par le concours des sexes, la *différence* ou le *contraste* des sexes. Peu accusée aux échelons inférieurs du monde animal, la différence sexuelle s'accentue de plus en plus à mesure que l'organisation se complique et se perfectionne, à mesure que l'être occupe une place plus élevée dans la série. La différence sexuelle n'est en somme que le résultat d'une division du travail très-avancée ; or, cette division du travail est, nous le savons, une des causes principales de la différenciation graduelle et progressive des organes; elle contribue par conséquent au perfectionnement incessant de l'animal, à son évolution supérieure. Comme nous venons de le dire, la division des sexes s'accentue d'autant plus nettement que l'animal occupe une place plus élevée dans la série. Il est donc permis d'en conclure que cette sexualité, dont le rôle est si important dans la vie sociale de l'humanité, et sans laquelle probablement la poésie ne serait jamais née, ne repose point du tout sur une loi universelle et constante de la nature. *L'opposition polaire des sexes* en particulier, que la vieille philosophie de la nature a si habilement exploitée et qui reparaît trop souvent encore aujourd'hui dans les écrits du même genre, accusant par là une profonde ignorance des phénomènes de la nature — cette fameuse opposition polaire doit être rejetée dans le domaine des fables. Un fait réfute déjà d'une manière éclatante cette ancienne erreur, c'est l'existence de *l'hermaphrodisme* ou *androgynisme*, état dans lequel les deux sexes se trouvent réunis chez le même individu; or, l'hermaphrodisme est très commun dans le monde végétal aussi bien que dans le monde animal; on le rencontre même dans l'espèce humaine, non pas, il est vrai, comme état normal, mais comme fait pathologique ou anormal, survivance de l'état d'animalité, comme phénomène d'atavisme ou de régression. On n'ignore pas non plus qu'au début de la vie embryonaire, quand l'homme traverse pour ainsi dire les degrés inférieurs de l'animalité, il est lui-même asexué. Ce n'est qu'à la fin du troisième mois de la grossesse, que le sexe de l'embryon ou du rejeton humain s'accuse nettement. On sait de même que les organes de la reproduction *chez les deux sexes,* surtout les organes internes, présentent d'abord une grande analogie dans leurs contours généraux et qu'ils conservent même bien des traits de ressemblance dans le cours ultérieur de leur évolution. De là ce fait significatif que l'homme lui-même, placé sur le dernier et suprême échelon de l'évolution, conserve dans son corps, à l'état de rudiment, des vestiges nets et incontestables de cette analogie ou de cette confusion des sexes; citons, par exemple le clitoris, la barbe, chez la femme; chez l'homme l'ovaire supplémentaire, l'utérus masculin, la glande lactée masculine etc. Il est permis de conclure de ce qui précède que l'hypothèse de cette opposition polaire des sexes, au sujet de laquelle on a tant divagué et qu'on invoque encore, n'est nullement confirmée ni par les sciences embryologiques ni par l'anatomie comparée et que, selon le mot de Darwin, „la génération sexuée et la génération asexuée, qui, toutes les deux, quoique par des procédés très-divers, produisent également des êtres vivants, *sont au fond essentiellement identiques.*“ [50])

Sans doute c'est là un point fort intéressant en lui-même, et il est de nature à jeter une lumière particulière aussi bien sur la question de la femme que sur celle, si fort débattue aujourd'hui, de son infériorité politique et sociale; malheureusement il sort trop du cadre de notre sujet. Nous allons donc le laisser là pour revenir à l'objet véritable de cette étude, à la substance germinale. Avant de hasarder des considérations philosophiques sur le rôle de cette substance, essayons d'en faire une brève esquisse au point de vue physiologique et anatomique.

Comme il faut toujours donner le pas aux dames, c'est par l'étude de l'ovule femelle, que nous allons commencer.

L'ovule humain, comme celui de tout mammifère, en dépit de sa propriété d'évoluer de la manière la plus diverse, en s'éloignant beaucoup de sa forme initiale, n'est qu'un corpuscule très-petit, invisible, dont la dimension est d'un dixième à un vingtième de ligne ou d'un cinquième à un dixième de millimètre; aussi est-il presque imperceptible à l'oeil nu. D'une forme sphéroïdale, ce corpuscule se compose d'abord d'une membrane relativement épaisse, qui, comme une couche transparente, enveloppe le *vitellus* et porte le nom de *membrane cellulaire*, *membrane vitelline* ou *zona pellucida*. Souvent cette membrane est finement striée et semble traversée par des canalicules, par des pores, par des lignes fines comme un cheveu et rayonnant du point central; quelquefois aussi on y distingue une structure concentrique. Le fait de l'existence d'un *microphyle* ou d'un orifice imperceptible, facilitant l'introduction des spermatozoaires filiformes, n'est pas encore prouvé; mais les investigations de Pflüger, de Beneden, Keber et de plusieurs autres porteraient à le faire admettre.

Le vitellus ou contenu ovulaire emprisonné dans cette membrane est constitué par le *protoplasma* et peut être considéré comme une espèce d'émulsion, où des globules de grandeur diverse, tantôt clairs, tantôt foncés, flottent en suspension dans un liquide visqueux à peine visible.

Au centre du vitellus, mais quelque peu latéralement, on aperçoit le noyau cellulaire, autrement dit la *vésicule germinative.* C'est un corpuscule sphéroïdal, d'un cinquantième de ligne de diamètre, que l'on désigne aussi, d'après le savant qui l'a découvert, sous le nom de *vésicule de Purkinje.* Ce noyau renferme à son tour dans son contenu aqueux un corpuscule foncé encore plus petit ou un nucléole solide, qui correspond au noyau de la cellule et que l'on appelle *tache germinative* ou tache de Wagner. Le volume de ce noyau peut être évalué en moyenne à un trois centième ou à un quatre centième de ligne.

Cet élément organique, si simple et pourtant si complexe dans son apparente simplicité, doit son origine à *l'ovaire* ou glande germinative femelle. L'ovaire est un petit organe double, aplati, en forme de fève, long d'un pouce à un pouce et demi; placé dans le bassin des deux côtés de la matrice, il est constitué par une gangue visqueuse, tissu mou de fibres lamineuses ou *stroma* proprement dit, au milieu desquelles sont disséminés des cellules et des noyaux de cellules en quantité innombrable. C'est aux dépens de ces cellules que se développe l'ovule, mais il ne se développe pas en liberté; il est renfermé dans un petit sac (ou vésicule) sphéroïdal et membraneux auquel on donne le nom de *sac ovarique, d'ovisac* ou enfin de *follicule de De Graaf* et qui, outre l'ovule, contient un liquide d'un jaune clair. Chaque ovaire recèle dans son stroma un certain nombre de ces follicules aux stades les plus divers de leur évolution; à mesure que ceux-ci grossissent ou mûrissent successivement, ils exercent une pression de plus en plus prononcée sur la superficie de l'organe glandulaire, dans lequel ils sont enfermés. A l'état complètement développé, ces follicules sont gros comme des pois et ont de 3 à 4 lignes de diamètre. Ils portent aussi en l'honneur de l'embryologiste, qui les a découverts, le nom de *Ovula Graafiana* ou bien *oeuf de De Graaf,* car pendant longtemps on les a pris à tort pour les ovules eux-mêmes. Nous disions donc qu'à mesure que ces follicules atteignent leur maturité complète, ils se rapprochent davantage de la surface de l'ovaire, jusqu'à ce qu'enfin, par suite de leur gonflement toujours croissant, ils produisent des saillies, des bosselures et déterminent finalement la rupture de la membrane enveloppante amollie par l'élévation de sa température et devenue par conséquent d'une fragilité et d'une ténuité extrême. Incapable de supporter davantage la pression interne exercée sur elle, cette membrane crève à son point proéminent, en versant au dehors son contenu *y compris l'ovule;* pendant ce temps ce dernier a évolué de telle sorte, que la première vésicule germinative formée s'est trouvée, en vertu de l'attraction, enveloppée par la masse vitelline et enfin par la membrane vitelline elle-même. Selon d'autres observations, le jeune ovule formé dans l'épithélium de l'ovaire se comporte exactement comme une cellule parfaite, quoique dépourvue de membrane, et son protoplasma, composé à l'origine de couches très-fines, ne commence à augmenter que dans le cours ultérieur de l'évolution, par suite de la croissance et du développement de l'élément plastique qu'il contient. D'ailleurs l'ovule ne se trouve pas dès l'origine à l'intérieur des follicules de De Graaf, mais il pénètre en s'invaginant dans les sacs utriculaires, qui se forment au sein de l'ovaire. Là, pour la première fois, apparaît au milieu des cellules l'ovule developpé avec son vitellus, sa membrane enveloppante; il est contenu dans l'ovisac et y est même solidement maintenu par une couche de cellules sphéroïdales, tapissant la paroi interne de l'ovisac.

Quand le follicule s'est rompu de la manière que nous venons de décrire, en déversant son contenu au dehors, il se forme à l'endroit, où s'est produite la rupture, une cicatrice et simultanément, par suite d'un léger écoulement de sang dû habituellement à la rupture, par suite aussi de la multiplication des cellules, il se produit une masse cellulaire plastique et spongieuse, constituant un petit corps sphérique et jaunâtre nommé *Corpus luteum*. Quand il n'y a pas fécondation de l'ovule, ce corpuscule disparaît au bout de quelques mois, par évolution régressive. Si au contraire il y a eu grossesse, il est encore perceptible après des années à côté de la cicatrice — ce qui provient probablement de l'affluence plus forte du sang et de l'état d'irritation, que la grossesse provoque dans les organes générateurs internes. Aussi fait-on une distinction entre les corps jaunâtres *vrais* et *faux* et la présence des premiers dans les corps d'une femme atteste le fait de la grossesse passée.

Et maintenant que va devenir l'ovule, une fois sorti de l'ovisac ou du follicule? Avant d'aborder cette question, remarquons que la découverte de l'ovule de l'homme et des mammifères *dans* l'organe même où il se forme, c'est-à-dire dans l'ovaire, constitue une des acquisitions les plus difficiles, mais aussi les plus éclatantes de la science moderne. C'est une découverte comparativement récente, car elle n'a été faite qu'au commencement de notre siècle, c'est-à-dire dans l'année 1827 par le célèbre embryologiste Baer, quoique l'ovule à l'état libre eut été aperçu bien avant *dans l'oviducte.* Deux années auparavant, Purkinje, dont nous avons plusieurs fois parlé, àvait découvert la vésicule germinative chez les oiseaux. Du reste le célèbre anatomiste et physiologiste Regner de Graaf (mort en 1673) et qui a donné son nom au follicule de De Graaf, avait touché de bien près cette grande découverte, qui exigea néanmoins tant de temps pour être solidement établie. Les remarquables travaux de ce savant ne pouvaient avoir l'adhésion de ses contemporains, plongés dans les plus grossiers préjugés, et ainsi deux siècles encore s'écoulèrent avant que la découverte en question vit réellement le jour. [51])

Mais la glace des préjugés une fois rompue, les découvertes se suivirent rapidement. En 1834, le Français Coste constata l'existence de la *vésicule germinative* chez les mammifères, et en 1835 Rudolphe Wagner, le célèbre physiologiste, celui-là même qui inventa la substance de l'âme, découvrit la *tache germinative (macula germinativa)*. Neuf ans plus tard, par conséquent en 1844, au moment où de notre côté nous faisions nos études médicales à Giessen, la grande découverte de l'ovule trouva, grâce au professeur Bischoff, de Giessen, une preuve complémentaire dans l'explication de la *menstruation*. Le phénomène périodique de la menstruation, auquel la femme est sujette, et dont l'importance physiologique n'avait pas du tout été appréciée jusqu'alors ou même avait été faussement interprétée, n'est en somme que la manifestation extérieure du phénomène de l'élimination de l'ovule, que nous venons de décrire et qui consiste en ce que, tous les 28 jours régulièrement, un follicule de De Graaf parvenant à sa maturité se rompt, par suite un ovule se détache et est expulsé de l'ovaire.

Il fut démontré en même temps que la menstruation chez la femme équivant absolument au rut de l'animal; or, on savait déjà que ce dernier phénomène est provoqué par l'élimination périodique des oeufs. La seule différence entre les deux ruts, c'est que le celui de l'animal n'a lieu qu'une ou deux fois par an, mais avec expulsion d'un plus grand nombre d'oeufs et un moindre écoulement sanguin. Du reste la menstruation proprement dite n'est pas exclusive à la femme; certains singes du vieux monde présentent le même retour périodique du phénomène tous les 28. jours.

Avant cette époque, c'est-à-dire jusqu'à la découverte de Bischoff, on n'avait pas la moindre idée de la connexité de ces phénomènes et la menstruation était simplement considérée comme un acte périodique de purification, dépendant du mois lunaire, et par lequel l'organisme féminin cherchait à se débarrasser du sang corrompu et nuisible. D'un autre côté, on s'en tenait à l'opinion fort erronée, mais assez naturelle, vu les circonstances, que la maturité et l'élimination de chaque ovule ne saurait être que le résultat d'un coït fécondant; aussi maintes vierges parfaitement pures furent-elles calomniées après leur mort, parce qu'on avait trouvé sur les ovaires de leurs cadavres les petits corpuscules jaunâtres, dont nous avons parlé plus haut; on considérait alors la présence de ces corpuscules comme la preuve concluante que l'acte de copulation avait eu lieu pendant la vie.

Cette opinion si fausse est tout-à-fait abandonnée aujourd'hui, et c'est désormais une certitude acquise, que le fait d'un ovule arrivé à maturité et se détachant de l'ovaire n'a absolument rien à faire avec un coït fécondant. C'est un simple phénomène physiologique, revenant périodiquement toutes les quatre semaines. Chaque menstruation peut donc être considérée en quelque sorte comme le commencement d'une grossesse, qui poursuit son cours régulier seulement quand l'ovule expulsé rencontre sur son parcours ultérieur la semence mâle, qui doit le féconder. Il peut bien arriver, dans des cas isolés, que la rupture d'un follicule déjà mûr et fortement tendu soit hâtée par l'excitation physique, qui accompagne l'acte de l'accouplement; mais c'est là un phénomène accidentel et nullement fatal.

Nous avons peine à comprendre aujourd'hui comment la véritable portée de la menstruation chez la femme a pu être si longtemps méconnue, et c'est là une preuve à ajouter à tant d'autres de la marche si extraordinairement lente des connaissances humaines. L'existence des corps jaunâtres était il est vrai, depuis longtemps connue; mais on la considérait uniquement comme une preuve de la perte de la virginité, et plus d'une fois elle servit à tort, comme nous le disions tout à l'heure, de chef d'accusation contre des innocentes, après leur mort.. Du reste la menstruation ne saurait être considérée comme le résultat direct de l'élimination de l'ovule; le fait est impossible par cela seul; que les deux phénomènes ne sont pas toujours simultanés; l'un peut précéder l'autre, et c'est bien plutôt dans un plus fort afflux de sang et dans l'état d'excitation des organes générateurs internes, qu'il faut chercher la cause commune des deux phénomènes. La même cause peut aussi contribuer à ce que l'ovule arrivé dans l'utérus soit plus facilement saisi et fortement maintenu par les sinuosités de la muqueuse utérine gonflée. Il peut donc arriver que l'expulsion de l'ovule et l'écoulement mensuel ne concordent pas nécessairement, si au moment de la congestion ou de l'afflux du sang aucun follicule ne se trouve assez mûr pour que la congestion puisse en amener la rupture.

Mais examinons l'évolution ultérieure de l'ovule.

Une fois détaché de l'ovaire, par suite de la rupture du follicule, il pénètre dans *l'oviducte*, c'est-à-dire dans un canal membraneux, qui des deux côtés réunit l'ovaire à la matrice. Ces canaux ne se trouvent point d'ailleurs *anatomiquement* reliés à l'ovaire; on les désigne aussi, à cause de leur conformation, sous le nom de trompes de l'utérus; par leur bout étroit ils tiennent à l'utérus, tandis que leur extrémité evasée et ouverte vient s'appliquer sur l'ovaire. L'orifice de la trompe est muni circulairement d'une espèce de frange, qui, au moment où l'oeuf se détache, entre, probablement par suite de l'excitation nerveuse ou de l'afflux sanguin, dans un état d'érection, par suite duquel elle saisit mécaniquement l'ovaire ou plutôt adhère fortement à sa surface. Il doit donc nécessairement arriver que l'ovule, dont l'expulsion du follicule rompu se fait avec une certaine violence, tombe dans l'intérieur de l'oviducte. Telle est du moins la règle. Il arrive parfois, quoique bien rarement, qu'au lieu de suivre cette voie normale, l'ovule tombe à côté, c'est-à-dire dans l'espace vide constitué par la cavité abdominale du bas-ventre. C'est ce qui donne lieu, si l'ovule est déjà fécondé dans ce moment, à ce qu'on appelle une *grossesse extra-utérine*, c'est-à-dire en dehors de l'organe destiné normalement à recevoir le germe, état qui amène le plus souvent une issue malheureuse pour la mère.

Une fois arrivé à l'oviducte, l'ovule poursuit sa migration vers l'utérus. Quelles sont les causes, qui produisent ce résultat? En partie probablement les mouvements péristaltiques et vermiformes de l'oviducte lui-même, en partie l'action des cils vibratiles, tapissant la surface de la membrane pituitaire, qui revêt intérieurement l'oviducte, cils vibratiles, qui oscillent tous dans la même direction. Peut-être aussi des mouvements giratoires, propres à l'ovule lui-même contribuent-ils pour leur part à ce résultat. Dans tous les cas ce mouvement en avant est très-lent, puisque l'ovule emploie six à douze jours pour parcourir l'espace fort court, de quelques pouces à peine, depuis l'orifice externe de l'oviducte adhérent à l'ovaire jusqu'à l'utérus. Au moment même de la sortie de l'ovule du follicule de De Graaf, celui-ci commence son évolution ultérieure, au moyen de la *segmentation du vitellus*. La description de ce phénomène bien connu de *sillonnement* ou de *fractionnement*, qui a lieu dans l'intérieur de l'ovule et est destiné en quelque sorte à fournir les matériaux à la construction de l'être futur, sort du cadre de notre sujet.*) Mais si l'ovule n'est pas fécondé, ce processus de développement s'arrête bien vite, et l'ovule se dissout graduellement pour disparaître enfin complètement soit dans l'oviducte soit dans l'utérus. Dans le

*) Voir sur ce sujet „Tableaux physiologiques“ de Büchner, 2ième edition allemande, 1. vol., page 261 et suivantes.

cas contraire, il continue sa course, pénètre dans la matrice, s'y fixe solidement et commence à s'y constituer en embryon ou foetus. Le phénomène de segmentation, dont nous venons de parler, s'effectue aussi avec une grande lenteur et peut se prolonger pendant huit jours. Une question se présente ici tout naturellement et il n'est pas facile d'y répondre. Pendant combien de temps l'ovule, durant sa migration dans l'oviducte, reste-t-il vivant et susceptible de fécondation? Il est pourtant généralement admis que cette aptitude de l'ovule peut se conserver au sein de l'organe générateur de la femme pendant 12 ou 14 jours tout au plus.

C'est ici le lieu de remarquer que l'oeuf de beaucoup d'animaux (oiseaux, amphibies à écaille) s'incorpore, durant sa pérégrination, divers ingrédients nouveaux; il se revêt de vitellus nutritif, de blanc d'oeuf, se recouvre enfin d'une coquille et finit enfin par acquérir la conformation et les propriétés de l'oeuf de poule, que tout le monde connaît. L'ovule de l'homme et celui des mammifères en général reste au contraire nu dans l'oviducte et n'atteint son développement complet qu'une fois arrivé dans l'intérieur de l'utérus. D'ailleurs *l'ovule proprement dit* de l'oeuf de l'oiseau ou ce que l'on appelle le *disque germinatif*. n'est pas plus gros en lui-même que l'ovule des mammifères.

Maintenant que nous avons décrit à grands

traits le cellule germinative ou ovulaire *femmelle*, abordons la description de la *cellule germinative mâle* ou de la *semence*. De même que l'ovule prend naissance dans l'ovaire, la semence se forme dans la glande germinatrice mâle ou testicule, organe fort simple et dont le type est à peu près identique dans le règne animal tout entier. Cet organe consiste en un agrégat de canalicules ramifiés, dénommés *canalicules seminifères*, dans l'intérieur desquels la semence ou élément fecondateur est sécretée par de simples cellules glandulaires, de même que l'ovule l'est par les cellules de l'ovaire. Du reste les deux organes, la glande génératrice mâle et la glande génératrice femelle, présentent entre elles la plus grande analogie, une analogie de structure si parfaite chez beaucoup d'animaux inférieurs, qu'on ne peut les distinguer que par le produit secrété ou éliminé, c'est-à-dire soit par l'ovule, soit par la semence. De même les premières modifications, par lesquelles passe la cellule germinative mâle, sont tout-à-fait semblables à celles, que nous avons constatées dans la cellule ovulaire, c'est-à-dire que son contenu se segmente, d'où production d'un grand nombre de noyaux ou de cellules dites *cellules-embryonnaires mâles*. Ces cellules à leur tour se transforment en élément de la substance germinative proprement dite, en *animalcules spermatiques* (spermatozoaires, spermatozoïdes), en sorte qu'un spermatozoaire n'est qu'un noyau cellulaire modifié ou une cellule de fractionnement, cellule embryonnaire mâle transformée, dont le noyau constitue la tête, et la substance la queue du spermatozoaire. Enfin la cellule-mère se rompt et les spermatozoaires sont mis en liberté. Vus au microscope, ce sont des corpuscules longs, filiformes, semblables à des têtards et qui, une fois dans un milieu fluide, exécutent des mouvements vifs, ondoyants, des frétillements, à l'aide desquels ils se déplacent en totalité. Dans le sperme primitif, non dilué, tel qu'on l'extrait directement des canalicules séminifères, les spermatozoaires sont presque dépourvus de mouvement, parce que le milieu où ils se trouvent alors est trop épais pour en permettre. Au moment de l'éjaculation, le sperme reçoit, chemin faisant, une certaine quantité de produits liquides secrétés par la glande prostate et par les glandes de Cowper, et ces liquides activent le mouvement du sperme, si nécessaire à la fécondation. Sous le microscope, on voit dans le sperme dilué les spermatozoaires grouiller en quantité innombrable : cela rappelle le mouvement d'une fourmilière.

Le mouvement de ces corpuscules présente une grande analogie avec le frétillement si connu du têtard de la grenouille, auquel d'ailleurs les spermatozoaires, formés, comme nous le disions tout-à-l'heure, d'une tête, d'un corps ou tronçon moyen et d'une queue, ressemblent beaucoup extérieurement. Ils n'est donc pas étonnant que longtemps après leur découverte ces corpuscules aient été pris pour des animaux véritables et désignés, d'ailleurs bien à tort, sous le nom d'animalcules spermatiques. En réalité leurs mouvements n'ont point du tout un caractère animal, ne révèlent pas la moindre trace de cette spontanéité, qui se manifeste chez les animalcules les plus microscopiques. Ils ont bien plutôt le caratère de mouvements mécaniques, rhythmiques, ondulatoires ou hélicoïdes, semblables à ceux d'une anguille ou d'un serpent, avançant toujours en droite ligne. C'est aux mouvements d'un essaim de spores végétales ou à ceux des fibres musculaires ou enfin à ceux des cils vibratiles, que l'on peut le mieux les comparer. Ce dernier mode de mouvement, très repandu dans l'organisme animal, a un caractère si mécanique, qu'il persiste même quelques jours après la mort. Chez le spermatozoaire, c'est l'appendice capillaire ou le bout caudal du corpuscule, correspondant à un cil vibratile unique, qui produit ce mouvement ondulatoire et frétillant. Le spermatozoaire est donc une véritable cellule munie d'un cil, ce que l'on appelle *cellule ciliée*, dans laquelle la tête correspond au noyau cellulaire, le tronçon moyen au reste de la substance cellulaire et le bout caudal au cil vibratile.

Quant à la *cause* du mouvement, quant à la question de savoir, s'il est provoqué par des influences physiques, chimiques, électriques ou endosmotiques, ce sont là des points, qui ne sont pas encore éclaircis. Il faut se borner à invoquer la propriété générale de contractilité, inhérente au protoplasma animal, c'est-à-dire à la substance cellulaire — contractilité, dont les mouvements des spermatozoaires ne seraient qu'une expression ou une manifestation particulière. Ce que l'on sait du moins, c'est que les mouvements des protozoaires se distinguent par une grande énergie ou une grande vitalité, puisqu'ils persistent longtemps après la mort (12 à 24 heures), et que dans l'intérieur des organes générateurs femelles, ils peuvent continuer même pendant huit jours. Le même fait, mais plus accentué encore, se produit chez les animaux, les oeufs des poissons ou des grenouilles pouvant être fécondés à volonté, durant bien des jours, au moyen de sperme artificiellement dilué. Ce que l'on appelle le réceptacle ou la poche séminale de l'abeille femelle, garde, on le sait, la semence reçue pendant quatre à cinq ans et, durant tout ce temps, cette semence est vivante et conserve ses propriétés fecondantes. L'eau pure des puits ou tout simplement l'eau de pluie jouit de l'étrange propriété d'anéantir instantanément la motilité des spermatozoaires, de même qu'elle exerce une influence pernicieuse sur le globule du sang — expérience dont il serait bon de tenir compte au point de vue social et économique. Pourtant les mouvements des spermatozoaires, qui sous l'action de l'eau s'enroulent sur eux-mêmes, peuvent être immédiatement ranimés, si l'on ajoute à l'eau un peu de sel de cuisine. Les solutions de sucre, d'albumine, de phosphate acide de soude, de potasse, d'urée, de lymphe ou de sérum du sang etc. exercent la même action.

Fort minime par elle-même, la *rapidité* de locomotion des spermatozoaires devient considérable, si nous songeons à la petitesse extraordinaire de ces corpuscules; ils peuvent dans l'espace d'une minute parcourir la longueur d'une ligne soit un pouce dans un laps de temps de dix à vingt minutes. Selon Henle, il ne leur faut même pour cela que $7^1/_2$ minutes. Il est curieux que les spermatozoaires de l'homme soient des plus petits qui existent dans le règne animal; leur longueur totale mesure la cinquantième partie d'une ligne, tandis que leur tête peut être évaluée à la cinq centième ou la six centième partie de la même longueur. Ils sont notablement plus gros chez les oiseaux et les amphibies, surtout chez les oiseaux chanteurs et affectent, chez la plupart des oiseaux et chez beaucoup d'amphibies, la forme de tire-bouchon. C'est chez la salamandre, le triton et en général chez les animaux, qui se distinguent par la grosseur de leurs globules sanguins, qu'ils sont le plus volumineux; ils sont munis d'ailleurs d'une espèce de bourrelet transversal, ondulant dans l'eau. En revanche la forme générale des spermatozoaires est à peu près identique dans le monde animal tout entier. Ceux des mammifères en particulier et plus généralement des vertébrés se rapprochent presque complètement des spermatozoaires filiformes de l'homme. Mais, quelque grande que soit cette analogie générale; chaque genre ou chaque espèce dans l'animalité possède pourtant un type qui lui est particulier par sa forme et sa grandeur, et dont les nuances sont plus ou moins accusées. Il en doit être ainsi non seulement pour chaque espèce animale, mais encore pour chaque individu; seulement dans ce dernier cas la différence sera si insignifiante, si peu apparente qu'elle échappera à nos moyens d'investigation.

Chez les invertébrés, les spermatozoaires affectent des formes plus diverses et plus saillantes; mais ici encore, c'est toujours dans ses traits essentiels le même type fondamental filiforme, au bout antérieur renflé. Les spermatozoaires des éponges et des polypes eux-mêmes ressemblent beaucoup à ceux de l'homme. En général *tous* les animaux ont des spermatozoaires et nous ne connaissons pas de semence *dépourvue* de ces éléments plastiques. On prétend les avoir constatés jusque chez les infusoires. Le monde des végétaux inférieurs lui-même possède des spermatozoïdes, qui non seulement correspondent par leur structure et par leurs propriétés aux spermatozoaires animaux, mais encore présentent avec ces derniers une conformité extraordinaire, si l'on prend en considération leur mode d'origine. Exactement comme les éléments fécondants de l'animal, les spermatozoïdes se précipitent dans la cellule germinative femelle de la plante, pour s'unir à elle. Les reproductions, que donne le professeur Hanstein (Le protoplasma, 1880) de quelques spermatozoïdes des plantes inférieures (fougères, mousses, algues, conferves), montrent dans leurs formes extérieures la plus frappante analogie avec les spermatozoaires des animaux. On ne sait trop encore quelles sont, dans les plantes phanérogames supérieures, les parties qui correspondent aux spermatozoaires de l'animal.

La découverte des spermatozoaires est bien plus ancienne que celle de l'ovule. Elle fut faite en 1677 à Leyde par un étudiant allemand Ham, à l'aide de verres grossissants. Il en fit immédiatement part à son maître, le célèbre physicien hollandais Leeuwenhoek (1630—1723), qui s'occupait de la fabrication des verres de lunettes et de microscopes et qui à l'aide de ces derniers avait, pour la première fois, étudié de plus près et ensuite décrit les globules du sang. Leeuwenhoek poursuivit plus loin la belle découverte de son élève et nous lui devons une description déjà assez détaillée des spermatozoaires. Dans une communication adressée au président de la Société Royale d'Angleterre, le vicomte Brounker, Leeuwenhoek remarque, que le liquide soumis par Ham à son examen contenait un nombre infini d'êtres vivants, dont il fallait un millier au moins pour équivaloir à la grosseur d'un grain de sable. Il en fut de même pour les autres espèces de sperme analysées par lui. Leeuwenhoek fit une série de découvertes, qui se suivirent rapidement; il constata successivement la présence des spermatozoaires chez les mammifères, les oiseaux, les poissons, les insectes, et il en observa les mouvements. Il n'y a rien d'étonnant à ce que, vu leur forme et leur motilité, ces corpuscules si étranges aient été pris pour des animaux; décrits et désignés comme tels; cette opinion s'est d'ailleurs soutenue parmi les savants jusqu'à une époque fort récente. On classa les spermatozoaires parmi les vers intestinaux et des micrographes zélés s'empressèrent même de leur découvrir un estomac et divers autres organes, découverte d'ailleurs de pure fantaisie, comme il fut demontré plus tard. D'autres observateurs allèrent encore plus loin et voulurent bien voir dans ces organismes étranges un prototype de la forme animale humaine. A les en croire, l'animalcule spermatique n'avait besoin que de croître, pour se transformer peu à peu en un être parfait. Il y eut même des gens, qui soutinrent le plus sérieusement du monde, que l'animalcule spermatique était un véritable „homunculus" microscopique, c'est-à-dire une petite réduction de l'homme ou de l'animal, muni d'une tête, de bras, de jambes, d'une poitrine, qui se développaient progressivement pour constituer finalement un homme. N'y a-t-il pas aujourd'hui encore des gens, qui, sans avoir jamais vu le diable, le gratifient de cornes, d'une queue, de pieds de cheval, etc.? Le consciencieux Leeuwenhoek lui-même était à tel point dominé par ces idées, qu'il s'imaginait souvent discerner cette tête, ces bras et ces jambes, quoique pourtant il fut en dernier ressort obligé de convenir, qu'il n'avait jamais réussi à obtenir une certitude parfaite dans les observations de ce genre. En revanche, il était fermement convaincu, que les spermatozoaires possédaient une structure aussi complexe que l'organisme humain parfait. Aussi prit-il la peine de réfuter tout au long dans un écrit spécial les déductions d'un certain La Plantade, qui prétendait avoir vu directement la métamorphose d'un spermatozoaire en un organisme humain complétement développé et fournissait des dessins à l'appui. Tombant dans l'extrême opposé, d'autres observateurs au contraire affirmaient, que les animalcules spermatiques n'avaient par eux-mêmes rien à faire avec la fécondation et ne servaient qu'à entraver par leurs mouvements la coagulation du sperme, tandis que d'autres encore les considéraient comme des éléments destinés à faire entrer en fermentation la substance ovulaire.

Ces soi-disant observations venaient fort à

propos appuyer l'hypothèse de la préformation du germe, hypothèse autrefois généralement acceptée et selon laquelle tous les êtres organisés préexistaient depuis la création à l'état de germes emboîtés les uns dans les autres et renfermés dans l'ovule ou la semence.[52]) Aujurd'hui c'est une certitude scientifique rigoureusement établie que toutes ces théories de préformation sont parfaitement fausses et que ni dans l'ovule, ni dans la semence on ne trouve la moindre trace de la préexistence ou de la préformation d'un être futur. L'ovule, aussi bien que le sperme, sont simplement des éléments primordiaux ou des cellules, douées il est vrai, en vertu de leur puissance d'évolution, de la faculté de se transformer en un être parfaitement développé. Aussi la formation de chaque être organisé n'est-elle point, comme on l'avait supposé si longtemps et comme les théologiens l'admettent encore aujourd'hui, la manifestation de tout un plan de création préalablement élaboré; c'est bel et bien une formation nouvelle, ayant pour base le germe; c'est vraiment la métamorphose d'éléments organiques primairés; et c'est seulement grâce à la lente influence de l'hérédité et du progrès, agissant à travers des cycles chronologiques et d'innombrables générations que cette évolution a acquis la merveilleuse perfection, que nous contemplons aujourd'hui. Chaque être isolément considéré reproduit ou représente la série ancestrale qui l'a précédé; il répète, aux stades divers de son évolution, très-brièvement il est vrai — car l'irrésistible besoin de l'évolution le pousse toujours en avant — les phases morphologiques, plus ou moins effacées, traversées par les ancêtres. Ainsi l'homme débute, on le sait, dans sa vie embryonnaire sous la forme organique la plus élémentaire, sous celle d'un protozoaire, pour passer ensuite au stade des vers, des poissons, des amphibies, enfin des mammifères. Ne pouvant s'élever à la véritable conception de ces phénomènes, l'esprit humain s'épuisa longtemps en toute espèce de théories, dites théories de développement, d'emboîtement de germes, dé préformation etc. Ces hypothèses diverses, dans lesquelles l'imagination avait bien plus de part que l'esprit d'observation scientifique, étaient toutes dominées par l'idée fondamentale, suivant laquelle, dès le premier acte de la création, l'être futur se trouvait d'avance contenu dans la substance germinatrice. La notion réelle de la vérité, si grande et si merveilleuse dans sa simplicité, l'idée que la formation de chaque être organisé était, chaque fois, une nouvelle combinaison des éléments organiques, ne se présentaient à personne. Ce fait seul eut suffi pour mettre à néant la théorie alors généralement admise de la création biblique; car selon cette dernière la succession sériaire des générations ne pouvait s'expliquer, comme nous le disions tout-à l'heure, qu'en admettant un emboîtement à l'infini de germes innombrables, tout constitués, c'est-à-dire une création faite à l'avance. Or, pour admettre cette théorie de l'emboîtement, il faut véritablement une imagination véritablement déréglée, se souciant fort peu des bornes du possible; et pourtant la simple réalité, telle qu'elle nous est révélée aujourd'hui par la science, laisse aussi loin derrière elle ces romans scientifiques, que l'histoire réelle, (celle des individus aussi bien que des peuples) dépasse par sa grandeur tragique, par l'invraisemblance des événements, par l'abondance des faits extraordinaires toutes les inventions des poètes et des romanciers. Combien Darwin a raison, quand avec cette pénétration qui le distingue, il observe que peut-être de tous les phénomènes biologiques le plus merveilleux est cette *différence entre le germe et l'animal parvenu à son plein développement!*

Mais encore une fois laissons cette digression pour revenir sur le terrain des faits et cherchons à élucider une question importante: comment les deux substances germinales en arrivent-elles à se rencontrer, à exercer l'une sur l'autre une action réciproque et à donner, par suite de cette action, l'impulsion à l'évolution d'un être nouveau, c'est-à-dire à constituer un embryon? Comment enfin cet embryon, déterminé et influencé par ces deux substances, est-il une reproduction plus ou moins fidèle de ses deux parents; comment ces deux facteurs en arrivent-ils à en constituer un troisième? En un mot quels sont les phénomènes de la *fécondation?*

Disons d'abord, que la fécondation a pour condition première et essentielle un contact direct et une imprégnation réciproque des deux substances germinales et que, sans cette imprégnation, un coït fécondant est absolument impossible. *Comment* ces deux substances en viennent-elles à se pénétrer, à s'imprégner — c'est là un point que nous allons aborder immédiatement. Mais rappelons d'abord, que tant qu'on n'avait pas l'idée de la nécessité de cette pénétration, le phénomène tout entier de la fécondation restait un mystère impénétrable et laissait par là — point fort essentiel pour notre sujet — la porte grande ouverte aux hypothèses spiritualistes de toute espèce. Un fait est incontestable et l'expérience quotidienne l'atteste à chaque pas — c'est que l'enfant présente une forte analogie avec ses parents, non seulement sous le rapport physique, mais aussi sous le rapport moral. Si on écarte l'explication matérielle du phénomène, il ne reste plus qu'à admettre l'existence d'une force surnaturelle, indépendante de la substance et dont celle-ci ne serait que le véhicule, d'une force se transmettant d'une manière immatérielle quelconque du générateur à l'engendré. Entre les points de vue spiritualiste et matérialiste, radicalement opposés sur cette question, et comme une transition entre les deux, nous trouvons la doctrine bien connue de *l'Aura seminalis* ou *esprit de la semence.* On entendait par cette expression une espèce de vapeur, qui devait émaner du sperme et qui, grâce à ses propriétés volatiles, devait pénétrer dans les organes féminims jusqu'au receptacle des germes, pour y exercer une action fécondante sur ces derniers. [53]) Peut-être est-ce l'odeur particulièrement âcre exhalée par le sperme frais, qui a donné lieu, grâce à l'ignorance parfaite des véritables phénomènes de la fécondation, à cette doctrine si étrange.

En réalité il n'existe ni vapeur séminale, ni force immatérielle spirituelle, servant à transmettre cette dernière; il n'y a que le *sperme lui-même,* pénétrant dans les organes générateurs femelles et y exercant d'une manière toute matérielle son action fécondante. La voie, que doit parcourir la semence, lui est tout indiquée par la structure même des organes sexuels femelles, qui la conduisent par le vagin, l'orifice utérin la matrice et l'oviducte jusqu'à *l'ovaire* lui-même. On a pu plus d'une fois constater ces stades divers de la migration de la semence en faisant l'autopsie des animaux immédiatement après l'accouplement, alors que le sperme est déjà humecté et mobilisé par l'action du liquide secrété, qui s'y est mélangé dans son trajet, à travers les organes générateurs mâles.

Mais quelle est la force, qui a amené le sperme jusqu'ici et le fait avancer encore? C'est probablement en partie le mouvement péristaltique ou vermiforme de l'organe récepteur lui-même, en partie les mouvements des spermatozoaires, parcourant, comme nous l'avons dit, l'espace d'un pouce en dix minutes. Le long de cette route étroite et toute tracée, que nous avons décrite plus haut, les spermatozoaires rencontrent nécessairement le but auquel ils tendent, c'est-à-dire l'ovule, venant pour ainsi dire au devant d'eux à partir de l'ovaire. Ce contact matériel a lieu généralement dans l'intérieur de l'oviducte, quelquefois dans la matrice même et plus rarement sur l'ovaire. Nous disions que l'on avait trouvé les animalcules spermatiques vivants, mobiles, et par conséquent capables de féconder, à l'intérieur aussi bien qu'à l'extérieur de ces divers organes, et cela même *huit* jours après l'accouplement, quoiqu'en général la force fécondatrice disparaisse plus tôt. Les liquides sécrétés par les organes générateurs internes de la femme exercent évidemment une influence des plus favorables sur la vie et la faculté locomotrice des spermatozoaires; car, en dehors de ces organes, ces éléments fécondateurs perdent bien plus vite leurs vitalité. Si on prend en considération tous les faits ci-dessus mentionnés, si on songe que l'ovule reste pendant six à douze jours dans l'oviducte (ou même dans la matrice) en étant encore susceptible de fécondation, on n'aura pas de peine à comprendre que l'époque de la non-conception dont on a tant parlé chez la femme est relativement très courte; elle embrasse tout au plus un espace de huit à douze jours et vient se placer presque tout juste entre deux périodes de menstruation. Du reste ici encore il n'y a rien de tout-à-fait fixe et le calcul ne saurait être qu'approximatif, puisqu'il est possible que, dans certains cas, l'élimination de l'ovule ait lieu indépendamment de la menstruation, ou que la substance germinale conserve sa faculté fécondatrice plus longtemps qu'à l'ordinaire. Ce qui est certain tout au moins et s'accorde aussi bien avec les données physiologiques qu'avec de nombreuses observations, c'est que la grossesse se produit plus facilement pendant les quelques jours qui précèdent ou qui suivent immédiatement le temps des règles.

Les deux substances germinales, une fois mises ainsi en contact, ne se contentent pas de s'unir amoureusement; un contact purement extérieur ne leur suffit pas, comme on l'avait cru jusqu'ici. Avec une énergie tout-à-fait louable dans des êtres si petits, les spermatozoaires, dont d'ailleurs une portion minime est seule parvenue jusqu'au but, cherchent, en vrais matérialistes, à pénétrer rapidement dans l'interieur de l'ovule. Cela leur est facilité en général par le micropyle, orifice d'une petitesse extrême, qui se trouve dans la *zona pellucida* ou membrane de l'ovule. La présence de ces mycropyles a été non seulement constatée chez les gros ovules des invertébrés, mais aussi chez ceux de beaucoup de vertébrés inférieurs, et vraisemblablement *tous* les ovules en sont munis. Pflüger et Keber prétendent les avoir trouvés dans l'ovule humain lui-même.

C'est donc par cet orifice — et à son défaut par les canalicules si fins des pores, dont il a déjà été question — que le spermatozoaire, avec des mouvements de vrille et des frétillements, pénètre à travers la membrane dans l'intérieur de l'ovule, où il se dissout et se confond avec la substance vitelline. Dès ce moment le processus de segmentation ou de fractionnement, déjà commencé auparavant, se poursuit avec une énergie et une rapidité infiniment plus grande. L'ovule, fécondé et augmentant incessamment de volume, glisse le long de l'oviducte du côté de la matrice, à la paroi interne de laquelle il se fixe, se revêt de diverses enveloppes accessoires et constitue peu à peu l'embryon ou le foetus. Nous ne nous arrêterons pas plus longtemps à ce phénomène d'évolution ultérieure, étranger d'ailleurs à notre sujet et que nous avons décrit tout au long dans la seconde partie de notre ouvrage: *Sur l'homme et sa place dans la nature.* Ajoutons seulement que l'ovule, s'il n'a pas été fécondé, c'est-à-dire s'il n'a été imprégné par aucun spermatozoaire, s'arrête dans son développement et se dissout aussitôt dans l'intérieur de l'oviducte sans laisser de trace.

Que ce soient bien les spermatozoaires et non le liquide spermatique, qui constituent l'élément vraiment fécondateur du sperme, c'est là un fait qui ne souffre plus le moindre doute; il a été dûment établi par des expériences nombreuses de fécondation artificielle, très-faciles à pratiquer sur les animaux inférieurs, par exemple, sur les poissons, et que le professeur Bischoff a même réussi à faire sur des lapins et des chiens. Dans toutes ces expériences, le sperme filtré, c'est-à-dire privé artificiellement de son élément fécondateur, restait absolument sans effet, et seuls les spermes contenant en quantité suffisante des spermatozoaires bien constitués, vivants, mobiles et non atrophiés donnaient des résultats satisfaisants.[54]) Là où ces conditions faisaient défaut, il n'y avait pas de fécondation. Ainsi s'expliquerait facilement la stérilité des hybrides ou des métis des diverses espèces animales, aussi bien que des races humaines, qui ne se reproduisent que difficilement, parce que leur sperme ne contient point de spermatozoaires ou en contient d'atrophiés, de mal constitués. C'est à cette cause que serait aussi liée ordinairement l'atrophie des organes de la reproduction; c'est encore de la même manière, que s'expliquerait l'incapacité génératrice durant l'enfance, les spermatozoaires doués de motilité n'apparaissant qu'avec la puberté. Même explication encore pour la stérilité des gens âgés ou épuisés par les excès, dont le sperme ou *ne* contient *pas du tout* de spermatozoaires ou en contient d'atrophiés ou de mal développés. L'abus fréquent des rapports sexuels rend le sperme pauvre en spermatozoaires bien développés et diminue par conséquent la force reproductive des gens qui s'y abandonnent. Comme l'affaiblissement du système nerveux et du cerveau allant parfois jusqu'à l'imbécilité se trouve fréquemment liée à des excès de ce genre, on s'explique que les anciens, frappés de ces exemples, aient considéré le sperme comme le produit direct du cerveau. Déjà Hippocrate, le Nestor des médecins (400 ans avant J. Chr.) enseignait, que le sperme arrivait du cerveau et descendait vers les testicules par des canalicules placés derrière les oreilles, et le philosophe Platon touchait de plus près à la vérité, en faisant provenir le sperme de la moëlle épinière. En réalité le sperme, qui se forme au sein des éléments les plus simples des tissus, n'a rien à faire directement ni avec la substance nerveuse, ni avec le cerveau, ni avec la moëlle épinière; aussi l'influence pernicieuse exercée sur la constitution par les excès sexuels n'a-t-elle point sa cause dans la destruction de quelque substance particulièrement précieuse, mais bien dans l'excitation aussi fréquente que vive du cerveau et de la moëlle épinière, liée à l'abus des plaisirs sexuels et à la vie désordonnée, qui en est l'accompagnement nécessaire. De même le sperme des gens adonnés à l'alcoolisme ou affligés de quelque maladie constitutionnelle, ne contient en général que des spermatozoaires imparfaitement développés, ce qui explique les conditions pathologiques de leur posterité.

C'est entre 1840 et 1843 que l'imprégnation de l'ovule par les spermatozoaires fut pour la première fois constatée par l'Anglais Barry. D'autres naturalistes, particulièrement Th. Bischoff, avaient, il est vrai, observé plus d'une fois auparavant dans l'oviducte des mammifères des ovules innombrables, dont la membrane était littéralement assiégée par une masse de spermatozoaires; mais ils n'avaient jamais vu ces derniers pénétrer à travers la membrane dans l'intérieur de l'ovule. Révoquée en doute au moment de son apparition, la découverte de Barry est aujourd'hui généralement admise dans la science et pleinement confirmée par le témoignage des observateurs, qui ont suivi (Newport, Keber, Bischoff, Leuckart et autres). C'est désormais un fait acquis, que l'évolution ultérieure de l'ovule dépend de son imprégnation par les spermatozoaires; que par conséquent le facteur le plus important, le plus essentiel de la fécondation est *le contact, la fusion, l'imprégnation réciproques des deux substances germinatives.*

Grâce à ces découvertes et à ces observations, les phénomènes de la fécondation sont à jamais sortis du brouillard mystique du passé, pour apparaître au grand jour de la science. On les tient aujourd'hui pour ce qu'ils sont réellement, pour un acte purement mécanique, matériel, n'ayant rien à voir avec toutes les belles choses, par exemple, l'amour réciproque, les sympathies morales, l'harmonie des âmes etc., que l'on considérait autrefois comme absolument nécessaires pour un rapprochement fécond. *Quand même* le professeur Bischoff et quelques autres savants, qui l'ont précédé (Spallanzani par exemple), n'auraient point réussi à féconder artificiellement des chiens et des lapins par l'injection du sperme dilué — expérience qui du reste a été tentée aussi avec succès sur la femme, par les médecins anglais Hunter et Sims, la première fois à l'occasion d'une union restée stérile pour cas d'hypospadias — les cas si fréquents de grossesse imposée soit par le viol, soit à l'aide du chloroforme, soit par tout autre moyen qui rend la femme le plus souvent inconsciente, enfin la fécondité de tant d'unions en dépit de l'antipathie mutuelle des conjoints prouvent surabondamment que la fécondation *en elle même* est absolument indépendante de tout autre facteur que les facteurs mécaniques et matériels. Nous n'entendons pas dire par là que l'amour réciproque, les affinités intellectuelles, l'harmonie des caractères chez les parents n'exercent pas une grande influence sur les qualités du rejeton. Tout au contraire, nous penchons à croire, en nous basant sur de nombreuses observations, que même l'entraînement du moment, la disposition morale ou physique dans laquelle on se trouve durant l'acte de l'accouplement, ne laisse pas que d'influencer le résultat de cet acte. Telle est du moins l'opinion du grand Shakespeare, qui dans le roi Lear met dans la bouche du bâtard Edmond le reproche suivant adressé à son frère, savoir, qu'il a été engendré dans le morne lit nuptial „entre le sommeil et la veille" tandis que lui doit le jour à l'ardent élan de l'amour, à l'orage brûlant de la passion. Mais tout cela n'infirme en rien le caractère purement mécanique et matériel du phénomène physiologique de la fécondation; aucun doute n'est permis là-dessus, puisque dans toutes les circonstances la rencontre dans des conditions normales de deux substances germinales, saines, douées de force vitale, aboutit toujours au même résultat et que, ces conditions faisant défaut, le résultat manque, quelles que soient d'ailleurs les sympathies morales, l'harmonie des âmes et autres choses semblables!

La seule exception à cette loi nous serait présentée par le célèbre cas de l'immaculée conception. Mais ici la science se déclare incompétente, et le lecteur n'a qu'à s'adresser, si bon lui semble, aux théologiens, dont ce cas relève uniquement.[55]).

On pourrait encore se demander si *plusieurs*

spermatozoaires sont nécessaires à la fécondation, ou si un seul y suffit. La plupart des physiologistes penchent pour l'opinion, que, chez l'homme et chez le mammifère en général, un seul spermatozoaire suffit à la fécondation, tandis que les recherches de Darwin sur les plantes et les animaux inférieurs (La variations des plantes et des animaux, II, p. 478 et suivantes) lui ont prouvé qu'un certain nombre de spermatozoaires prennent part à la fécondation, et qu'en particulier la rapidité de la segmentation ou du fractionnement du vitellus dans l'ovule est déterminée en partie par cette circonstance. On a aussi avancé, que le sexe futur de l'embryon, ainsi que la prépondérance plus ou moins accusée de l'influence exercée sur lui par l'élément paternel, dépendraient de la quantité plus ou moins considérable des spermatozoaires incorporés à l'ovule. Cette question reste encore ouverte; mais dans tous les cas il n'est pas douteux que l'énergie vitale *du spermatozoaire* ou *des spermatozoaires,* qui ont réussi à pénétrer dans l'ovule, a un rapport bien plus intime et plus étroit avec la prépondérance de l'élément paternel dans l'évolution du futur rejeton, ainsi qu'avec le sexe de ce dernier.[56]) Il semble tout aussi certain, que l'incorporation des spermatozoaires à l'ovule n'est point, comme on pourrait le croire au premier abord, un acte inspiré par une „clairvoyance inconsciente" ou par la force mystérieuse de l'attraction; ce serait surtout le résultat presque inévitable et accidentel de l'accumulation d'une grande quantité de spermatozoaires dans les organes générateurs femelles, ainsi que de l'étroitesse du conduit. Aucune tendance innée ne pousse les spermatozoaires à s'élancer au devant de l'ovule, ni à chercher à s'incorporer à lui; nous le voyons par le fait qu'une grande partie du sperme mis en oeuvre, loin d'atteindre son but, se perd sans profit et aussi parce qu'il existe des animaux, pourvus de spermatozoaires *non mobiles*, chez lesquels l'imprégnation de l'ovule ne saurait être par conséquent un acte actif, mais seulement le résultat de forces extérieures.

De même chez les plantes la rencontre des deux substances mâle et femelle est plus ou moins un fait accidentel, abandonné à la merci du vent ou des insectes. La nature par la quantité énorme de pollen ou de substance germinale, qu'elle produit, a pourvu à ce que son but fut atteint.

Du reste toutes ces questions n'ont qu'une importance fort secondaire pour le sujet qui nous occupe. Le point essentiel, c'est de nous bien pénétrer de la nature toute matérielle du phénomène de la fécondation. Outre son importance capitale au point de vue de la physiologie, l'acquisition de notions exactes a aussi une portée philosophique incalculable. Aussi longtemps que ces connaissances firent défaut, aussi longtemps qu'on s'en tint à l'idée que la fécondation pouvait avoir lieu sans contact matériel, pour ainsi dire de loin ou au moyen de la fameuse vapeur séminale, le domaine de la génération et de l'hérédité restait livré à toute espèce d'hypothèses spiritualistes, entre autres à celle prétendant que la transmission des qualités morales aussi bien que des qualités physiques des parents à l'enfant pouvaient s'effectuer d'une manière non matérielle. Ces théories sont mises à néant aujourd'hui que nous savons de source certaine, que chacun des deux générateurs (le père en particulier) apporte au nouvel être en voie d'élaboration, une certaine quote-part matérielle, déterminée, quote-part, qui par sa nature matérielle, sa composition intime et le mode de mouvement, qui lui est propre, a la propriété d'imprimer au rejeton l'empreinte de la personnalité du parent.

Mais, pourrait-on nous demander, *comment* expliquer ce phénomène, et quelle conclusion, touchant l'origine première de notre être intellectuel aussi bien que de notre être physique, peut-on y rattacher?

Pour ce qui touche la première de ces questions, c'est-à-dire la transmission des qualités du parent au rejeton, nous ne saurions y répondre mieux que ne l'a fait Virchow dans l'introduction de son travail sur „la femme et la cellule“, dont il a été question au commencement de cette partie de notre ouvrage. C'est par un mouvement continu et homogène, par une impulsion, se communiquant des générateurs aux rejetons, au moyen des deux substances germinales, ou par la force merveilleuse inhérente à la cellule ainsi qu'à la série héréditaire des cellules, qu'il explique cette transmission. D'abord — continue Virchow en développant son idée — ce mouvement se transmet de l'organisme du parent à la substance germinative, qu'il élabore, pour se communiquer par le moyen de celle-ci à l'être nouveau et y reproduire l'image et le mode du mouvement du premier organisme. A son tour ce mode particulier de mouvement ne s'éteint qu'avec la vie de cet être, après avoir été transmis avec certaines modifications, déterminées par l'influence du milieu extérieur ou par les changements des conditions de la vie, à la postérité. Tout naturellement, comme ce mouvement ne provient pas d'un, mais de deux êtres fournissant la substance germinatrice, il représente le mélange plus ou moins égal du caractère des deux générateurs ou constitue en quelque sorte, comme le dit Haeckel (La périgénèse des plastidules, 1876) „la diagonale entre le mouvement vital maternel et le mouvement vital paternel". Disons plus simplement, que la vie de la cellule ovulaire fécondée, qui doit constituer l'être futur, est le produit moyen du mouvement vital du père, mouvement contenu dans la cellule spermatique, et du mouvement vital maternel renfermé dans la cellule ovulaire, mouvements qui ici s'unissent et se confondent en un seul.

Envisagées de cette manière, les deux substances germinatives, décrites dans les pages précédentes, s'éclairent d'un jour tout nouveau. Ces deux substances, quelques microscopiques, élémentaires et insignifiantes qu'elles nous semblent, constituent l'unique moyen matériel (tout au moins pour le père, car pour la mère elles ne sont que le principal), par lequel s'opèrent ces transmissions aussi merveilleuses qu'infinies, d'individu à individu, d'espèce à espèce, de race à race, qui forment dans leur ensemble le phénomène bien connu de l'hérédité. Cette force de l'hérédité est immense; elle s'étend non seulement aux rapports du parent et de l'enfant, mais encore à ceux du petit-fils et du grand père ou de l'aïeul et se fait sentir jusque dans les branches collatérales. C'est ainsi que des dispositions pathologiques de toute espèce et autres particularités, telles, par exemple, que la ressemblance des traits du visage, complètement éteintes dans la ligne descendante directe, reparaissent subitement chez les enfants du frère ou de la soeur, ou dans des branches collatérales encore plus éloignées. On a de même observé que parfois chez les animaux des particularités, qui avaient servi de traits caractéristiques aux ancêtres primitifs, telles, par exemple, que certaines nuances, des raies ou des organes rudimentaires, particularités, qui depuis des milliers de générations avaient disparu dans l'espèce, apparaissaient occasionnellement chez des individus isolés. L'homme lui-même ne fait point exception à la règle, puisqu'on retrouve parfois aussi chez lui des survivances ataviques du même genre (par exemple les glandes lactifères surnuméraires, les muscles de la conque auditive etc.), et qu'il porte dans son organisme certains vestiges d'un état d'animalité, vieux de plusieurs centaines de milliers d'années, mais dont néanmoins il récapitule les phases dans son évolution embryonnaire.

Le mode de mouvement imprimé aux substances germinatives par le mouvement vital des parents est si intensif, qu'il peut même se communiquer, comme par contagion, uniquement par suite d'nn contact temporaire, à un organisme étranger, qui n'est point issu de ces substances. C'est ainsi qu'on a fait la curieuse remarque, que les enfants d'une mère, ayant eu des relations fécondes avec plusieurs générateurs, présentaient généralement quelques particularités du premier d'entre eux. Ainsi une jument, saillie, la première fois, par un âne et ayant procréé un mulet, ne pourra plus, accouplée plus tard avec des étalons, mettre bas des poulains pur sang; sa progéniture présentera toujours certaines particularités du premier générateur, aura pour ainsi dire quelque chose de l'âne. Aussi doit-on avoir grand soin dans l'élevage d'empêcher les femelles de noble race de s'accoupler à des mâles de race inférieure, car elles ne pourraient plus servir à reproduire une race pure, même en étant accouplées plus tard à des mâles de race supérieure. De même la négresse, qui a eu, la première fois, un enfant d'un blanc (un mulâtre) mettra au monde plus tard dans de nouvelles unions avec des blancs des enfants s'approchant de plus en plus du type caucasique et ne procréera plus jamais, si elle a des relations avec les hommes de sa race, des enfants tout-à-fait noirs; ils seront de couleur *brune*. Celui qui épouse une veuve ou une femme divorcée, doit donc prendre en considération non seulement la femme elle-même, mais aussi son premier mari; car il ne doit pas perdre de vue la possibilité de voir reproduites chez ses enfants par hérédité certaines particularités de ce premier mari, peut-être des germes de maladies — à condition bien entendu que le premier mariage ait été fécond.

Mais en faisant même abstraction de ces cas extrêmes ainsi que du phénomène de l'atavisme ou de la ressemblance accidentelle avec des ancêtres éloignés, le fait de l'hérédité directe des parents à l'enfant, surtout du père au fils ou à la fille, n'est-il pas assez frappant et caractéristique par lui-même? Ce n'est pas seulement, comme on le sait, le caractère général de l'espèce, qui se transmet ainsi par reproduction, en sorte — pour exprimer notre pensée d'une manière plus palpable —

que l'homme reproduit toujours un homme, l'animal un animal, la plante une plante; les particularités physiques et intellectuelles les plus intimes, telles que la taille, les traits du visage, la force ou la santé, la constitution, une tendance à une vie longue ou courte, le caractère, les penchants, les habitudes, le talent, les aptitudes, le tempérament, l'intelligence ou la sottise etc. etc., enfin les maladies corporelles et psychiques, ainsi que les tendances pathologiques de toute espèce se transmettent aussi des parents à l'enfant. On sait encore que la folie spécialement a une tendance à se transmettre par voie d'hérédité et que la moitié à peu près des aliénés de nos asiles doivent leur mal à une disposition héréditaire. Le vice et la vertu eux-mêmes, c'est-à-dire le penchant au crime ou au bien, se transmettent par hérédité. Ce ne sont pas d'ailleurs seulement les particularités *innées*, mais bien aussi les particularités *acquises* durant la vie, les talents et les caractères spéciaux, qui passent des parents à l'enfant. Il n'y a pas jusqu'aux mutilations accidentelles, telles, par exemple, que la perte d'une corne ou de la queue, chez les vaches et les taureaux, les mutilations de l'oreille, chez le chien, celle des ailes, chez les canards, qui ne se puissent transmettre par l'hérédité. Des observations nombreuses, des faits incontestables tendraient même à faire admettre, que les dispositions *du moment*, un état d'excitation etc. peuvent se refléter dans le mouvement vital du germe, de manière à imprimer à jamais une direction donnée au caractère de l'être engendré en ce moment! Le nombre des exemples à l'appui de ce qui précède ainsi que des citations au sujet de la puissance de l'hérédité — est légion. Nous renvoyons le lecteur curieux de plus amples détails à notre travail sur „La puissance de l'hérédité", publié en Juin et Juillet 1881 dans la „Revue mensuelle illustrée" de Westermann *), ainsi qu'a l'article „Héritage physiologique" dans „Science et Nature". (Paris, G. Baillière.) Du reste il est inutile de chercher bien loin des exemples de ce genre, chacun de nous pouvant trouver dans sa propre vie et dans l'expérience de tous les jours des preuves suffisantes de la puissance étonnante de l'hérédité physique et intellectuelle, se transmettant des parents à l'enfant.

Quand on considère ces choses, quand on songe que du père à l'enfant il n'y a pas d'autre moyen matériel de transmission que le sperme et l'élément fécondateur, qu'il contient et qui par son infimité échappe à l'oeil nu — la mère a plus d'un moyen de transmission à sa disposition, quoique ici encore le plus efficace, le plus essentiel de tous, semble être la cellule germinative, — quand ensuite on

*) Ce travail a paru depuis en brochure sans une forme plus étendue, dans la série des écrits darwiniens publiés par E. Guenther à Leipzig.

examine ces deux substances elles-mêmes, on est frappé d'étonnement et d'admiration par la délicatesse extrême de la matière organique, par son mode de constitution moléculaire, ainsi que par la grandeur des effets obtenus par des moyens si infimes. Si, sous le microscope, le spermatozoaire d'un homme nous apparaît exactement semblable à celui d'un autre homme, tandis qu'en poursuivant la série de chaque espèce animale, on constate des divergences, fussent-elles insignifiantes, de forme et de grandeur, c'est à l'imperfection de nos moyens d'observation, à la grossière insuffisance des instruments d'investigation fournis par nos sens, que nous devons attribuer cette impossibilité de saisir la différence profonde du mouvement vital, inhérent à la substance germinale de chaque être.

Aussi les savants, qui, dans le cours de leurs recherches, ont été conduits à l'étude plus intime de ces rapports, n'ont-ils pu, eux aussi, se défendre d'une vive admiration en face de ce phénomène extraordinaire de l'hérédité et ont consigné leurs impressions dans plus d'un passage de leurs écrits.

Voici ce que dit Darwin dans la conclusion d'un chapitre sur l'hérédité et la régression (Les variations des Animaux et des Plantes. Paris, Reinwald):

„Le germe fécondé d'un animal supérieur, soumis comme il l'est à une immense suite de changements, depuis la vésicule germinative jusqu'à la vieillesse, — incessamment ballotté dans ce que Quatrefages appelle si bien le *tourbillon vital,* est peut-être l'objet le plus étonnant de la nature. Il est probable qu'aucun changement, quel qu'il soit, ne peut affecter l'un ou l'autre parent, sans laisser de traces sur le germe. Mais ce dernier, selon la doctrine du retour, telle que nous venons de la donner, devient plus remarquable encore, car, outre les changements visibles auxquels il est soumis, il faut admettre qu'il est imprégné de caractères invisibles, propres aux deux sexes, aux deux côtés du corps, et à une lonque lignée d'ancêtres mâles et femelles séparés de nous par des milliers de générations; caractères, qui, comme ceux qu'on trace sur le papier avec une encre sympathique, sont toujours prêts à être évoqués, sous l'influence de certaines conditions connues ou inconnues."

Haeckel s'exprime avec plus d'enthousiasme encore et non moins de vérité, quand il dit, ayant en vue d'ailleurs l'hérédité directe du côté des parents, et non point l'hérédité généalogique, mise en relief par Darwin.

„Nous restons muets, saisis d'admiration en face de cette délicatesse, insaisissable pour nous, de la matière organique. Nous restons stupéfaits en face de ce fait incontestable, qu'une simple cellule ovulaire de la mère, qu'un seul spermatozoaire du père suffisent à transmettre à l'enfant le mouvement vital des deux individus, et si complètement que par la suite on voit le rejeton reproduire jusqu'aux propriétés physiques et intellectuelles les plus intimes des deux parents."

Le même auteur s'exprime de la manière suivante dans sa „Morphologie générale des organismes".

„Ces faits nous donnent une idée de la délicatesse infinie de la matière organique, ainsi que de la complexité inouïe du mouvement moléculaire, dont elle est le siège; *mais ni la puissance d'observation de nos sens, ni la puissance de conception de notre intelligence ne sont aujourd'hui en état de s'élever à leur complète et juste appréciation.*"

Encore bien avant Darwin et Haeckel, ces phénomènes merveilleux avaient frappé l'imagination de certains écrivains. Ainsi le célèbre Montaigne (1533—92), à propos d'un fait d'atavisme humain, peu vraisemblable d'ailleurs, rapporté par Plutarque, laisse échapper ces mots: „Quel monstre est ce que ceste goutte de semence, dequoy nous sommes produits, porte en soy les impressions, non de la forme corporelle seulement, mais des pensements et des inclinations de nos pères? Ceste goutte d'eau, où loge elle ce nombre infini de formes? et comme portent elles ces ressemblances d'un progrès si téméraire et si desréglé que l'arrière fils respondra à son bisayeul, le nepveu à l'oncle."

Mais notre étonnement sinon notre admiration

en face de ces phénomènes, aussi intéressants qu'étranges, diminue un peu, lorsque nous songeons qu'il existe dans la nature une quantité innombrable de faits du même genre. Tous, ils démontrent à l'envi, que la délicatesse, la ténuité extrême de la matière, son mode de constitution intime ou atomique et son mode de mouvement présentent à notre esprit quelque chose d'aussi vaste, d'aussi infini, que l'immensité sans bornes des espaces célestes. Les objets les plus infimes, que nous parvenons à peine à discerner à l'aide des plus puissants microscopes, nous paraîtraient d'une grosseur démesurée en comparaison du volume infiniment moindre des objets restant encore aujourd'hui *en dehors* des limites extrêmes de l'investigation microscopique. Ceci s'accorde parfaitement avec les résultats atteints par la méditation philosophique; celle-ci nous enseigne, que l'idée de l'espace aussi bien que celle du temps n'est qu'une illusion inévitable de notre moi et n'a point d'existence en dehors de notre nature finie; que le monde en lui-même est à la fois infiniment petit et infiniment grand. La notion de l'infiniment petit est d'ailleurs tout aussi inaccessible à notre intelligence que celle de l'infiniment grand, et néanmoins nous ne saurions éviter l'hypothèse de la réalité de l'infini aussi bien dans le sens de la grandeur que dans celui de la petitesse. Nous reconnaissons par là, dit Secchi (Unité des forces naturelles), qu'il ne nous sera jamais possible de déterminer les dimensions dernières des particules de la matière, notre intelligence se trouvant enfermée entre deux infinis, celui de l'immensité des espaces célestes, d'une part, et celui de la petitesse de la structure moléculaire, de l'autre; ces deux infinis étant parfaitement comparables aussi bien par la position relative des corps que par leur mouvement. Donnons quelques exemples à l'appui de ces considérations.

Une goutte de sang contient, on le sait, cinq millions de corpuscules sanguins ou de globules de sang, nettement visibles seulement sous le grossissement d'un puissant microscope. Pourtant ces globules paraissent encore gigantesques sous le microscope, comparativement aux *vibrions* ou *bactéries,* organismes microscopiques, tout-à-fait infinitésimaux, qui apparaissent dans le champ de la vision comme des amas de petits points ou de traits papillottants, à peine perceptibles et dont il faut des milliers de millions, selon l'évaluation du professeur Cohn, pour arriver au volume d'une ligne cubique ou des centaines de milliards pour atteindre au poids d'un gramme. Et les *micrococcus* (noyau cellulaire, noyau de la levûre) dont selon le professeur Hallier il faut plus de cent millions pour remplir l'espace d'une ligne cubique! *Pourtant ces corpuscules, quelques extraordinairement petits quils soient, sont encore perceptible à l'oeil* *armé du microscope.* Mais, quand l'analyse spectrale, nouvellement découverte, sera en état de nous révéler l'existence *du tiers d'un millionième de gramme* d'une substance quelconque, du sel de cuisine, par exemple, dans l'air d'une chambre ces fractions resteront en dehors des limites de notre perception directe, lors même que nos microscopes seraient encore considérablement perfectionnés. Que l'on songe aussi à l'énergie aromatique de certaine substances, dont la présence est trahie à des milles de distance par l'odeur pénétrante qu'elles exhalent, sans qu'on puisse constater aucune diminution essentielle dans leur volume. Un liquide contenant deux mille millionièmes de son poids d'extrait de musc, dissous dans l'alcool, ou représentant par conséquent une demi-millionième de milligramme d'extrait dilué, *sent encore le musc,* c'est-à-dire qu'il exhale constamment une grande quantité de particules infinitésimales de musc, lesquelles, au contact du nerf olfactif, sont encore en état d'exercer sur celui-ci une excitation mécanique très prononcée *). Ou bien que l'on songe à l'action meurtrière de la *contagion,* c'est-à-dire des miasmes propres à certaines maladies, miasmes, qui échappent à toute investigation et qui pourtant, transportés d'un pays à l'autre à la dose la plus minime, dans

*) Dans les appartements de l'impératrice Joséphine à Trianon, l'odeur du musc était encore sensible après un laps de *quarante années.*

le pli d'une lettre, dans un souffle d'air, et tombant sur un terrain propice, excercent au bout d'un certain temps leur effet destructeur sur l'organisme. — Si l'on dissout du cuivre dans de l'acide nitrique, et si l'on verse quelques gouttes de cette solution dans un litre d'eau, en y ajoutant quelques gouttes d'amoniaque, le liquide prend une coloration bleue très-prononcée, qui ne peut être produite que parce que chaque particule d'eau contient une fraction de cuivre, subdivisée et diluée à l'infini.

Mais tous ces corpuscules ou particules de la matière, quelques minimes qu'ils puissent être, sont encore, rappelons-le, d'un volume fort considérable en comparaison des molécules, des atomes, particules infinitésimales, dont, selon la science, la matière est constituée et dont les propriétés, les attractions et les répulsions expliquent les divers états de cette dernière. Entre ces atomes et les corps mécaniques infiniment petits, dont nous venons de parler, vient se placer toute une série infinie de corps de plus en plus petits, dont nous ne saurions nous faire la moindre idée, puisqu'ils échappent complètement à notre rayon visuel. Ce grain de sel microscopique, dont nous parvenons à peine à discerner le goût en le plaçant sur notre langue, contiendrait, selon le professeur Valentin, des milliards de groupes d'atomes, à jamais imperceptibles à l'oeil, et la plus petite cellule microscopique, que nous puissions percevoir, est encore un tout constitué par des molécules et des atomes innombrables. Le professeur Perty (La Nature, Leipzig 1869) à publié des calculs, d'après lesquels une ligne cube de substance organique contiendrait près de 240,000 billions de corps élémentaires ou atomes. Mais voici des calculs nouveaux des savants anglais et allemands sur la constitution moléculaire *des gaz*, les plus légers des corps, que nous connaissions, calculs qui dépassent de beaucoup ceux du professeur Perty. Dans son travail sur la théorie kinétique des gaz, le docteur O. E. Meyer arrive à établir, qu'un centimètre cube de gaz ne contient pas moins de 21 trillions de molécules (groupes d'atomes ou systèmes d'atomes), dont les distances rélatives comportent la troismillionième ou quatre millionième partie d'un millimètre. Il dit ensuite que 140 trillions de molécules d'hydrogène pur pèsent un milligramme et que 900 trillions d'atomes d'oxygène pèsent un gramme. A son tour le professeur Kundt de Strasbourg arrive par le calcul à dire, qu'un dé à coudre, plein de gaz ou d'air, contient six trillions de molécules et cherche à nous donner l'idée de cet énorme chiffre par l'analogie suivante. Il suppose une imprimerie publiant chaque jour un volume d'un dictionnaire renfermant trois millions de lettres, et il pense que le travail de cette imprimerie devrait se prolonger pendant 64,000 ans pour imprimer autant de lettres qu'il y a de molécules dans un dé à coudre, rempli d'air. Quant à la vitesse avec laquelle ces molécules s'attirent mutuellement, on l'a calculée pour le plus léger des gaz, l'hydrogène: elle serait de 1698 mètres par seconde; les gaz plus lourds se meuvent plus lentement, parcourant peut-être mille ou cinq cents mètres par seconde. Crookes, physicien anglais plein de génie, est parvenu, au moyen de procédés physiques et chimiques, à dilater des gaz en vases clos jusqu'à une pression atmosphérique d'un vingtième de millionième et à provoquer par là les phénomènes étranges de la „matière radiante". Ce phénomène prouve jusqu'à l'évidence combien est grossière l'erreur, qui nous fait admettre l'existence d'un *vacuum* ou d'un espace vide d'air, produit par dilatation. Tout au contraire (voir dans le Journal „Nature" 1880, Nr. 17 et 18, les articles du docteur Kalischer), si dans une sphère de 13 à 14 centimètres de diamètre, contenant, d'après des autorités incontestables, un *quatrillion* de molécules gazeuses, on faisait le vide jusqu'au millionième, il resterait toujours dans la sphère un trillion de molécules d'air. Si on pratiquait (toujours selon le même auteur) dans cette sphère vidée un trou d'une extrême finesse, par lequel pénétreraient cent millions de molécules gazeuses par seconde, il faudrait près de quatre cent millions d'années pour que les anciennes conditions atmosphériques de la sphère se reconstituassent, c'est-à-dire pour qu'elle regagnât son quatrillion de molécules gazeuses. En général par suite de sa constitution moléculaire ou atomique, la matière est susceptible d'une dilatation indéfinie. On le voit par les évaluations touchant l'extrême ténuité de l'éther, qui remplit les espaces célestes, aussi bien que les plus petites cavités des corps et qui échappe absolument à toute pesée, on le voit aussi par les calculs scientifiques sur l'état nébuleux, par lequel a débuté notre système solaire, état dont la densité n'aurait été que la cinq cent cinquante trois millionième partie de la densité de notre air atmosphérique et durant lequel, selon Helmholtz, un seul gramme de substance terrestre actuellement solidifiée suffisait à remplir plusieurs billions de milles cubes de l'espace céleste!

Nous sommes encore plus frappés d'étonnement, quand, des particules infinitésimales de la matière, nous tournons notre attention vers les forces actives, qui se manifestent dans et par ces particules.

Quand, par exemple, nous télégraphions l'Europe en Amérique, l'électricité parcourt cet espace de trois à quatre mille milles anglais en un laps de temps oscillant entre quelques secondes et quelques minutes. Pour obtenir ce résultat il faut que chaque atome ou molécule du fil métallique, reliant les deux continents exécute une légère vibration, en recevant une impulsion, qui lui est communiquée par l'atome voisin et qu'il transmet à son tour à l'atome suivant; or, il se produit des milliards et des milliards de vibrations de ce genre dans l'espace d'un instant. [57])

Sous la forme de l'éclair, l'électricité fait fondre des fils de fer d'une à deux lignes d'épaisseur, et cela dans une espace de temps que l'on évalue à une minime fraction de seconde; il est néanmoins sûr que durant cet instant si rapide, le fil parcourt toutes les gradations de température possibles depuis sa température initiale jusqu'au degré de fusion inclusivement, phénomène qu'aucune imagination humaine ne saurait se représenter. Pourtant durant ce moment fugitif où s'est allumé l'éclair ou l'étincelle électrique, notre oeil a eu le temps de percevoir une lumière, de distinguer des objets, voire même des couleurs, et pour cela il a dû nécessairement subir des billions de vibrations de l'éther. On sait que les rayons lumineux perçus par notre oeil sont produits par au moins 450 billions de vibrations exécutées en une seconde par les particules les plus infinitésimales de l'éther; dans la lumière violette, ce chiffre, déjà énorme, s'élève jusqu'à 700—800 billions et il atteint des proportions plus gigantesques encore dans *l'action chimique*. En dépit de cette rapidité, la largeur de l'onde de l'éther provoquée par les vibrations, est si minime, que l'on compte jusqu'à 40—70,000 de ces vibrations par pouce. Peut-être, comme

Secchi, pencherait à le croire, les dernières particules de la matière ne sont-elles que les points centraux des mouvements tourbillonnants de l'éther, points d'une petitesse si infime, qu'il doit s'en trouver des millions le long d'une seule onde lumineuse. La rapidité avec laquelle les atomes gazeux tourbillonnent les uns autour des autres est vertigineuse, et on a pu se convaincre, en observant les courants de gaz traversant des tubes étroits, que chaque atome recevait de ceux qui venaient le heurter au moins 5000 millions de chocs par seconde.

Ces exemples pourraient être multipliés à l'infini mais sans aucune utilité. L'hypothèse de la *force et de la matière,* ou pour nous expliquer plus clairement, l'hypothèse de la *matière en mouvement* une fois admise, plus rien n'est obscur, plus rien n'est impossible et en face de faits aussi concluants que ceux que nous venons de citer, il ne reste plus l'ombre d'une raison scientifique pour contester à ces infimes spermatozoaires, si insignifiants en apparence, leur merveilleuse faculté d'hérédité et de transmission. On se sent tout disposé à adopter l'idée générale émise par Darwin dans la conclusion de son exposé de la théorie de la *Pangénèse* et qu'il formule de la manière suivante: „Chaque être vivant doit être considéré comme un microcosme ou comme un petit univers, constitué par une quantité d'organismes qui se reproduisent, organismes infiniment petits et aussi innombrables que les étoiles du ciel.“

Ceux qui ne veulent point admettre cette vérité et se refusent à reconnaître, qu'un corpuscule aussi minime puisse, uniquement en vertu de sa constitution intime et du mouvement vital qui en est le résultat, produire des effets aussi prodigieux, ceux-là doivent évidement être rangés parmi les *spiritualistes* en physiologie et en philosophie. Car seuls les spiritualistes reconnaissent dans l'homme l'existence d'un principe spirituel spécial, personnel, plus ou moins indépendant de le matière, principe unique, indivisible et immortel. Tout naturellement ce principe spirituel n'a absolument rien à démêler avec les lois mécaniques, régissant le monde — il a ses lois à lui. Mais il ne faut pas un grand effort de réflexion pour voir que cette hypothèse est en contradiction flagrante avec tous les faits, que nous venons de citer et que le spiritualisme est absolument impuissant à fournir une réponse satisfaisante à des questions dans le genre de celle-ci.

Comment se fait-il que ce principe spirituel, unique, indivisible, existant par lui-même, se compose néanmoins de deux principes tout-à-fait différents, d'un principe mâle et d'un principe femelle? Comment se fait-il aussi que ce principe spirituel ne se constitue qu'au moyen de substances génératrices bien matérielles, bien déterminées, au moyen de leur contact direct et de leur imprégnation mutuelle?

Le spiritualisme est encore moins en état de résoudre la question suivante, dont l'importance est pourtant capitale: quand, où et comment ce principe spirituel, si hypothétique, s'unit-il au corps de l'embryon en voie de se constituer? ou en d'autres termes, quel est le moment précis où l'âme pénètre dans l'embryon?

Ce dernier point, un des plus anciens de la question, a été, on le sait, le sujet de débats aussi fastidieux qu'interminables, surtout à cause de son importance *juridique*, l'idée de criminalité à l'égard de l'embryon n'étant reconnue, que du moment où celui-ci était considéré comme un être doué d'âme.

Les anciens, les Grecs et les Romains et bien avant eux les Hindous, les Egyptiens, plus tard les Arabes, les Germains et les Slaves étaient, sous ce rapport, plus près de la vérité que nous. Selon eux, l'âme entrait dans le corps de l'enfant après sa naissance, avec la première inspiration, et d'après cette idée, ils n'édictaient aucune peine contre l'avortement. C'est seulement 200 ans après J. Chr., sous l'influence du christianisme que cet acte fut réputé criminel, l'embryon étant considéré comme un être immortel, condamné, s'il n'était racheté par le baptême, à la damnation éternelle, pour participation au péché d'Adam. En se basant sur cette doctrine, le code Justinien désignait, assez arbitrairement il est vrai, le quarantième jour après la conception, par conséquent un stade déterminé de la vie embryonnaire, pour le moment précis où l'âme entrait dans l'embryon, tandis qu'à leur tour, les philosophes et les jurisconsultes modernes considèrent la conception, l'origine de la vie et celle de l'âme comme *simultanées*.

Si l'on s'obstin à rattacher cette opinion à la doctrine spiritualiste sur l'existence d'un principe spirituel spécial, personnel, on arrive à de telles absurdités qu'il est même inutile d'ajouter un mot de plus sur ce sujet. Des quantités innombrables d'âmes (toutes prêtes ou à demi-prêtes) disséminées dans le monde entier, devraient donc être là, guettant à toute heure le moment où un animalcule spermatique entrerait dans une cellule germinative femelle. Elles devraient, ces pauvres âmes, assiéger, pour ainsi dire le lit nuptial, le chevet des jeunes mariés et des époux, épiant tout acte d'union amoureuse, légale ou illégale, afin de ne pas laisser passer le moment, où il leur est permis d'entrer en activité et d'élire domicile dans le jeune être en voie d'élaboration. Ce serait bien là une migration d'âmes sur une grande échelle et il nous semble que ces pauvres âmes en seraient souvent réduites à un rôle fort piteux. A combien de périls ne seraient-elles pas exposées! A tout moment elles pourraient être évincées (en cas de mort de l'embryon) de leur logis bien chaud, et si l'enfant allait tourner au monstre ou à l'avorton, quelle triste mésaventure pour son âme!

Nous ne voulons pas fatiquer davantage la patience du lecteur en nous arrêtant sur ces éventualités. Quelle que soit, de toutes ces théories, celle que l'on adopte — soit que l'on fasse concorder le moment où le souffle de l'âme vient animer le germe avec celui de la conception, ou bien avec un stade plus tardif de la vie embryonaire, soit enfin qu'on le place à l'instant précis de la naissance, — l'absurdité du spiritualisme radical en face des phénomènes de la génération, de l'évolution et de l'hérédité n'est pas moins évidente. Il est vraiment impossible pour celui à qui ces phénomènes sont familiers, de prendre au sérieux le point de vue spiritualiste.

Pourtant, même après que ces faits furent solidement établis par la science, le spiritualisme ne put se décider à évacuer le champ de bataille. Tout en ne pouvant nier des faits incontestables, indéniables, il ne savait se résoudre à abandonner l'idée d'une âme humaine, immortelle et spéciale. Ce fut alors que l'on trouva, ou plutôt que l'on inventa, la fameuse substance de l'âme, substance immatérielle et immortelle, il est vrai, mais en outre divisible et transmissible, se dégageant au moment de la génération du corps des générateurs pour constituer le germe ou l'être nouveau, et abandonnant après sa mort le corps de celui-ci pour devenir quoi? peut-être pour s'élancer dans d'autres espaces sidéraux, semblable à l'onde de l'éther lumineux et avec la même rapidité; peut-être aussi pour revenir une autre fois sur la terre afin de s'implanter de nouveau dans le corps de l'homme ou de l'animal.

C'est dans la cité universitaire de Goettingue, que cette sublime théorie vit le jour et elle y fut couvée avec amour par les professeurs Rodolphe Wagner et Hermann Lotze. Grâce à une polémique acharnée, engagée après son apparition entre Rodolphe Wagner et Karl Vogt, cette théorie fit grand bruit dans son temps. Aujourd'hui elle est vouée à l'oubli, quoique pourtant cette idée d'une substance de l'âme perce plus ou moins, sous une forme ou sous une autre, dans la plupart des écrits anti-matérialistes et il y a peu d'années encore elle fut remise sur le tapis dans un écrit polémique de feu le professeur Naumann de Bonn, dirigé contre nous. (Les Sciences naturelles et le Matérialisme. Bonn 1869.*)

Rien n'est plus facile que la critique de cette théorie. Le mot seul „substance de l'âme" est par lui-même une flagrante contradiction. C'est exactement comme si l'on disait un „merle blanc" ou mieux encore une „substance *sans* substance", une

---

*) Voir la réponse de l'auteur dans la préface de la dixième édition allemande de „Force et Matière".

substance sans attributs n'en étant plus une réellement; tout cela ne vaut en somme, ni mieux ni pire que l'ancienne doctrine de l'immatérialité de l'âme. Si nous laissons le mot pour nous occuper de la chose, nous nous heurterons à des impossibilités et à des contradictions non moins considérables et non moins éclatantes que quand il s'agissait de la théorie de l'âme ci-dessus exposée ou des doctrines de l'extrême spiritualisme.

Déjà Karl Vogt (voir „La Foi du charbonnier et la science", 1855) fait observer dans sa polémique scientifique avec Wagner, que le gaspillage de cette substance de l'âme doit atteindre des proportions vraiment formidables, la théorie étant bien forcée d'admettre que chaque ovule et chaque spermatozoaire contiennent chacun une particule de l'âme paternelle ou maternelle. Or, personne n'ignore que quantité d'animaux produisent sans cesse des millions d'oeufs, et que l'homme, capable de reproduction, élabore dans le courant de l'année des milliards de spermatozoaires, dont une insignifiante portion est seule utilisée. Vogt suppose qu'enfin il ne doit plus rien rester de l'âme du générateur ou de la génératrice. Et que deviennent, poursuit-il avec beaucoup de justesse, tous ces millions sans nombre de fractions d'âme, qui n'ont pas été utilisées? En leur qualité de parties d'une âme immortelle, ne sont-elles pas immortelles aussi et comme telles indestructibles? Qu'arrive-t-il encore, quand au lieu d'un spermatozoaire plusieurs pénètrent à la fois dans l'ovule? Cet ovule contiendra-t-il une ou plusieurs âmes, et, dans ce dernier cas, comment éviter les conflits qui peuvent surgir? — Comment et de quelle manière enfin — ceci est un point capital — cette substance spirituelle s'introduit-elle dans le germe? Cette dernière question est si incompatible avec les solutions que peut donner la science, qu'acculé à ce point M. Naumann fut bien forcé de déclarer, comme nous l'avons raconté dans les pages précédentes, que cette question nous conduit au „seuil d'un ordre supérieur des choses", seuil qu'il ne nous est pas donné de franchir. Voilà une solution, qui a au moins l'avantage de couper court à toute investigation ultérieure ainsi qu'à toute interprétation scientifique des choses.

Quant à la comparaison de la substance de l'âme et de ses soi-disant migrations à travers les espaces célestes avec le mouvement de l'éther lumineux, il est inutile de se donner la peine de la réfuter; les connaissances les plus élémentaires en physique suffisent amplement à en démontrer l'inanité, car il n'y a pas aujourd'hui d'écolier qui ne sache que la lumière n'est point une substance flânant dans l'espace, mais qu'elle est essentiellement constituée par les mouvements ondulatoires ou vibratoires de l'éther remplissant uniformément l'espace céleste tout entier.

Après tout ce qui précède, le lecteur sans préjugés n'aura pas de peine à reconnaître, que la nouvelle théorie de la substance de l'âme ne vaut guère mieux, si même elle ne vaut moins, que l'ancienne; il verra qu'en dehors de la théorie matérialiste ou réaliste il n'y a point d'explication rationelle des choses; seule, cette hypothèse résout toutes les difficultés d'une manière simple, naturelle, précisément parce qu'elle voit dans l'âme non un être à part, mais bien la plus haute expression des forces organiques — expression dont l'évolution future est déjà déterminée en partie dès le commencemcnt de la vie par le mode de mouvement contenu dans les substances germinatives et communiqué à celles-ci par les organismes paternel et maternel. L'âme (selon le mot caractéristique de Karl Vogt) n'entre point dans le corps comme le mauvais esprit dans celui des possédés, mais elle se développe en vertu d'une évolution lente et graduelle et se trouve déterminée en partie par les penchants et les dispositions inhérents aux deux substances germinatives, en partie par les impressions et les expériences du monde extérieur. Le professeur Kussmaul à établi par ses expériences et par ses observations sur les nouveau-nés, que c'est sous l'influence de ces impressions que les premiers phénomènes psychiques apparaissent chez le foetus, sous une forme naturellement très-rudimentaire, durant la vie foetale; car l'organisme maternel constitue un vrai milieu extérieur pour le foetus.*) Mais encore *après* la naissance, quand tous les sens sont éveillés, quand les influences de plus en plus variées du monde extérieur viennent réagir d'une manière toujours plus puissante sur le jeune être, s'éveillant lentement à la conscience, combien de temps ne faut-il pas pour que son *moi* psychique se développe et se constitue graduellement sous l'action de sensations continues et sans cesse répétées. Ceux, qui ont eu occasion d'observer les enfants, savent combien est lente leur évolution intellectuelle et avec quelle force, en dépit de l'éducation et de la direction données par les parents, les frères et soeurs aînés et les instituteurs, se manifeste l'action irrésistible du caractère, des aptitudes et des penchants hérités. Cette influence serait bien plus marquée encore, si elle n'était enrayée par celle du *croisement*, abandonné complètement au hasard dans notre vie sociale et en vertu duquel les caractères saillants ou les penchants avantageux, transmis par *l'un* des générateurs, sont plus ou moins atténués ou paralysés par l'influences de l'autre. Mais pour obtenir qu'il en fut autrement, il faudrait réaliser

*) Voir sur ce sujet notre étude: „De la vie psychique des nouveau-nés“ dans „Science et Nature“. G. Baillière, Paris. II. Ed. 1882.

le rêve de Platon et faire, comme dans sa république idéale, que les meilleurs s'unissent aux meilleurs et cela dans leurs plus belles années et à l'époque la plus favorable. Ou bien on devrait arranger les choses selon les vœux de Schopenhauer, qui dans un chapitre sur l'hérédité dit de son ton sarcastique: „Si on pouvait rendre tous les coquins incapables de reproduction, enfermer toutes les grues dans un couvent, procurer des harems entiers aux gens d'élite et fournir des hommes, mais de vrais hommes, à toutes les filles intelligentes et bien douées, on obtiendrait bien vite une génération, qui reproduirait une fois de plus le siècle de Périclès."

Mais en dehors même de toute application de lois draconiennes de ce genre, il est incontestable que l'hérédité, dont l'action s'exerce, ne l'oublions pas, sur les qualités *acquises* durant la vie, ce qui lui donne son caractère progressif, aussi bien que sur les qualités *innées* — l'hérédité constitue et a toujours constitué un des plus puissants facteurs naturels et historiques. Le rôle de ce facteur dans l'avenir sera d'autant plus important, que le principe de la civilisation, le principe presque tout-puissant de l'éducation sera mieux connu et mieux appliqué. C'est ainsi que dans le cours de l'évolution historique nous nous éloignons pas à pas soit en vertu des lois de la nature, soit en vertu de nos propres efforts, de cet état de sauvagerie primitive, qui a dû exister sur notre planète à l'aurore des sociétés humaines, et plus nous nous en éloignons, plus les lacunes deviennent considérables et les différences tranchées. Aussi devient-il toujours plus difficile au vulgaire de saisir le lien naturel, qui rattache l'homme au reste de la création et aux lois qui le régissent. Déchiffrer cette énigme pour ce qui concerne l'individu — tel est le but de la science biologique de notre temps, but auquel le livre, que nous présentons au lecteur, est destiné à fournir sa faible quote-part. Il viendra un temps où la distance entre le point de départ et le point d'arrivée s'élargira tellement, que les savants de l'avenir eux-mêmes se refuseraient à admettre la possibilité d'un lien entre eux, si les écrits et les vestiges du passé ne leur fournissaient les matériaux nécessaires pour les guider dans leur jugement.

L'admiration de soi-même — tel a été jusqu'à présent le mot d'ordre de la philosophie et de la science pour tout ce qui concernait l'homme. Mais l'investigation scientifique, qui ne connait ni repos ni arrêt, nous a tirés de cet état de béate admiration de nous-mêmes, en nous montrant l'être humain dans la lumière crue de la réalité, dont aucune illusion ne saurait nous préserver. Semblable, selon la belle expression de Broca, à l'esclave romain, suivant le char du triomphateur, la science nous répète: „Souviens-toi que tu n'es qu'un homme.“

Il ne manquera certainement pas de gens, décidés à ne voir dans toute cette étude qu'un matérialisme grossier, anti-scientifique, superficiel, du genre le plus vulgaire. A ces attaques trop prévues nous n'opposerons pour toute réponse que les paroles d'un des plus grands penseurs de notre temps, John Stuart Mill, qui n'étant pourtant pas matérialiste lui-même, n'a pas hésité à dire: „Si on donne le nom de „matérialisme“ à toutes les recherches ayant pour but de déterminer les conditions matérielles des opérations de l'esprit, chaque théorie, ayant quelque droit au nom de rationnelle, doit être matérialiste.“

FIN.

Remarques et additions.

---

1) Baal ou Bel fut révéré par tous les peuples Syriens comme le souverain du ciel et de la lumière. D'ailleurs le culte de Baal ne s'adressait pas seulement au soleil, mais à toutes les constellations, dont ce dieu était le seigneur et maître. Contempler et observer les astres était déjà faire acte d'adoration, et ce fut ainsi que les prêtres Chaldéens acquirent ces connaissances astronomiques, qui nous étonnent encore aujourd'hui. Ce culte de Bel ou de Bal était d'ailleurs commun à tous les peuples sémitiques. Les Juifs eux-mêmes commencérent par aller sur les hauteurs offrir leurs priéres aux puissances célestes; mais ce fut surtout chez les Phéniciens que ces idées aboutirent à un culte purement solaire. Pour eux, Baal est la bienfaisante divinité solaire, tandis que l'influence astrale funeste était adorée sous le nom de Moloch ou dieu du feu, que l'on apaisait seulement au prix des terribles sacrifices humains, dont tout le monde a entendu parler. A Tyr il y avait un dieu spécial, Baal-Melkart, qui parcourait la terre en fondant des villes et donnant des lois aux hommes, comme le soleil parcourt la voûte céleste et entretient la vie de la nature suivant un ordre régulier et invariable. Cette manière de voir était tout-à-fait d'accord avec l'instinct colonisateur des Tyriens. Le même Baal-Melkart se retrouve chez les Grecs, qui, à cause de ses travaux et des dangers qu'il avait affrontés, l'appelaient Hercule. Il est très-remarquable que de tous les cultes de l'antiquité aucun ne résiste plus longtemps à la philosophie

et à ses explications éthiques que le culte de la divinité solaire. Le beau temps de l'héliolâtrie coïncide avec la pleine floraison intellectuelle de la Grèce; c'est grâce à ce culte que du polythéisme, si contraire à la raison, sortit peu à peu l'idée d'un dieu unique maître du monde, comme le soleil est sans rival au firmament. Cette conception d'un dieu suprême fut très favorable an progrès du christianisme; elle aida beaucoup à la formation du monothéisme; car le monothéisme judaïque était une croyance trop locale pour exercer une action si étendue. — Le culte de Baal s'introduisit même à Rome. Aussi voyons-nous, quand les dieux et les religions se mêlèrent, Baal être adoré à côté du soleil-hélios et l'empereur Antonin le Pieux (138—161 après J. Chr.) élever à ce dieu, dans la ville héliolâtrique de Balbek, en Célésyrie, un superbe temple, dont les ruines imposantes sont encore visibles aujourd'hui. En Célésyrie encore, le dieu solaire Elegabal était adoré sous la forme d'une pierre noire, que le grand-prêtre de ce culte, Antonius Bessenius, emporta avec lui à Rome lors de son élévation à l'empire. Une fois empereur A. Bessenius se fit appeler, d'après son dieu, Héliogabale; il ne paraissait en public que revêtu du costume luxueux et demi-féminin des prêtres du soleil en orient; à ce titre, il épousa la première vestale, et ce mariage symbolisait, selon lui, la théocrasie ou le mélange des dieux. A cette époque, le culte du dieu solaire Persan, Mithra, était plus répandu encore, comme le prouvent les nombreuses pierres mithriaques, que l'on rencontre partout dans les colonies Romaines. Au culte de Mithra étaient liés des mystères, ayant pour but de conduire à la vertu, à la purification de l'âme, et souvent ce culte opposa un frein puissant au déréglement toujours croissant de l'époque. Que le culte de Mithra se soit introduit surtout dans les Gaules grâce aux légions Romaines et qu'il y ait pris racine, c'est un fait bien connu. Le triomphe du dieu solaire sur tous les autres dieux fut accompli par l'excellent empereur Romain, Aurelien (274 après J. Chr.). Il donna au soleil invaincu (*Sol invictus*) la première place dans le panthéon, et il lui bâtit à Rome aussi bien qu'à Palmyre des temples somptueux. Quand, une fois, le Dieu-soleil omnipotent eût été renversé par le Dieu chrétien, plus puissant encore, il se refugia dans les légendes et la poésie, et il s'y est maintenu jusqu'à nos jours, mais sous une forme plus anthropomorphique. Dans le célèbre poëme de Firdousi, le héros le plus noble est Sijemusch, qui, tout lumière et flamme, poursuit sur la terre le cours de ses triomphes jusqu'au jour où, subjugué par la force perfide de son ennemi, il fut précipité dans le monde inférieur. Sijemusch et le héros Allemand des Nibelungen se resemblent et ont même destinée. Le personnage de Siegfried n'est aussi que la personnification, l'humanisation de l'idée du soleil levant, dont la force va toujours croissant et à laquelle rien ne peut faire échec. Mais l'automne apparaît et, vaincu par sa sombre puissance, l'astre glorieux doit descendre dans le royaume des ombres. De même Siegfried est traîtreusement assassiné par le perfide Hagen.

2) Les Egyptiens, obligés par la constitution de leur pays, borné des deux côtés par le désert, à lutter constamment contre les empiétements de ce dernier, tâchaient de vaincre la mort, de fortifier et de glorifier la vie. Aussi leur culte s'adressait-il presque exclusivement à celle des forces naturelles, à laquelle leur pays était redevable de la vie et de la fertilité, au soleil. Le culte du soleil est la base première, le principe le plus général de la religion Egyptienne; il dominait tous les cultes locaux, toutes les divinités locales. La plus ancienne dénomination du Dieu-Soleil est *Ra* et, d'ordinaire, on l'ajoutait à celle des dieux locaux pour leur donner plus de dignité; ainsi, par exemple, on disait à Thébes *Ammon-Ra*, *Atmon-Ra*, *Osiris-Ra* etc. Dans le principe, toutes ces divinités étaient des formes du culte solaire, d'abord localisées, mais qui peu-à-peu étaient devenues autonomes. De même la dénomination *Pharaon* n'est sans doute que la combinaison du mot *Ra* avec l'article ph = *Phra*. C'était surtout à Memphis, appelée pour cela par les Grecs Héliopolis ou ville du soleil, qu'était adoré ce dieu *Ra* ou *Phra*, fils de la grande mère *Neith* ou la matière primitive. Nulle divinité féminine ne partageait avec le dieu *Ra* la souveraineté; se créant lui-même, producteur de la vie, il s'engendrait lui-même à nouveau, chaque jour, après avoir fait, chaque nuit,

bénéficier de sa lumière les habitants du monde souterrain, de l'Elysée, séjour des morts. Son image était le sphinx si connu, un lion avec la tête du Dieu-Soleil, et „la plus ancienne sculpture connue, le Sphinx gigantesque, sculpté dans le roc et ayant 177 pieds de longueur, que l'on peut voir encore dans la petite vallée, avoisinant la grande pyramide, est simplement un monument commémoratif du vieux culte solaire Egyptien" (Reitlinger). L'épervier lui était consacré, à lui aussi bien qu'au plus récent des dieux solaires, à Horus; aussi sur les monuments on le représentait d'ordinaire sous la forme d'un homme à tête d'épervier, sur lequel plane un disque solaire. C'est „l'oiseau de Ra", que le poëte a chanté dans les vers suivants:

„Bien haut au dessus de la tête des hommes
„Mon essor fend la mer éthérée.
„Le Créateur, le tout-puissant, m'a formé;
„Je l'égale en éblouissante splendeur.
„Combien je suis doux, combien charmant à contempler!
„Comme une couronne de fleurs sur une prairie diaprée!
„Je rayonne, resplendissant, dans la lumière royale,
„Mon être est caché; tu ne le connais pas;
Mais, moi, je sais tout, l'avenir et le passé —
„Je suis l'âme de Ra, l'éternel."

Sous une forme palpable, anthropomorphique, ayant son culte et son mythe spécial, apparut plus tard le dieu solaire Osiris, ayant pour soeur et épouse Isis, qui représente la lune, et pour fils *Horus* ou *Horos*. Ces dieux personnifient le cours de l'année dépendant de l'influence solaire. *Osiris*, le bienfaiteur, est tué par son envieux frère, *Set* ou *Typhon*, et son cadavre est jeté dans le Nil. Son épouse affligée se met à sa recherche et donne la sépulture à son cadavre; mais *Osiris* sort du royaume des ombres, dont il est le souverain, et il excite à la vengeance son fils *Horus* (du mot sémitique *hur* = lumière). Horus triomphe de *Typhon* et le chasse avec sa suite dans le désert, où il règne, comme étant le plus jeune des dieux solaires ou le dernier des anciens dieux Egyptiens. Osiris, c'est la force naturelle, creatrice et cachée, tandis qu'Horus est la forme visible et incarnée du soleil. Au contraire Typhon, cause des températures torrides, des vents funestes et malsains, résume en lui toutes les influences nuisibles; c'est une puissance homicide, ennemie de toutes les divinités bienfaisantes. C'est vraisemblablement de ces croyances païennes, que dérive le culte chrétien de la vierge Marie; en effet l'Isis Egyptienne et le fils d'Horus s'identifient avec les mythes chrétiens de la reine du ciel, mère du Christ; quant a la colombe du Saint Esprit, elle se confond avec l'épervier du dieu Egyptien Thot.

3) Les autres dieux de l'Inde se rapportent aussi plus ou moins au soleil et aux révolutions des saisons. Ainsi Brahma meurt à l'époque des pluies hibernales, puis renaît de nouveau. Civâ ou Sivâ est un dieu lumineux du printemps; Vichnou est le dieu de l'été et du solstice d'été. Brahma correspond plus particulièrement à Osiris, Civâ à Isis et Vichnou à Horos. Toute la religion des Aryens n'était en général qu'une religion du soleil et da la lumière. Souvent aussi le culte du soleil se rattachait au culte dit phallique.

4) Cela a trait au dualisme bien connu de la mythologie des anciens Iraniens, et ce dualisme exprimait les contrastes naturels et si tranchés du pays Iranien. Menacée d'un côté par les tempêtes de neige et les vents glacés, qui rendaient si inhospitalier la contrée limitrophe, au nord, le Touran, redoutant, d'autre part, la température torride du sablonneux désert, qui la bornait de l'autre côté, la contrée d'*Iran*, pressée entre ces deux extrêmes, se voyait préservée par la puissance de l'étoile du jour, qui lui dispensait la chaleur et la fertilité. Hors de l'Iran, spécialement dans le *Touran*, dominaient les esprits et les démons des ténèbres — croyance entretenue et fortifiée par les fréquentes incursions des pillards habitants des steppes. Par opposition, dans l'*Iran*, on adorait sur la cime éclairée des montagnes, et cela avec un zèle pieux, Mithra, Dieu solaire si bienfaisant, et son image terrestre, le feu. A ces mythes naturels Zoroastre donna, dans sa religion Zende, une signification ethique; il fit d'Ormuzd, le bien suprême, un être bienveillant, bienfaisant, demandant avant tout à ses adorateurs d'être purs comme lui-même; au contraire Ahriman, dieu funeste, était

de tous les mauvais esprits le pire. A ces divinités on ajouta bientôt ou adjoignit, comme créateur et esprit du monde, généralement bienveillant, Mithras, véritable dieu solaire, que les Iraniens adoraient avec amour. Le feu fut considéré comme la meilleure sauvegarde contre les mauvais esprits; c'est pourquoi les Perses finirent par lui adresser particulièrement leurs hommages et leurs prières. D'où leur nom „d'adorateurs du feu". Malheureusement l'antique religion Zende ne se maintint pas longtemps dans sa pureté primitive. Le culte de Mithras se répandit en Asie et, par le contact avec le monde sémitique et Grec, il s'incorpora des éléments étrangers, d'autres doctrines — pratiqué par les mages, ses prêtres d'alors, il s'augmenta d'un cérémonial et d'usages, qui lui étaient primitivement étrangers. Néanmoins, comme nous l'avons remarqué dans le texte, les idées qui lui étaient essentielles et la croyance à la puissance du Dieu-soleil lui permirent de se maintenir jusqu'aux premiers siècles de l'ère chrétienne. Les sciences naturelles de nos jours ont établi, démontré, que, dans leur prédilection pour le culte du soleil, considéré comme la force qui produit tout, anime tout, les peuples primitifs avaient obéi à un sûr instinct. Il importe d'ailleurs de remarquer que, selon l'opinion de savants considérables, le culte solaire ne représente pas la religion la plus primitive; il aurait seulement succédé à des dieux de la terre, à des dieux ou démons des orages. Dans cette hypothèse, le culte des orages devrait être considéré comme la souche commune des religions solaires et chthoniennes; mais peu à peu les dieux des orages se transformèrent en dieux de lumière. Cela concorde avec l'idée que l'on se faisait de l'époque antérieure à la création du monde, époque de nuit, de ténèbres, que le soleil avait peu à peu éclairée. On pensait aussi que, durant la nuit, le soleil n'existait pas. L'usage si généralement répandu dans l'antiquité, de brûler les offrandes résulta de ce que l'on identifiait Dieu et le Feu.

5) Dans les pratiques du culte du dieu solaire Mithras, il y a aussi une grande analogie, même de l'identité, avec les coutumes religieuses du christianisme, comme l'a minutieusement démontré le Français Dupuis (Origine de tous les cultes).

Or, comme le culte de Mithras est le plus ancien des deux, Dupuis en conclut que les coutumes en question lui ont été empruntées par le christianisme. D'après Dupuis, les noms de Mithras, du Christ, d'Osiris, de Bacchus, d'Adonis, d'Atys (le dieu solaire Phrygien), etc. sont équivalents, et „l'agneau" chrétien, assumant les péchés du monde, est tout simplement la constellation, dans laquelle entre le soleil à l'époque où il ramène à notre hémisphère les longs jours et la chaleur qui vivifie tout. Le Christ lui-même finit par s'appeler l'agneau. Primitivement même, le Dieu chrétien était représenté et adoré sous la figure de l'agneau, et cela dura jusqu'au synode de Constantinople (680 ap. J. Chr.), qui lui substitua l'image du crucifié.

De même E. Schwella („Inland", 1881 no 1) arrive à conclure que le mythe chrétien se rattache aux antiques sources des mythologies Indienne et Egyptienne „simple représentation anthropomorphique de l'action du soleil sur la terre durant le cours d'une année." Il fait dériver le mot „Christ" de „Krischna", le bienfaiteur du monde dans l'Inde. D'après le mythe Indien, *Krischna* guérissait aussi les malades, rendait la vue aux aveugles, faisait marcher les boiteux, ressuscitait les morts, fut crucifié et revint à la vie. Aujourd'hui encore, dans les temples Indiens, Krischna est représenté avec des blessures de clous aux pieds et aux mains. En fait, comme le Français Jacolliot l'a récemment démontré (Voyage au pays des perles. Paris 1879), le mythe indien de Krischna a une si frappante analogie avec le christianisme, qu'il est impossible de l'attribuer à un simple hasard. Brahma est le principe créateur suprême, et il s'appelle Dieu ou „père". Son fils Vichnou s'incarne dans la personne de Krischna, qui descend sur la terre, en qualité de prophète et de sauveur de l'humanité, puis, une fois sa mission accomplie, meurt ignominieusement. Siva, la troisième personne de la trinité indienne, celle qui selon toutes les théogonies, se revéla la dernière au monde, Siva représente la loi de la croissance et du déclin et correspond au Saint Esprit des chrétiens. Quand Brahma eut crée la terre, le soleil, la lumière, les étoiles, les plantes et les animaux, il créa l'homme, Adhima et Héva, puis, à cause de leur désobéissance, il les chassa du paradis terrestre dans l'île de Céylan — légende qui s'est répandue de l'Inde en Egypte et de là en Judée. Selon la légende encore, les hommes, ayant par leur perversité excité la colère divine, furent punis par un déluge, dont un seul homme, *Vaivastata*, averti par dieu, se sauva sur une embarcation avec sa famille et un couple de chaque espèce animale; après quoi, il repeupla la terre. Mais, afin d'effacer les péchés commis par Adhima et Héva, la soeur du roi Devanaguy fut fécondée par les rayons divins de Vichnou, et de là naquit Krischna, incarnation de ce dieu (Christna ou Kistna signifie en sanscrit „divin" ou „sacré"; d'où le mot Grec „Christos" avec une signification analogue). Mais le méchant et féroce Kansa, oncle de la jeune fille, auquel on avait prédit, que cet enfant grandissait pour le perdre un jour, fit égorger, après la fuite de Devanaguy, aidé par Vichnou, tous les enfants nés la même nuit que Krischna; il espérait que ce dernier périrait avec eux. Ce récit, que mentionnent, suivant Jacolliot, tous les écrits historiques et religieux de l'Inde antique et qu'attestent les monuments et les sculptures, date de 6000 ans avant notre ère; de là est sortie l'absurde légende biblique du massacre des innocents à Béthléem, évenement dont ne parle aucun historien et qui, du temps de l'empereur Auguste, eut été absolument impossible. Mais Krischna se déroba au massacre, puis, devenu grand, il s'entoura de disciples fervents, parcourut toute l'Inde, en prêchant et enseignant, enfin fut tué par les prêtres, jaloux de sa puissance. Son corps disparut, et on admettait qu'il était retourné au ciel. Sa doctrine, telle qu'elle est exposée dans les livres sacrés de l'Inde, est basée sur la morale la plus pure et la plus généreuse. Que l'on juge par là, dit Jacolliot, si les gnostiques et les sectateurs de l'école Alexandrine avaient raison, quand ils disaient aux apôtres chrétiens: „Vous avez tiré l'histoire de votre rédempteur des incarnations Asiatiques; votre religion est tout simplement une réédition des mystères de l'orient". D'après Radenhausen (Christianisme et Paganisme. Hambourg 1881) on peut dire que les cultes de l'Osiris Egyptien, de l'Adonaï hébreux, du Mithras Persan se sont fusionnés dans le culte chrétien. Dans l'antiquité, le culte solaire était partout fastueux, somptueux et fournit à souhait des modèles aux rites chrétiens. Toutes les particularités de ce culte ont leurs analogues manifestes dans les vieux cultes solaires, notamment de l'Egypte; par exemple, la tonsure (représentation du disque solaire), la crosse, la mitre, le calice, la sonnette, l'encensoir, l'eau bénite, les répons, la harpe, les génuflexions, les prières, les bénédictions, les ablutions, les sacrifices, les pélerinages, les voeux, les offrandes, le costume, les processions, la vie érémitique, les pénitences, etc. L'enfant-soleil des Egyptiens devint le Christ enfant; le jeune souverain-soleil fut le jeune Messie; la mort d'Osiris devint la mort du Sauveur; le Thot Egyptien se changea dans le christianisme en Saint Esprit; la trinité d'Osiris, d'Isis et d'Horus fut remplacée par celle du Père, de la Mère et du Fils etc. La foule des demi-dieux païens se changea en innombrables saints. La confusion de tant de conceptions différentes devait nécessairement engendrer des conflits; de là les querelles éternelles, violentes, perfides, les meurtres, dont est remplie l'histoire du christianisme. Les arguties et les débats les plus ridicules sur la nature du Sauveur, sur la Cène etc. durèrent des siècles et coûtèrent à d'innombrables personnes les biens et la vie. Dans les contrées de l'orient, on n'hésitait point à identifier le nouveau fils de Dieu avec les divinités du paganisme local, surtout avec le Dieu solaire. Aussi, d'après Radenhausen, le christianisme historique, réel n'est réellement qu'un paganisme avec tous ses vices, toutes ses fautes, qui s'est greffé, moitié par ruse, moitié par force, sur les idées chrétiennes primitives.

6) Maedler, le célèbre astronom de Dorpat, donne pour centre à notre système l'étoile ou les groupes d'étoiles Alcyon, dans les Pléiades, tandis que d'autres astronomes cherchent notre centre probable de gravitation dans une tout autre région du ciel. Peut-être le centre en question n'est-il pas visible pour nous parce que c'est un corps céleste éteint, obscur. Peut-être aussi que tout le système du monde se meut sans soleil central, mais pourtant dans un ordre donné, comme la Voie lactée se maintient d'elle même en équilibre, tout en étant animée d'un mouvement régulier. Dans tous

les cas, il est certain, d'après le témoignage des astronomes, que le mouvement apparent semble dirigé vers un point de la constellation d'Hercule, et que l'astronomie a constaté „que les mouvements des étoiles s'accomplissent suivant des lois régulières et s'influencent mutuellement en vertu d'un principe commun". (M. W. Meyer: Esquisses cosmographiques, Leipzig 1879).

7) Pourtant il est douteux qu'une masse importante de substance solide ou liquide existe dans le soleil. Vraisemblablement l'intérieur du soleil est constitué par une masse gazeuse à une température excessive; mais la force expansive de cette température est contrebalancée par l'influence de la pesanteur, qui donne aux gaz une densité supérieure à celle de l'eau. C'est ainsi que nous réussissons à donner aux gaz par une compression mécanique la densité de l'eau; sans les modifier essentiellement, nous les ramenons, par une pression graduellement augmentée et une température graduellement abaissée, à l'état liquide et même solide. Secchi, si célèbre par ses études sur le soleil, pense que „la masse du soleil est à l'état gazéiforme ou plutôt dans un état où la connexion des molécules est complétement contrebalancée par la répulsion thermique (force expansive de la chaleur); du moins cet état existe aussi profondément que peut pénétrer notre observation; dans toute cette couche nous constatons l'existence d'une substance à l'état gazeux." Ailleurs le même auteur dit que „la masse du soleil, gazeuse jusqu'à une certaine profondeur, doit, plus profondément encore, être dans un état intermédiaire, ni liquide ni gazeux" (Secchi, Le Soleil).

8) Avec une précision remarquable pour son temps, Anaxagore déclarait que le volume réel du soleil surpassait beaucoup le volume apparent; selon lui, le soleil pouvait bien être aussi grand que le Péloponèse, la Morée actuelle, tandis que d'autres philosophes contemporains, confondant le diamètre apparent avec le diamètre réel, croyaient que la largeur du soleil ne dépassait pas un pied. D'autres contemporains au contraire pensaient que le soleil était aussi gros et même plus gros que la terre. Eudoxe évaluait le volume du soleil a neuf volumes lunaires. Selon Anaximandre (environ

600 ans av. J. Chr.) le soleil n'était qu'un trou circulaire, par lequel, à travers la voûte céléste, on apercevait la sphère de feu enveloppant le firmament — et cette opinion fut plus tard reproduite ou à peu près par Empédocle.

9) L'hypothèse de Wilson-Herschel, que nous avons rapportée dans le texte, est, dans sa donnée générale, bien plus ancienne. En effet, dès le milieu du quinzième siècle, Nicolas de Cusa, évêque de Brixen, émettait l'opinion que le soleil était constitué par un noyau terreux, obscur, entouré d'une enveloppe lumineuse: Cette opinion, en ce qu'elle a d'essentiel, était aussi celle de Galilée, qui considérait les taches solaires comme des vallées existant à la surface de l'astre. A. de Humboldt et Arago (1851) croyaient encore le soleil habitable, et cette opinion se maintint jusqu'en 1860. On croyait que le corps proprement dit du soleil était obscur, avait, comme la terre, ses montagnes, ses vallées, ses mers et ses fleuves. Quant à l'atmosphère brillante, gazeuse, d'où rayonnent la lumière et la chaleur, elle était séparée de la surface du noyau par une couche grisâtre, nébuleuse, ayant une épaisseur d'environ deux-cents milles. Sur le noyau solide régnaient un éternel printemps, un climat doux et égal, permettant d'exister à des êtres organisés. Jadis, Bode, astronome de cour à Berlin, a été assez heureux pour décrire très-sentimentalement ces habitants du soleil. — L'opinion, que le soleil n'a pas de lumière propre, mais sert simplement de réflecteur à une certaine lumière primitive, à un certain feu primitif, a aussi, dans les temps modernes, trouvé des défenseurs. On a aussi prétendu que peut-être le soleil lui-même est froid et seulement lumineux; la chaleur serait due uniquement au contact des rayons solaires avec la terre. Mais aujourd'hui on sait avec la plus entière certitude, que, sur notre globe, il n'existe pas la moindre trace de chaleur, qui n'ait eu son origine dans le soleil ou ne soit directement rayonnée par lui. — Selon Arago, le soleil se composait de quatre parties superposées: 1) Un corps central obscur; 2) une couche nébuleuse; 3) la photosphère; 4) une enveloppe de nuages obscurs ou faiblement lumineux.

10) Si au moyen d'un prisme, on dissocie un faisceau

lumineux quelconque, venant du soleil, d'une étoile, d'une lampe etc., en ses éléments ou couleurs primaires (Rouge, Orangé, Jaune, Vert, Bleu, Indigo, Violet), qui d'ailleurs ne sont point nettement séparés, mais se fondent l'un dans l'autre, ou a une image colorée, appelée *spectre*. Or, dans ce spectre on voit un certain nombre de bandes, de raies parallèles, les unes colorées, les autres obscures, et de différente largeur. Ces lignes sont dues à la présence, dans la source lumineuse, de substances en combustion, produisant une lumière supplémentaire diversement colorée. En effet ces lignes n'existent pas, quand la lumière est pure, sans mélange, comme celle qui provient d'un corps solide ou liquide à l'état d'incandescence, par exemple, d'un cylindre de chaux, dans la lumière Drummond, d'un fil de platine incandescent ou d'un morceau de fer, porté au rouge blanc. Dans ce cas, le prisme ne donne que des couleurs pures, sans raies; aussi appelle-t-on ce genre de spectre spectre continu. Mais quand la source lumineuse est à l'état de gaz, de flamme, où des substances étrangères se consument, les raies apparaissent. Le spectre est dit alors *spectre discontinu*. Or, tout corps, tout élément chimique produit dans le spectre des raies spéciales, reconnaissables à leur position, leur couleur, leur netteté, leur largeur, leur nombre, etc., et de l'existence de ces raies on peut très-sûrement conclure à la présence du corps correspondant dans la flamme. Ainsi le sodium produit une raie jaune; le *kalium* deux raies rouges et une violette, le *lithium* une ligne rouge et une jaune; le *calcium* neuf raies, parmi lesquelles une raie d'un vert intense, etc. et, par l'analyse spectrale, en quelques secondes, d'un coup d'oeil, on fait de ces substances une analyse chimique, qui, par les procédés ordinaires, aurait exigé un temps considérable. La réaction spectroscopique est d'une si extrême délicatesse qu'elle suffit à décéler la présence de particules matérielles, si petites, qu'elles auraient échappé à toutes les investigations chimiques ou microscopiques. Ainsi la ligne jaune bien connue du *natrium* ou *sodium*, la raie D du spectre accuse la présence dans une flamme de trois mille millioniémes de gramme de cette substance. Or il s'agit là d'une quantité infinitésimale, que ne pourraient décéler aucun microscope, aucune réaction chimique, et il en serait de même, si cette quantité était mille ou dix-mille fois plus considérable. C'est grâce à cette extraordinaire sensibilité, que d'ordinaire toute flamme alimentée par le vent de la mer donne la raie du *Sodium,* à cause du sel marin chassé par le courant d'air. De même si, dans une chambre où est disposé un spectroscope, on époussète un livre, cela suffit pour produire la raie en question. Disons pourtant que la réaction spectroscopique du sodium est, de toutes, la plus délicate; ainsi pour que le *Lithium* se manifeste, la flamme doit en contenir de cent à trois cents millionièmes de gramme; au dessous de cette quantité. les raies rouges et jaunes caractéristiques n'apparaissent pas. La sensibilité du *Kalium* est moins grande encore. Cette extrême sensibilité de la réaction spectroscopique a amené la découverte de quatre nouveaux corps simples métalliques, dont jusqu'alors la chimie n'avait pas même soupçonné l'existence; ce sont: le *Césium,* le *Rubidium,* le *Thallium* et l'*Indium.* Les deux premiers ont été découverts en 1860; le *Thallium* l'a été en 1862 et l'Indium en 1863. L'*Indium* est caractérisé par une ligne bleue et une ligne violette; le *Thallium* par une raie verte; le *Rubidium* par dix raies de diverse coulour, dont deux sont d'un rouge sombre; le Césium par onze raies, dont deux sont d'un bleu de ciel très-intense. Notons que toutes ces raies se produisent dans des points particuliers du spectre. Une fois l'existence de ces métaux constatée, on parvint, non sans peine, à en produire des quantités assez grandes pour pouvoir étudier leurs propriétés chimiques. La *Rubidium* a un éclat blanc, métallique et une telle affinité avec l'oxygène, qu'il s'enflamme spontanément dans l'air. Il en est de même du *Césium,* plus difficile encore à obtenir. Tous deux existent dans diverses eaux minérales ainsi que dans les cendres de diverses plantes, par exemple, du tabac, et ont une grande analogie avec le *Kalium.* C'est surtout dans la blende de Freyberg que se rencontre l'*Indium,* découvert par Richter; analogue au platine, il est plus blanc que le plomb et ressemble beaucoup au *Cadmium,* etc. etc. Le *Thallium,* découvert par Crockes, a aussi quelque ressemblance avec le plomb, mais il est plus lourd, plus vénéneux; il s'oxyde rapidement dans l'eau légèrement alcalinisée et possède de remarquables propriétés chimiques, sur lesquelles nous ne pouvons insister ici. Ce métal, très- répandu dans la nature, a peut-être un grand avenir, ainsi que ses rivaux récemment découverts.

Si maintenant, pour rentrer dans notre sujet, on place derrière une flamme, où se consument des substances produisant les raies en question, une autre lumière ou un corps devenu lumineux par l'effet d'une haute température (expérience faite pour la première fois par l'Anglais Brewster en 1833), on voit les raies spectrales, précedemment brillantes ou colorées, passer au sombre où au noir. Ce sont là les célèbres raies spectrales de Fraunhofer, déjà aperçues par Wollaston (1802), mais non étudiées soigneusement. Fraunhofer compta 6 à 700 de ces raies et en détermina exactement la position. Pour désigner les huit raies les plus visibles, il se servit des huit premières lettres de l'alphabet, de A à H. Le spectre, dont nous parlons, dans lequel les raies sombres ont remplacé les raies brillantes, est appelé *Spectre d'absorption;* or, l'absorption est exactement équivalente à l'émission; en d'autres termes, une vapeur ou un gaz absorbe exactement les rayons qu'il émet, et les raies obscures prennent précisément la place des raies précédemment colorées ou brillantes. Ainsi la raie jaune du *Sodium* se change en une raie noire, occupant exactement la même place. La condition fondamentale de la production du spectre d'absorption est la différence des températures des deux foyers lumineux; plus l'écart thermique est grand, plus l'absorption est forte.

En appliquant à la lumière solaire cette expérience, comme le fit, pour la première fois, Kirchhoff, en 1859, on en conclut nécessairement que le spectre d'absorption du soleil est dû à la présence en arrière de l'atmosphère solaire, au sein de laquelle se consument les corps décélés par les raies de Fraunhofer, d'un autre foyer lumineux plus intense et plus chaud, dont les rayons sont partiellement absorbés par les substances en combustion ou, en d'autres termes, dont le spectre continu est transformé en spectre discontinu par l'enveloppe lumineuse qui le recouvre. Si nous pouviens éteindre le noyau solaire et étudier seulement le spectre de la photosphère ou de l'atmosphère, nous obtiendrions, au lieu d'un spectre d'absorption, un spectre à raies colorées, dont chaque bande représenterait exactement une ligne de Fraunhofer. En fait, c'est ce qui a lieu pour la lumière de l'enveloppe lumineuse, soumise seule à l'observation spectroscopique, comme nous l'avons vu dans le texte. Que l'on fasse, par exemple, transparaître à travers une flamme, dans laquelle brûle du fer, la flamme d'une intense lumière, et l'on verra les raies colorées du fer, (quelques centaines environ) dispersées sur le spectre, se transformer toutes en raies obscures. Une mesure exacte montrera alors que ces raies disparues occupaient exactement la même place que les raies de Fraunhofer. Ainsi, comme nous l'avons déjà remarqué, la raie jaune du sodium coïncide exactement avec la raie obscure D du spectre solaire. Que cette raie se produise de la manière précédemment exposée, c'est là un point, dont il est difficile de douter sérieusement; et Kirchhoff en a conclu que le foyer lumineux, situé derrière l'atmosphère solaire et qui produit le spectre d'absorption, n'est autre que le noyau incandescent. Cette conclusion générale est encore acceptée aujourd'hui, sauf quelques modifications, dont nous parlerons.

Quant aux substances, qui brûlent dans l'atmosphère solaire, une minutieuse comparaison du spectre solaire avec les spectres terrestres artificiellement obtenus, nous permet de signaler parmi elles certains gaz terrestres; mais la méthode d'observation est fort imparfaite encore, et très-vraisemblablement elle ne doit pas déceler sûrement la présence de quantité de corps. Que tel ou tel corps existe dans le soleil, nous le pouvons bien affirmer, mais nous ne pouvons dire que tel ou tel autre ne s'y trouve point. Vraisemblablement, outre les nouveaux éléments précédemment énumérés, il y a dans le soleil quantité de substances encore inconnues, car bon nombre des raies du spectre solaire ne correspondent pas aux raies, dont nous avons déterminé la valeur. Les corps inconnus auxquels répondent ces raies spectrales sont-ils dans le soleil ou dans les espaces célestes que l'astre traverse? Nous ne savons à ce sujet rien de précis. Mais le nombre de ces substances inconnues doit être considérable; en effet, en étudiant seulement le quart du spectre solaire, Kirchhoff y a compté douze cents raies ayant chacune une largeur, une nuance sombre, une position spéciale. Par conséquent, c'est à plusieurs milliers qu'il faut évaluer le nombre des raies contenues dans le spectre entier. Remarquons cependant, comme nous l'avons déjà observé pour le fer, que chaque substance répond dans le spectre à un certain nombre de raies, et que ce nombre grandit à mesure que s'améliorent les instruments spectroscopiques. Des lignes, qui semblent simples dans des spectroscopes faibles, se résolvent en plusieurs lignes à mesure que s'ccroît la force de dispersion de l'appareil. Avec un spectroscope d'une certaine puissance, la raie D de Fraunhofer, dont nous avons déjà parlé plusieurs fois, semble déjà double; mais Gassiot, à l'aide d'un instrument très-puissant, contenant huit prismes, a vu cette ligne se décomposer en neuf raies. En résumé, plus on étudie soigneusement, plus ou découvre de nouvelles lignes sombres dans le spectre solaire. Tant que la température reste, invariable, les raies d'un corps donné restent les mêmes; mais le spectre des corps simples ou composés change avec la température. Grâce à l'observation spectroscopique, Lockyer et d'autres observateurs ont déjà constaté dans le soleil l'existence des corps terrestres suivants: Sodium, fer, calcium, Magnésium, Chrome, Nickel, Barium, zinc, cobalt, hydrogène, Manganèse, titane, aluminium, strontium, plomb, cuivre, cadmium, cerium, uranium, kalium, vanadium, palladium, molybdène. A ces corps il faut vraisemblablement ajouter: l'indium, le lithium, le rubidium, le césium, le bismuth, l'étain, l'argent, le béryllium, le lauthanium, l'ittrium ou erbium. On a aussi retrouvé dans les météorites bon nombre de ces corps. Selon le professeur C. A. Young de New-York, le soufre existe sûrement dans le soleil, et la présence de l'iridium, du silicium, du carbone et de l'oxygène y est très-vraisemblable. En fait l'existence de l'oxygène et celle de l'azote dans le soleil a été démontrée par le professeur Draper de New-York. A l'en croire tous les autres métalloïdes doivent s'y rencontrer, quoique leurs raies n'aient pas encore pu être constatées dans le spectre. Tout récemment Lockyer est parvenu à trouver le carbone dans l'enveloppe gazeuse la plus extérieure et la plus froide du soleil, dans la *couronne*. Parmi tous les corps ci-dessus énumérés, ce sont les vapeurs de fer, de calcium et d'hydrogène qui dominent. A cause de son extrême légéreté, c'est le dernier gaz qui constitue l'enveloppe la plus externe du soleil, tandis que les vapeurs des corps plus denses sont plus profondément situées. Par conséquent d'autres métaux plus lourds, par exemple, l'or, l'argent, le mercure peuvent exister dans les couches profondes de l'atmosphère solaire, que n'a pu encore atteindre l'analyse spectrale. Un fait est important pour la théorie, suivant laquelle le soleil est alimenté par les météorites, savoir que la composition chimique de l'enveloppe solaire a une grande analogie avec celle des météorites.

11) Cette circonstance a conduit plusieurs savants à combattre toute cette théorie et à expliquer tout autrement la production de la chaleur solaire. Ainsi Radenhausen (Osiris, I, p. 751), prétend que cette théorie est inconciliable avec celle de la formation graduelle de chaque corps céleste, et que la seule solution possible se trouve dans l'hypothèse, suivant laquelle les astres résulteraient de l'attraction des petits corps célestes et des gaz cosmiques. Là serait la source de toute la chaleur de condensation. Au contraire Secchi pense que la condensation du globe solaire s'est effectuée très-lentement et a pourtant produit une énorme quantité de chaleur.

12) Peu de sujets ont donné lieu à des opinions scientifiques plus diverses que celles relatives à l'évaluation de la chaleur solaire. Les chiffres fournis par treize savants oscillent entre un à deux milles et un à dix millions de degrés. D'après H. J. Klein (Lettres cosmologiques, 1877) l'évaluation de 5 à 10 millions de degrés, donnée par Secchi, est beaucoup trop forte et en contradiction avec celle de Zöllner, qui d'ailleurs prétend seulement faire une grossière approximation; ils sont sans valeur et, à en croire Forster (Le commencement et la fin du monde, 1872), les récentes comparaisons faites par Secchi lui-même entre le rayonnement solaire et celui de la lumière électrique, n'indiquerait, pour le soleil, qu'une température de 170,000 degrés.

13) Jusqu'ici on a pensé que la lune était un astre mort, refroidi, solidifié, sans atmosphère. Mais récemment H. J. Klein, de Cologne, a observé sur la surface lunaire des changements, qui indiqueraient une action volcanique intérieure. Suivant d'autres astronomes, ces changements apparents s'expliqueraient soit par les diverses manières dont les cratères ou soi-disant cratères lunaires sont éclairés par le soleil, soit par l'insuffisance des observation récentes. On croit aussi à l'existense d'une atmosphère lunaire, mais cette atmosphère serait trois cents fois plus ténue que la nôtre.

14) Selon toute vraisemblance, une couronne de ces petits corps célestes existe dans le voisinage de l'orbite terrestre, et une seconde se trouve entre Mars et Jupiter. La *lumière zodiacale*, visible, entre les tropiques, presque chaque nuit, avant et après le lever du soleil, mais que l'on n'aperçoit guère sous nos latitudes qu'en septembre et en octobre, cette lumière, qui semble une pyramide dressée à l'horizon, serait due, selon les théories nouvelles, à un semblable anneau de météorites peu incliné sur l'orbite terrestre et circulant librement autour du soleil entre Vénus et Mars. Cet anneau de poussière astrale serait une portion intégrante du système solaire. On pourrait comparer ces corpuscules célestes aux grains de poussière voltigeant sous nos yeux dans une chambre éclairé par le soleil. Mais ordinairement ces astres nains échappent à nos regards à cause de leur petitesse, à moins qu'il ne leur arrive de pénétrer dans l'atmosphère terrestre; là, à cause de leur énorme vitesse, ils deviennent incandescents au contact des couches d'air les plus raréfiées et sont pour nous des étoiles filantes, des bolides, puis deviennent de nouveau invisibles, quand, une fois sortis de notre atmosphère, ils se refroidissennt et continuent leur course dans l'espace — à moins pourtant, comme il arrive souvent, que la chaleur engendrée par le frottement dans l'atmosphère ne volatilise les météorites, auquel cas ils disparaissent. Ce dernier phénomène rend raison des trainées lumineuses que les météorites ou étoiles filantes laissent derrière elles. Ces trainées, parfois énormes, persistent souvent durant plusieurs minutes, parfois pendant plusieurs heures; elles sont constituées

soit par de l'air, soit par des parcelles détachées de la météorite; mais air ou parcelles sont à l'état incandescent. La température engendrée par le frottement de la météorite dans l'atmosphère doit être très-élevée, car un boulet fondrait, s'il se mouvait dans l'air avec une vitesse de 6000 pieds par seconde. Or la vitesse des météorites a été évaluée à 30—60000 mètres par seconde, vitesse égale et même supérieure à celle de la terre, tandis qu'une locomotive à toute vitesse parcourt seulement 30 mètres à la seconde et un boulet de canon seulement 3—400 mètres. A cause de la grande vitesse avec laquelle le météore fend l'atmosphère, son noyau se fond plus ou moins, et même la surface peut se désagréger; de là les petites météorites fondues et vitrifiées, qui sont vraisemblablement des éclats de ce genre. Ce sont surtout les grosses étoiles filantes, ressemblant à des boulets rougis, les *bolides,* à qui il arrive souvent d'éclater avec un bruit de tonnerre à la suite de leur échauffement subit. De là résulte une pluie de pierres, qui peut être et est souvent dangereuse pour les hommes et les habitations. Les météorites, identiques, quoi que l'on ait fréquemment prétendu, avec les étoiles filantes et les bolides tombent en grand nombre sur la terre, comme nous l'avons dit dans le texte, et parfois en fragments pesant de 1000 à 2000 livres et plus; au moment de leur chûte ces fragments sont incandescents et pénètrent profondément dans le sol. Comme les pluies de pierres, ces fragments peuvent être funestes aux hommes, aux animaux, aux habitations. Dans le journal „Nature“ (p. 290 et 410) sont relatés plusieurs cas d'accidents mortels dus à la chûte de météorites et, parmi ces cas, il en est un tout récemment observé (l. c. Année 1880. p. 64). Le 12 Décembre 1879, un éleveur de bestiaux, David Meissenthaler, du Kansas (Nemeha County. Amérique) fut atteint par un aréolithe de la grosseur d'une tête d'homme. La météorite tomba d'abord sur un érable et en cassa quelques branches, puis elle traversa le corps de l'homme des épaules aux reins, puis s'enfonça encore à une profondeur de deux pieds dans la terre gelée! On ne s'aperçut de l'accident qu'au bout d'une demi-heure; la météorite était entièrement refroidie. — La plus nombreuse collection de météorites ou aérolithes est celle de

Schepard, à Newhaven (Connecticut); elle se compose de 436 pièces, dont le poids varie de 436 livres à une demi-once. Les pièces formant cette collection ont été recueillies dans toutes les parties du monde, de 1492 à 1879. — Comme nous l'avons noté dans le texte, l'existence des météorites et surtout leur origine cosmique ont été d'abord tenues pour impossibles, quoique déjà l'antiquité ait eu à ce sujet des idées beaucoup plus justes, plus voisines de la vérité que celle du monde chrétien, ennemi de toute sérieuse connaissance de la nature. Déjà des hommes, comme Plutarque, Diogène d'Apollonie, etc., décrivent les aérolithes, les météorites très-exactement comme des corps célestes tombés sur la terre, et ils en tirent des conclusions très-justes sur la mécanique céleste. Parmi les modernes, ce fut Chladni (1819), qui sut reconnaître à nouveau la véritable nature des météorites. — Ces corps si curieux, arrivant, comme les comètes, dans notre système planétaire des régions les plus lointaines de l'univers, du monde des étoiles fixes, sont vraisemblablement de même nature que celles-ci ou même que les masses cosmiques, encore à l'état de nébuleuses et, une fois parvenus dans nos régions, ils se disséminent dans l'espace sous forme de poussière; quant à leur composition chimique, on les classe en trois groupes: les météorites ferrugineuses, les pierres météoriques et les météores carbonés. Mais le fait le plus curieux, c'est que des vingt-deux éléments chimiques, que l'on y a trouvés jusqu'ici, pas un n'est étranger à notre globe; en outre les substances, qui dominent dans leur composition, par exemple, le fer, le silicium l'oxygène, sont aussi les plus communes à la surface terrestre. Les météorites ferrugineuses sont le plus souvent constituées par du fer massif, mélangé de dix pour cent de nickel; en outre les météorites contiennent du silicium, du cobalt, du cuivre, de l'étain, du chrome, du soufre, du phosphore, de l'aluminium, du magnésium, du calcium, du sodium, du kalium, du manganèse, du titane, du plomb, du lithium, du strontium, de l'oxygène, de l'hydrogène, du carbone. Les météorites carbonées, d'ailleurs beaucoup plus rares, sont constituées par de l'oxyde de carbone hydraté. Vraisemblablement la poussière noire, qui tombe sur le sol, lors de l'explosion d'un météore, provient de ces météores carbonés. D'ailleurs les météorites ferrugineuses peuvent aussi se résoudre en poussière, comme Nordenskiöld l'a démontré, en établissant qu'une masse considérable de neige du Spitzberg, éloignée de plus de cent milles de toute habitation humaine, déposait en fondant une très-fine poussière de fer. Le ciel et la terre, si éloignés l'un de l'autre dans nos mythologies, se valent au point de vue de la chimie et de l'histoire naturelle; à ce point de vue, le ciel diffère si peu de la petite motte de terre où nous sommes, que les anges eux-mêmes, s'il en existait, ne sauraient se soustraire aux lois éternelles de la matière, telles que nous les connaissons.

15) Comme le rapporte Secchi, Hodginson et Carrington, placés dans des observatoires différents, virent au même instant sur le disque solaire au voisinage d'une tache, une subite explosion de lumière, due à la chûte sur le soleil d'un volumineux météore, ce qui détermina sans doute, une production notable de chaleur. En observant le soleil, Brodie vit un éclatant météore traverser tout-à-coup le champ de sa vision; l'éclat de ce corps était plus intense que celui de la photosphère dans laquelle il parut tomber. La longueur de la ligne décrite par le météore dans le champ de la vision télescopique mesurait environ un arc de cercle d'une minute. La largeur du météore était de 4 à 5 secondes et la durée de sa visibilité fut de 0,3 de seconde. Il se montra d'abord dans la région inférieure du champ visuel et s'évanouit vers la partie médiane; il était muni d'une queue légèrement recourbée. Tout d'abord l'observateur attribua l'apparition à une illusion causée par la chaleur solaire, qui aurait provoqué quelque changement moléculaire dans l'objectif. Mais le phénomène fut transitoire et était évidemment indépendant de l'instrument employé. — Il n'est pas douteux non plus que la comète de 1843 ait traversé l'atmosphère solaire, ce qui en éleva la température et détermina l'énorme développement de sa queue, qui mesurait sur la voûte céleste une longueur de 63°. Mais comme on admet aujourd'hui une étroite relation entre les comètes et les météores, on ne peut guère douter qu'il ne tombe réellement sur le soleil une certaine quantité de matière

météorique, quantité fort variable d'ailleurs selon les circonstances et surtout la constitution de l'espace cosmique traversé par le soleil. A l'aide de ces considérations, on a tenté d'expliquer les variations thermiques considérables subies par la surface de notre globe, durant les âges écoulés, les oscillations du chaud au froid et du froid au chaud, en les rattachant à l'accroissement du soleil et de sa température. Si l'astre traverse des espaces riches en éléments matériels, il doit rayonner plus de chaleur et inversement. De là peut-être vient que des régions de notre globe aujourd'hui congelées par un froid éternel, ont eu jadis une faune et une flore riches, presque tropicales, tandis qu'à d'autres époques la morne période glaciaire avait refoulé toute vie organique dans une étroite zone équatoriale.

16) Les observations établissant avec quelle rapidité les protubérances changent de forme sont très-intéressantes. Le 22. juillet 1878, vers 5 heures et demie, apparut sur le bord du soleil une protubérance, se détachant de l'astre, comme une branche, puis s'inclinant, comme si elle était doucement agitée par le vent. Au bout de deux minutes elle s'incurva en arc et ressemblait alors à une torche, que le vent menace d'éteindre. Un quart d'heure plus tard, la flamme s'élargit en éventail et ne fut plus recourbée que dans sa portion supérieure par la tourmente. Huit minutes après, nouvelle métamorphose; c'était une flamme, large et tranquille, semblant sortir d'un tuyau de cheminée. Après un nouveau quart-d'heure, la flamme devint plus petite et plus étroite, mais tout-à-coup on vit latéralement jaillir une mince flamme se projetant de plusieurs centaines de milles dans l'espace. Au bout de vingt minutes environ, la protubérance diminua beaucoup pour disparaître ensuite, vers 6 heures 50 minutes.

Le 9. août de la même année, on observa encore d'intéressantes protubérances solaires, une entre autres, qui jaillit comme un mince éclair et se projeta à une distance de mille milles de la surface solaire. Tandis que sa base élargie était poussée par la tempête de droite à gauche, la portion supérieure s'inclinait de gauche à droite. La protubérance tout entière avait alors la forme d'un S, ce qui montrait clairement que la tourmente se dirigeait à gauche, dans les régions voisines du soleil, et à droite, dans les hautes régions (D'après A. Bernstein).

17) Comme nous l'avons dit dans le texte, la découverte des taches solaires est due au pasteur Frison, David Fabricius et à son fils Jean (1610). Deux années plus tard, le jésuite Scheiner, d'Ingolstadt, les décrivit assez exactement et communiqua ses observations à Welser, patricien d'Augsbourg, par l'intermédiaire duquel le célèbre Galilée en eût connaissance, puis plus tard s'attribua à tort la priorité de la découverte. Mais Scheiner dut publier sa découverte en restant anonyme, car tout cela était vu d'un mauvais oil par ses supérieurs. Son supérieur immédiat, le père Busäus, lui écrivit une lettre indignée, dans laquelle il attribuait les prétendues taches solaires à des défauts du verre ou des yeux de l'observateur et l'exhortait à mieux employer son temps!! Ne haussons pas trop les épaules, car de nos jours on en a vu et même on en voit à chaque instant tout autant. — Les diverses opinions, que nous avons relatées dans le texte relativement à la nature des taches solaires sont d'ailleurs très-anciennes. Déjà Galilée les comparait à des nuages, tandis que Scheiner y voyait des excavations. L'apparente obscurité des taches solaires est, comme on le pense bien, toute relative. En réalité, l'intensité lumineuse des taches, faible relativement à l'éclat des parties circonvoisines, est cependant très-grande encore et, d'après les évaluations, 4000 fois plus grande que celle d'une surface équivalente de la pleine lune.

18) La description, que nous avons donnée, des diverses parties de l'enveloppe solaire est empruntée au célèbre ouvrage, déjà souvent cité, que Secchi a écrit sur le soleil. Dans ses „Lettres cosmiques" (Graz, 1877), H. J. Klein les a autrement décrites. Selon lui, la chromosphère est située entre la surface solaire proprement dite, cette surface qui rayonne de la lumière blanche, et l'atmosphère solaire externe; mais quant à savoir, si la chromosphère repose immédiatement sur la surface solaire, c'est un point sur lequel il ne se prononce pas. Il pense que les protubérances naissent de la chromosphère, mais s'élèvent au-dessus d'elle à une énorme hauteur.

„Si l'on pouvait lancer notre globe terrestre sur un de ces jets solaires de gaz incandescent, il s'y évanouirait, comme une parcelle de charbon jetée dans un feu de forge.“

19) Secchi, qui a étudié les spectres de plusieurs centaines d'étoiles fixes, les divise en quatre catégories. La première comprend les étoiles *blanches*, tirant légèrement sur le bleu; à ce groupe appartiennent les étoiles bien connues, appelées *Sirius* et *Véga*. Dans le spectre de ces étoiles, les raies de l'hydrogène sont très-fortes; d'où l'on peut conclure que leur couche d'hydrogène est très-épaisse, et que sa pression et sa température sont beaucoup plus élevées que dans le soleil. En outre Secchi a constaté dans ces étoiles la présence du fer, du magnésium et vraisemblablement du sodium. Environ une moitié des étoiles appartiennent à ce type. — Le deuxième type, auquel notre soleil appartient, comprend les étoiles *jaunâtres*, comme Capella, Aldébaran, etc. Leur spectre est identique à celui de notre soleil, d'où l'on peut conclure à une parfaite similitude de composition chimique et de constitution. Huggins et Müller ont constaté, dans le spectre de l'étoile Aldébaran, dont ils ont mesuré environ 70 raies, la présence du sodium, du magnésium, de l'hydrogène, du calcium, du fer, du bismuth, du tellure, de l'antimoine, du mercure; pourtant, comme nous l'avons remarqué dans le texte, les quatre derniers de ces corps n'ont pas encore été trouvés dans le soleil. Les étoiles de ce type composent les deux tiers des étoiles fixes et, si elles étaient assez proches pour être exactement observées, elles nous offrirait, comme le soleil, le spectacle de gerbes d'hydrogène incandescent. — Le troisième type comprend les étoiles *oranges* ou *rougeâtres*. Leur spectre consiste en une série de stries d'aspect nébuleux, juxtaposées, mêlées de raies obscures, correspondant à celles que l'on observe dans le spectre des étoiles du deuxième type. En outre on y rencontre beaucoup de bandes juxtaposées et sombres, qui traversent le spectre comme une série de colonnes. De cet aspect Secchi conclut à l'existence d'une épaisse atmosphère de vapeur aqueuse. Dans le spectre de l'étoile α d'Orion, appartenant à cette catégorie, et dans lequel on a mesuré environ 80 raies, Huggins et Müller ont

reconnu la présence du sodium, du magnésium, du calcium, du fer et du Bismuth. D'après Secchi, on y trouve aussi de l'hydrogène, mais il n'y domine pas comme dans les étoiles des deux premiers types. — Le quatrième type comprend un petit nombre d'étoiles, presque aussi *rouges* que du sang. Leurs spectres, très petits et peu étudiés encore, ressemble plus au spectre d'un corps gazéiforme qu'à un spectre d'absorption, et ils sont incontestablement analogues aux spectres des composés carbonés, par exemple, à celui de la vapeur de pétrole. La raie du sodium y a été aussi constatée par Huggins. De là on peut conclure que la température de ces étoiles est bien inférieure à celle des ordres précédents, surtout à celle des étoiles des deux premières catégories — Ces observations de Secchi concordent presque parfaitement avec celles qui, au dire des journeaux, ont été tout récemment faites par le professeur Vogel de Potsdam, si connu par ses travaux d'astronomie physique, à l'aide d'un instrument nouvellement construit. De tout ce qui précède, il résulte, que la plupart des étoiles fixes ou étoiles du premièr type de Secchi doivent être en pleine ignition, comme notre soleil; que les étoiles jaunes du second type, dont le spectre se rapproche de celui du soleil, sont dans un état igné très-voisin aussi de celui du soleil; et qu'enfin la température des étoiles rouges est bien inférieure à celle du soleil. Ces observations confirment aussi la théorie suivant laquelle le stade d'évolution ou de refroidissement des étoiles se réflétèrait dans leur spectre; par suite, les étoiles les plus chaudes seraient les plus jeunes et les étoiles rouges les plus vieilles. Les bandes obscures, que l'on observe dans le spectre des étoiles rouges, correspondraient à la formation des composés chimiques entrant dans la constitution de leur atmosphère; mais, dans les étoiles blanches, à témperature très-élevée, ces combinaisons chimiques sont rendues impossibles par la force de dissociation de la chaleur, aussi n'y trouve-t-on guère que la substance primitive, l'hydrogène.

20) Ce fut en août 1864, que Huggins soumit à l'analyse par le prisme et pour la première fois la lumière d'une nébuleuse, de celle du Dragon. Sa surprise fut grande, quand il

vit que ce prisme se réduisait à trois lignes claires, ce qui prouvait sans conteste qu'on avait affaire à une masse de gaz incandescent. D'un autre côté, une portion de la curieuse nébuleuse Orion a été résolue, dans de puissants microscopes, en points lumineux stelliformes. Ces points lumineux ne sont nullement des étoiles fixes, mais bien des corps célestes embryonnaires, d'énormes sphères gazeuses. — Le nombre total des vraies nébuleuses et des amas stellaires actuellement connus peut s'évaluer à plus de cinq mille, mais les nébuleuses sont de dix à vingt fois plus nombreuses que les amas stellaires. On pensa tout d'abord que toutes les nébuleuses étaient des amas stellaires. Ce fut seulement en 1791 que Herschel combattit cette manière de voir et constata que des „vapeurs cosmiques“ existaient réellement dans les espaces célestes. De ce fait il tira relativement à la genèse des astres les conclusions les plus importantes, auxquelles l'analyse spectrale a donné une éclatante confirmation.

21) L'histoire de la peur inspirée par les comètes forme un très-intéressant chapitre de l'histoire de la superstition. Mais on comprend mieux encore combien est énorme la folie humaine, quand on voit que déjà, à Rome, le sage Sénéque déclarait, en invoquant de bonnes raisons, que les comètes étaient des phénomènes cosmiques, sans que cela suffit à discréditer l'opinion d'Aristote, qui y voyait des vapeurs éthérées et inflammables ayant une origine terrestre; en effet cette dernière manière de voir régna pendant bien des siècles, pendant la nuit intellectuelle de plus de mille ans, qui suivit le temps de Sénéque. Jusqu'à la fin du dix-septième siècle, comme le remarque M. W. Meyer, dans beaucoup de pays d'Europe, un professeur ne pouvait entrer en fonction, sans avoir déclaré publiquement et solennellement, qu'il était d'accord avecAristote, non seulement sur toutes les propositions fondamentales, mais particulièrement en ce qui concernait la théorie des comètes. En cela rien n'est changé de nos jours, sauf la forme; on ne trouverait pas un professeur, à qui il ait été donné d'occuper une chaire, si d'abord il a répudié les opinions surannées et depuis longtemps frappées à mort du charlatanisme théologique et métaphysique, s'il a ouvertement pris parti pour les

claires et incontestables données modernes, pour une philosophie de la nature basée sur l'expérience et la science!

22) On connait déjà six mille étoiles doubles, après seulement un siècle d'observation, et on en découvre toujours de nouvelles; or cette intéressante étude prouve à l'évidence, que les lois de la gravitation règnent sur des astres situés à des millions de milles de nous tout aussi bien que sur notre système solaire et sur notre terre. Déjà vingt ans avant que Clark découvrit à Boston, le 31. Janvier 1862, que la belle étoile fixe, Sirius (l'ancienne constellation du chien), appartenait à un système binaire, on lui avait soupçonné une compagne en interprétant les particularités de son mouvement d'après les lois de la gravitation. „Nul argument plus puissant que cette découverte", dit M. W. Meyer, „en faveur de l'universalité de la loi de la gravitation". Mais l'existence des intéressants systèmes d'étoiles doubles montra, que, dans les insondables profondeurs de l'espace cosmique, la nature se plaît, tout comme sur notre terre, à manifester sa variété, sans pourtant modifier en quoi que ce soit sa manière de procéder, sans invoquer des lois différentes de celles, à qui, comme nous le savons, elle a confié le soin de construire et de régir l'univers. Tous ces mondes merveilleux semblent bien résulter des mêmes lois si simples, qui règnent sur notre terre et qui l'ont formée.

23) Là où les rayons solaires agissent le plus énergiquement sur la surface de la mer, dans la zône équatoriale, l'évaporation est nécessairement plus active, et il en résulte un léger abaissement du niveau de l'océan, bientôt compensé par les courants froids arrivant du nord et du sud; en même temps l'eau, qui a fourni à l'évaporation, devient plus salée et plus lourde. De là résulte que la couche d'eau plus dense descend au-dessous de la surface et est remplacée par de l'eau plus douce. Des phénomènes analogues résultent de l'inégal échauffement de la surface de la mer, suivant les diverses régions, en raison du refroidissement nocturne et de la fusion des glaces polaires sous l'action du rayonnement solaire; l'eau résultant de cette fusion, étant dépourvue de sel et plus légère, commence par surnager, jusqu'au moment où ayant

pris de la salure et ayant acquis une température de 4° au-dessus de zéro, elle tombe au fond de la mer, en refoulant les couches inférieures, qui viennent la remplacer à la surface. Mais durant cet incessant mouvement circulatoire, dont nous ne pouvons mesurer l'importance, les eaux sont constamment en contact avec l'air, dont elles s'imprègnent au grand avantage des plantes et animaux aquatiques; de même l'air se charge de vapeur d'eau. Si la mer n'absorbait pas, grâce à l'action solaire, une certaine quantité d'air, l'opulente vie organique, dont elle est le siège, ne serait pas possible.

24) La recherche du mouvement perpétuel *(perpetuum mobile)* — une simple erreur scientifique — a coûté à nombre d'hommes, et sans aucune utilité, la vie, la fortune, la raison et la santé; et cette folie incroyable n'a pas cessé de sévir. Tout récemment encore, les feuilles Américaines racontaient le suicide d'un mécanicien Allemand, Carl Fretts, d'Indianopolis. Cet homme, qui possédait une certaine fortune, s'était tué d'un coup de revolver dans la tête à Zionsville (Ind.), après avoir, durant des années, gaspillé des sommes considérables et perdu la raison en cherchant le mouvement perpétuel. Quelle meilleure preuve de l'utilité qu'il y aurait à vulgariser largement les données scientifiques.

25) D'après une autre manière de voir, ce serait moins au frottement de l'air si raréfié des couches supérieures de l'atmosphère qu'à la composition chimique des météores, qu'il faudrait attribuer l'incandescence de ces derniers; peut-être y a-t-il à la surface et même à l'intérieur des météores une certaine quantité de gaz facilement inflammables, devenant lumineux aussitôt qu'ils sont en contact avec une suffissante quantité d'oxygène.

26) „La découverte de la corrélation des forces organiques terrestres avec le soleil et avec toutes les énergies qui en émanent, dit le professeur Ranke, a produit une révolution profonde dans notre manière de concevoir l'essence de la vie végétative. Ces forces, que nous voyons accumulées dans les organismes végétaux ou fonctionnant mécaniquement dans les organismes animaux, viennent, nous le savons, du soleil.

27) „C'est seulement sous l'influence de la lumière et de

la chaleur, que les parties vertes ou chlorophylliennes des plantes peuvent séparer l'oxygène des produits oxydés alimentaires. Or c'est le soleil qui fournit la force nécessaire à la dissociation de ces composés. Par là les énergies solaires se transforment en une force de tension accumulée dans les composés organiques, qui se forment au sein des plantes. En brûlant les substances organiques des végétaux, du bois, aussi bien qu'en empruntant aux animaux nos aliments, nous dégageons des forces vives, dont l'origine première est dans le soleil. Les fonctions mécaniques des animaux, leur chaleur, leur électricité, n'ont pas une autre source. C'est avec des rayons solaires accumulés, condensés, que, l'hiver, nous chauffons notre poêle, que nos machines et nos chemins de fer transportent nos fardeaux, que notre organisme et celui des animaux accomplissent les fonctions mécaniques des organes vivant."

Prof. Ranke.

28) Un astronome Américain, fort distingué, qui à beaucoup étudié le soleil, C. A. Young disait, dans une leçon sur le soleil faite à New-York: „Nous pouvons sans peine retrouver l'action du soleil dans les vents et les chûtes d'eau. C'est l'énergie solaire qui élève l'eau sur les montagnes, c'est elle que nous utilisons en employant la force de chûte des cours d'eau. La force élastique de la vapeur, que nous déchainons à volonté en brûlant des matériaux combustibles, provient aussi, par des voies plus détournées du soleil; en brûlant du bois, c'est de la force solaire accumulée, que nous utilisons. C'est toujours du soleil, que provient la force qui a produit les composés organiques, où le carbone et l'hydrogène jouent le principal rôle. La force, grâce à laquelle nous mouvons nos membres, le son de notre voix, même les facultés de notre esprit viennent en dernière analyse du soleil. Sans doute il existe d'autres sources de chaleur et de force, mais elles sont insignifiantes en comparaison du soleil."

C'est la même pensée que P. Reis (Le soleil, 1869) exprime en ces termes: „L'affinité chimique du carbone et de l'oxygène est un trésor mécanique représentant la force vive des rayons solaires; cette force se dégage sous forme de chaleur par la combinaison de ces deux corps, et elle met en mouvement nos bateaux à vapeur, nos locomotives, nos fabriques. Le travail de l'homme et des animaux n'est aussi que du rayonnement solaire transformé; c'est de l'énergie solaire, puisqu'il repose également sur l'affinité du carbone et de l'oxygène."

29) En dissociant à l'aide du prisme les éléments constituants de la lumière, on voit que les rayons lumineux exercent une triple action: calorifique, lumineuse, chimique. Les rayons visibles vont du rouge au violet; mais au delà du spectre visible, il existe encore des rayons calorifiques du côté du rouge, des rayons chimiques du côté du violet. D'ailleurs les trois espèces de rayons se confondent graduellement; ainsi, dans le spectre visible, il y a transition ménagée entre les rayons calorifiques et les rayons chimiques. Quant à l'activité assimilatrice des planètes, c'est-à-dire à la décomposition de l'acide carbonique avec mise en liberté de l'oxygène, c'est d'après les recherches de Lommel et Müller, dans les rayons rouges, entre les lignes B et C, que se trouve le centre d'action, quoique jusqu'ici on ait regardé les rayons rouges comme étant presque dépourvus d'activité chimique Peut-être la lumière intermédiaire aux rayons calorifiques et chimiques n'est elle qu'une combinaison de ces deux ordres de rayons et alors elle n'aurait pas d'existence propre.

Quoi qu'il en soit, on peut affirmer, que toutes les énergies chimiques existant sur le globe proviennent en dernière analyse de la grande source chimique résidant dans le soleil. On est parvenu à évaluer la puissance de cette force centrale et l'on a trouvé que les rayons chimiques traversant notre atmosphère suffiraient, en une minute, à déterminer la combinaison d'un mélange de chlore et d'hydrogène formant sur le globe une couche de 35 mètres d'épaisseur. La totalité de l'énergie chimique, rayonnée par le soleil, suffirait, en une minute, à combiner 25 millions de milles cubes d'un mélange de chlore et d'hydrogène.

Ce que nous avons dit des forces chimiques est applicable à l'électricité; car les deux forces sont inséparablement unies. Chaque courant électrique provoque des combinaisons et décombinaisons chimiques, et chaque phénomène chimique dégage de l'électricité. La chaleur, la lumière, l'électricité, la force chimique dérivent donc des mêmes causes; ce sont seulement des modifications diverses des vibrations atomiques imprimées par le soleil à l'éther cosmique, et ce dernier les transmet aux corps, qu'il baigne et pénètre, avec une inconcevable rapidité. Ainsi, pour être perceptibles pour nous, les vibrations des ultimes particules de l'éther doivent s'effectuer *au moins* 450 billions de fois par seconde! Le nombre des vibrations de l'éther, nous donnant la sensation du rouge, est de 480 billions, le jaune correspond à 640 billions et le violet à 700 billions de vibrations.

30) Le Dr. Kleinpaul dit, dans une excellente leçon sur „Le soleil et la vie“ (Rochlitz, 1880): „Spirituellement et corporellement nous sommes les enfants de la lumière, un théâtre, dont la lumière a fourni les matériaux et où elle joue le drame; grâce au sens de la vue, toutes les relations entre le microcosme et le macrocosme ne sont qu'une *spiritualisation de la lumière*. Non seulement relativement aux aliments, que le soleil prépare dans les cellules vertes des plantes, mais pour la totalité des fonctions, tout ce qui vit est le produit du soleil; la respiration du corps, le souffle spirituel ne sont en definitives que des transformations des vibrations de l'éther“.

31) Combien est cruelle cette privation, si commune à Londres, dans les étroites et sombres ruelles des quartiers pauvres, cela est pittoresquement exprimé dans le dicton Anglais: „Où trouver un rayon de soleil?“

32) Le savant Anglais, Bence Jones, a résumé brièvement les inconciliables contradictions existant entre l'histoire biblique de la création et les données scientifiques, quoi que l'on ait pu faire pour les mettre d'accord: 1) Le jour, la nuit et la lumière ont été crées avant le soleil; 2) L'obscurité est considérée comme une substance analogue à la lumière; 3) La lune a, comme le soleil, sa lumière propre; 4) Le firmament sépare l'eau de l'eau, ce qui signifie qu'au-dessus du ciel, il existe une masse d'eau analogue à la mer. Les particularités relatives à la succession et à l'époque de la création des êtres organisés et inorganisés constituent une cinquième contradiction. D'ailleurs des idées analogues ou identiques au sujet de

la création du monde se retrouvent chez d'autres races et cela antérieurement à toute notion scientifique d'histoire naturelle. Il est absolument inadmissible que Celui, qui sait tout, ait fait intentionnellement une révélation fausse pour s'accommoder à l'ignorance hébraïque.

33) Fréderic Mohr naquit le 4. novembre 1806, à Coblenz, où son père était pharmacien et, sous Napoléon I, essayeur de la monnaie. Après avoir terminé ses études de gymnase, fréquement interrompues par sa mauvaise santé, il passa trois ans, comme élève, dans la pharmacie de son père. Mais toujours il conserva, pour les classiques de l'antiquité, un goût très-vif; sa lecture favorite était celle d'Homère, de Virgile, d'Horace, dans le texte original. Parmi les modernes, Schiller était son préféré. Son esprit vif et actif ne put se contenter de la pratique pharmaceutique; aussi, en 1828, il entra à l'école supérieure de Heidelberg, où il étudia la chimie, la physique et la mécanique; le célèbre Gmelin, qui l'aimait beaucoup, l'initia à la science. Une fois docteur en philosophie, il fréquenta encore les écoles supérieures de Berlin et de Bonn (1832 et 1833). En 1833, il épousa Joséphine Derichs, dont le père était percepteur des contributions; de ce très-heureux mariage, il eut six enfants, dont cinq vivent encore. Son instruction solide lui acquit, dans sa ville natale, tant de crédit, qu'il y fut chargé de professer la physique et la mécanique à l'école d'artillerie. En 1837, parut, à Vienne, dans le Journal de Baumgartner, son premier travail sur la nature de la chaleur. Ce travail, que nous avons cité dans le texte, assure sans conteste à son auteur l'honneur d'avoir, le premier, nettement exprimé la grande idée de la conservation et de la transformation des forces.

En 1840, Fr. Mohr devint, par la mort de son père, maître de la pharmacie à Coblenz et naturellement cela le poussa à s'occuper des questions pharmaceutiques plutôt que des questions de science pure. Sa *Pharmacopea universalis,* fruit d'un travail considérable et d'une vaste érudition, est encore aujourd'hui un précieux recueil consulté avec fruit par les pharmaciens. Il fit aussi des inventions pratiques, citons: un pilulier perfectionné, un appareil à infusion par la vapeur, en usage aujourd'hui encore, sous une forme perfectionnée, un agitateur servant à l'évaporation des extraits et mis en action par un mouvement d'horlogerie; enfin il améliora de diverse manière les instruments de physique usités en pharmacie.

En 1846, Mohr publia son Manuel de l'art pharmaceutique, où, pour la première fois, on traitait simultanément des manipulations pharmaceutiques et des appareils usités. Le livre atteignit rapidement sa quatrième édition.

Son *Commentaire de la pharmacopée Prussienne* eut plus de succés encore. Cet ouvrage, dans lequel il signale les imperfections de cette pharmacopée et les moyens d'y remédier, parut à Vieweg, dans le Brunswick; il eut cinq éditions en vingt ans et est encore aujourd'hui entre les mains de tous les pharmaciens.

Mais le plus important des travaux de ce genre publiés par Mohr fut son *Manuel méthodique de titrage en chimie analytique;* la première édition de cet ouvrage parut en 1855; de 1855 à 1878 quatre autres éditions se succédèrent et, grâce à des éditions successives, à l'exposition des nouvelles méthodes, le livre finit par avoir 48 feuilles d'impression. C'est un traité, classique dans son genre; on le trouve aujourd'hui dans tous les laboratoires, dans toutes les écoles, et il à été deux fois traduit en Français.

Mohr venait d'atteindre sa cinquantième année, quand il fut nommé au conseil médical, après avoir été assesseur pendant bien des années; ce fut le prince royal actuel, qui lui remit sa nomination, dans le château même de Coblentz. Durant l'hiver de 1852, Mohr fit, chez lui, à Coblentz, une leçon hebdomadaire de chimie expérimentale à la princesse royale Augusta, aujourd'hui impératrice, et à la grande duchesse, Louise de Baden; en 1853, il traita des machines à vapeur. Pour ce dernier cours, il avait installé, dans la pièce où il faisait ses leçons, une petite machine à vapeur, que l'on faisait fonctionner. Quand le roi et le prince royal étaient à Coblentz, ils ne manquaient pas d'assister avec leur suite à ces leçons; ce qui faisait un auditoire de vingt et quelques personnes. Sur une coupe d'argent, offerte à titre de souvenir au professeur par ses auditeurs précieux, sont aussi gravés d'autres noms, aujourd'hui célèbres, par exemple, ceux des frères Bunsen, du général Von Goeben, du comte Alvensleben, du général Von Bardeleben, du général Von Griesheim, des comtesses Hacke et Oriolla etc. En outre, Mohr donna assez souvent ses leçons dans le château même de Coblentz.

A partir de 1857, année, où il figura à Bonn au congrès des naturalistes, en compagnie du fameux géologue neptunien, Otto Volger, il s'adonna à des études plus générales d'histoire naturelle, particulièrement à la géologie. En 1858, Mohr vendit sa pharmacie et se retira à la campagne, à Metternich sur la Moselle; là il s'appliqua à des études analogiques et publia, en 1864, son traité „De la vigne et du vin"; mais il s'adonna surtout à la géologie et fit paraître, en 1866, son „Histoire de la terre, manuel de géologie nouvelle"; l'ouvrage fit sensation. Dans ce livre remarquable, l'auteur, se basant surtout sur des raisons tirées de la chimie, combat ouvertement le plutonisme, donne une théorie nouvelle de la formation du charbon de terre et de la chaux, qui, suivant lui, se serait déposée dans la mer, grâce à l'action des végétaux; il réfute l'hypothèse du feu central terrestre et celle des catastrophes géologiques; il explique la formation de tous les minéraux par l'action de l'eau sur les météorites. Pour lui, comme pour Volger, il n'y a en géologie qu'une monotone et éternelle succession de métamorphoses sans progrès; selon lui, l'idée d'un éternel progrès n'est „qu'un songe bienveillant." L'ouvrage, dont nous parlons, eut, en 1875, une seconde édition et il fut accueilli dans le monde savant par des critiques et des éloges d'une égale vivacité.

Vers cette époque, Mohr, suivant le goût du jour, se mit à faire des conférences, ce dont, comme nous l'avons dit, il avait déjà l'habitude. A Cologne, Crefeld, Coblentz, etc. ses leçons populaires furent suivies par un auditoire nombreux et intelligent; en outre cela lui permit de publier toute une série de travaux de vulgarisation dans la revue Géa, dans le Journal de Cologne, etc., surtout dans les livraisons mensuelles de Westermann.

Deux ans après la publication de son *Histoire de la terre*, Mohr publia son travail sur „La théorie mécanique de l'affinité chimique et la chimie nouvelle" (Brunswick, Vieweg 1868);

là Mohr se retrouvait sur un terrain qui lui était familier, aussi on y retrouve toute son originalité, la pénétration habituelle avec laquelle il élucide les problèmes de l'histoire naturelle. Dans une lettre très-flatteuse adressée à l'auteur, en 1868, avant la publication du traité, le grand Liebig, avec lequel Mohr a toujours été en relation d'amitié, lui écrivit qu'il espérait trouver dans son travail „tout se qui nous manque pour faire de la chimie une vraie science.“ Après la mort de Liebig, Mohr a rendu à sa mémoire un hommage affectueux et amical, en publiant une esquisse de sa vie et de ses travaux.

Le retour de Mohr à la chimie fut peut-être motivé par ce fait, qu'en 1865 un grand changement survint dans sa vie. A la suite d'arrangements de famille, il vendit la propriété, qu'il possédait à la campagne, et, à l'âge de 57 ans, entra à l'université de Bonn, comme Privatdocent. Il y obtint vite le titre de professeur dans sa spécialité et il le garda jusqu'à sa mort. Une fois encore, il s'occupa de théorie, en publiant, chez Vieweg, à Brunswick, un traité sur la „Théorie générale du mouvement et de la force, considérés comme fondements de la physique et de la chimie.“ Dans ce très-intéressant travail, il reprend, en l'annotant, sa théorie sur la nature de la chaleur, publiée en 1837, et établit son droit de priorité à la découverte de la loi de conservation des forces physiques.

En 1874, il eut le grand malheur de perdre un oeil, à la suite d'une maladie, ce qui le mit presque dans l'impossibilité de continuer ses expériences et le contraignit à s'enfermer de plus en plus dans le domaine de la théorie. Il ne s'en adonna que davantage à l'enseignement et, grâce à son caractère affable, bienveillant, il eut des élèves nombreux et reconnaissants. Une année avant sa mort, le 11. septembre 1878, à Coblentz, il prononça le discours d'ouverture au congrès général des pharmaciens et il étonna ses collégues par la largeur et la sûreté, avec lesquelles il traita les plus difficiles problèmes de la chimie. Par son caractère affable et aimable il gagna aussi leur sympathie et leur respect et il s'attacha les pharmaciens aussi bien des nouvelles que des anciennes promotions, en s'attachant à alléger les lourdes heures des examens par la clarté et la simplicité de ses questions.

Aussi la reconnaisance et l'affection de ses écoliers le suivirent dans la tombe. On le vit bien, le jour de son convoi funèbre, qui eut lieu le surlendemain de sa mort, le 30. septembre 1879,. à Bonn. Mohr avait succombé à une pneumonie. La famille de Mohr lui a élevé, dans le cimetière de Bonn, un monument, orné d'un buste en haut-relief.

Mohr n'était pas moins aimable avec ses amis et sa famille qu'avec ses écoliers et ses collégues, aussi en était-il aimé et vénéré. La reconnaissance publique lui a pas moins manqué qu'à son rival, Meyer, quoique ses vues originales, s'écartant toujours plus ou moins des chemins battus, lui aient fréquemment attiré de la part des savants spéciaux des attaques justes ou injustes, mais sans éclat. D'ailleurs ces attaques n'altéraient guère sa bonne humeur et sa sérénité, car il avait pleine conscience de sa valeur. Rien de tout cela d'ailleurs ne nuisait à sa réputation, et un grand nombre de sociétés savantes, Allemandes et étrangères, le choisirent pour membre correspondant ou honoraire. Les opinions philosophiques de Mohr concordaient entièrement avec les nôtres et il en était résulté une amitié, qui a duré de longues années. Mohr était profondément convaincu, que c'est par les sciences naturelles que l'esprit humain doit s'affranchir et à ce sujet il m'écrivait un jour: „Je crois que la découverte de l'oxygène a été le commencement de la fin de la sottise.“ D'ailleurs, comme nous l'avons déjà dit, Mohr n'était pas seulement un savant; c'était aussi un homme, dans la pleine acception du mot et le „Nil humani a me alienum puto“ de Térence, lui était particulièrement applicable. La musique et la poésie l'intéressait presque autant que la science; il vénérait Beethoven, Haydn, Mozart, Weber autant qu'Homère, Shakespeare, Goethe, Schiller, etc.; ces poètes, il les lisait à sa famille ou il les citait, car sa mémoire était remarquable. Mohr était un de ces hommes universels, dont les idées et les sentiments embrassent l'univers et dont l'esprit a besoin de jeter, par dessus le domaine restreint de leur science spéciale, un regard sur l'ensemble des choses. Aussi les fait particulièrs, les études de détail, auxquels les spécialistes, d'ordinaire si fiers de leur savoir, accordent tant de valeur, car ils ne sont grands que dans les petites choses — ces faits avaient de la valeur, aux yeux de Mohr, juste autant qu'ils pouvaient servir de base à des théories générales, utiles à la science et à l'humanité. A ce propos, il a très-bien écrit quelque part: „La découverte d'un fait est affaire de chance; mais son interprétation intelligente est affaire de génie."

Mohr a laissé toute une série de mémoires et de travaux, les uns scientifiques, les autres populaires, dont certains sont encore inédits et pour lesquels on n'a pas encore trouvé d'éditeurs, malgré leur valeur considérable. De ces travaux inédits le plus important est sans contredit un mémoire détaillé, ayant pour objet de répondre à la question suivante, donnée comme sujet de prix: „Les faits astronomiques, géologiques, biologiques, mettent-ils hors de doute que notre système solaire, et particulièrement la terre et ses habitants, ont commencé à un certain moment de la durée, ou au contraire en établissent-ils l'éternité?" C'est pour la théorie de la stabilité que Mohr se prononce. Il existe encore deux autres mémoires également inédits; l'un traite „De la critique et de la fin de la théorie atomique", dont Mohr n'était pas partisan; l'autre est intitulé „Contributions à la théorie mécanique de la chaleur." D'autres mémoires traitent des tremblements de terre, des météorites, du radiomètre, de l'origine du sel gemme et du charbon de terre, des Geysers, de la vigne, etc.

Quant au droit de priorité de Mohr sur la découverte de la loi de conservation de la force, elle est, en ce qui touche à la théorie générale, si peu contestable, que Mayer lui-même l'a reconnu dans une lettre adressée à Mohr. En effet, le 3. Août 1869, il écrivait à Mohr: „Il est clair, que, cinq ans avant la publication de mon premier mémoire, en 1842, vous aviez démontré l'importance du principe de la conservation de la force." Dans une autre lettre du 28. avril de l'année précedente, Mayer s'exprime ainsi: „Dans le traité, si important et si original, que vous rappelez dans votre récent ouvrage sur „La théorie mécanique de l'affinité chimique", vous avez incontestablement exposé la théorie mécanique de la chaleur et vous avez même essayé de déterminer l'équivalent mécanique." Cependant Mohr s'est appliqué surtout à exposer la théorie dans son ensemble, à l'appliquer à toutes les forces naturelles; Mayer au contraire s'occupa particulièrement du rapport entre la chaleur et le mouvement des masses et eut, le premier, l'incontestable mérite d'évaluer l'équivalent mécanique de la chaleur. Le savant Anglais Tait se croit même fondé à dire, que la méthode pour déterminer l'équivalent mécanique de la chaleur d'après la chaleur spécifique de l'air sous une pression constante et sous un volume constant est exposée par Mohr plus clairement qu'elle ne le fut, cinq ans plus tard, par Mayer! Dans sa Géa, H. J. Klein s'exprime plus nettement encore relativement au droit de priorité de Mohr (Vol. VII. 209): „Dans la dissertation de Mohr, on trouve à peu près tout se que nous savons aujourdhui sur la nature de la chaleur, l'unité des forces et leur conservation. Que Mohr n'ait pas évalué en chiffres l'équivalent de la chaleur, cela ne diminue pas plus son mérite que ne le fut celui de Pascal, alors qu'après avoir affirmé la pesanteur de l'air il laissa à son beau-frère Périer le soin de monter sur le Puy-de-Dôme pour constater expérimentalement, que la pression atmosphérique diminue à mesure que l'on s'élève. Avec quelle sûreté Mohr tira des faits alors connus toutes les conséquences, que lui découvrait sa pénétrante sagacité, cela ressort de sa définition de la constitution moléculaire des gaz. On en peut dire autant des développements tirés par Mohr du principe de la conservation et de la transformation des forces. „La même force, qui soulève le marteau, peut, autrement employée, produire tous les autres phénomènes“; cette importante conclusion était enfouie, depuis trente ans, sous une quantité de recherches expérimentales; mais il fallait déterrer le trésor et formuler la proposition — il est vraiment singulier de voir que, dans les ouvrages spéciaux les plus récents, les prétentions de Mohr à la découverte de la nature de la chaleur, de la transformation et de la conservation des forces sont à peine mentionnées, tandis que l'on s'efforce de trouver dans les livres poudreux des vieux auteurs quelque chose d'analogue à la théorie nouvelle.“

34) G. Brandes dit excellement: „Tel conducteur, qui guide la foule, en la précédant de vingt pas, devient invisible

et n'est suivi par personne, s'il a une avance de mille pas, et il est à la merci de tout bandit littéraire, qui peut impunément lui tirer un coup de feu par derrière." De là vient que, comme le dit Joh. Scherr, „Cendrillon-Vérité, mal vêtue, mal nourrie, est chargée des gros travaux dans la maison de l'humanité, tandis que la duplicité et l'erreur, couvertes de velours et de soie, fardées et ornées de pierreries, font les grandes dames dans le monde et y sont adulées, choyées, entourées d'hommages."

35) Robert Mayer naquit à Heilbronn, le 25. novembre 1814; son père était un pharmacien très-instruit. Le goût de R. Mayer pour les mathématiques et les sciences naturelles se manifesta de bonne heure, alors même que, dans l'étude des langues anciennes, il devançait ses camarades. Dès l'âge de dix ans, il s'appliqua longtemps et ardemment à la recherche du mouvement perpétuel, mais finit enfin par reconnaître que le problème était insoluble. Il faisait aussi quantité d'expériences avec des pompes à air, des machines électriques, etc. Au printemps de 1829, il entra à l'école du cloître de Schönthal, sorte de gymnase supérieur, oú d'ailleurs il obtint, tout comme à Heilbronn, des succés dans les études philologiques. Dans les sombres galeries du cloître, il s'amusait à effrayer ses camarades en jouant an revenant, ce qui lui valut le sobriquet „d'esprit." Là aussi il était fort aimé de ses maitres et de ses condisciples. Durant l'été de 1832, à l'âge de 18 ans, il entra à l'université de Tubingue comme étudiant en médecine. En dehors des études ses distractions favorites étaient les jeux de cartes et d'échecs. Ses amis le regardaient comme une tête chaude, originale, même exaltée; fécond en saillie, en hypothèses hardies, il se lançait dans des expériences nombreuses et singulières. Son excitation était si grande que, dans un rapport à l'administration de l'université, le médecin qui soigna Mayer, mis aux arrêts, exprima la crainte que son état ne dégénérât en maladie mentale.

En 1837, pour avoir fait partie d'une société secrète et pour s'être montré sans frac à un bal du Muséum, il fut renvoyé pour un an, ce qui lui permit d'apprendre la clinique à Munich et à Vienne.

Après avoir subi ses examens et essayé sans succés de la pratique médicale à Heilbronn, l'idée lui vint, pour voir du pays, de prendre du service en Hollande, dans le corps de santé. Après un séjour de quatre mois à Java, il revint en Hollande en 1841 et retourna dans son pays, riche d'idées et d'impressions nouvelles, pour se remettre à son oeuvre. Là, de concert avec son frère aîné, Fritz, qui avait étudié la chimie, il se remit à travailler à sa grande découverte, mais sans trouver le moindre encouragement auprès des médecins, des physiciens, des naturalistes. En l'écoutant, on haussait les épaules, on le considérait comme une tête exaltée et on traitait ses idées d'ingénieux paradoxes. Enfin Mayer réussit à donner un corps à sa grande idée et, en 1841, il publia son célèbre petit traité sur les forces de la nature inorganique, traité qui a fait époque dans l'histoire naturelle. Comme nous l'avons dit dans le texte, Poggendorf refusa ce travail, comme „inconvenant", mais Liebig le publia dans ses annales, ce qui remplit de joie l'auteur. En 1842, Mayer se maria et, malgré l'augmentation de sa clientèle, surtout administrative (Il devint chirurgien du grand bailliage, plus tard médecin municipal et médecin des pauvres), il continua ses recherches scientifiques. En 1849, il écrivit son beau travail sur „Le mouvement organique, dans ses rapports avec les mutations de la matière"; ce fut à grand peine, et seulement en prenant à sa charge les frais d'impression, que Mayer trouva, pour ce traité, un éditeur, tandis qu'aujourd'hui cet ouvrage et tous ceux de Mayer sont traduits dans presque toutes les langues. La „Contribution à la dynamique céleste, sous une forme familière" eut plus de succés. Dans cet écrit, le soleil lui-même est considéré comme un grandiose exemple de transformation de mouvement en force et de chaleur en mouvement. Mais l'esprit si original du penseur ne trouvait pas le repos. Le peu de crédit que rencontrait sa doctrine, les émotions politiques de l'année 1848 (Mayer appartenait au parti de „l'ordre"), des malheurs domestiques assombrirent de plus en plus son humeur. Le supplément de l'*Allgemeine Zeitung* du 21. mai 1849 contenait un article signé Dr. Otto Seyfer, dans lequel les idées du Dr. Mayer étaient traitées de „folies sorties d'un cerveau brûlé et en général indignes de l'attention des savants." Les arguments, ajoutait-on, ne sont pas nouveaux et ne démontrent nullement ce qu'ils prétendent démontrer. Les idées de Mayer sur la force, les causes premières, le mouvement sont absolument erronées et leur peu de valeur a déjà été démontré dans les publications scientifiques. Cette attaque injuste blessa Mayer d'autant plus profondément que la rédaction de *l'Allgemeine Zeitung* refusa de le laisser répondre. Sa raison s'égara et il fut bientôt atteint d'une grave maladie cérébrale, pendant laquelle il sauta du second étage de sa maison, mais pourtant sans se blesser grièvement. Mais à la suite de cette chûte, il boîta toujours de la jambe gauche. Après sa guérison, Mayer se remit à l'étude et écrivit ses „Remarques sur l'équivalent mécanique de la chaleur", mais dès lors son énergie était brisée; son activité déclinait. L'état, d'excitation extrême devint, chez lui, chronique et en 1852—1853 il dut passer treize mois dans une maison d'aliénés, il fallut l'interner dans un asile. Il semble bien qu'à cette époque les travaux intellectuels lui étaient fort difficiles. Du moins il écrit, le 3. Août 1869, à son émule Mohr: „Excusez-moi d'avoir tardé à répondre à votre bonne lettre; c'est une impolitesse que je me suis reprochée, chaque jour; mais je travaille très-lentement et, je puis vous confier cela, à grand peine. Comme le dit Lagrange, l'esprit humain est naturellement paresseux; il aime à se reposer indéfiniment." — Du reste le soir de la vie de Mayer fut quelque peu adouci; avec le temps, on finit par rendre justice au grand découvreur; grâce aux efforts de Schönlein et de Liebig, son mérite fut enfin reconnu; de tous côtés, de sa patrie comme de l'étranger, lui arrivèrent des témoignages d'estime. Ainsi, en 1867, vingt-six ans après sa découverte, il reçut l'ordre de la couronne du Wurtemberg, qui confère la noblesse personnelle.

Après avoir publié encore plusieurs petits mémoires „Sur la Fièvre", „Sur les tremblements de terre", „Sur la valeur des quantités invariables", „Sur la nutrition" etc., après avoir, à Inspruck, au congrès des naturalistes, fait une communication „Sur les conséquences et les inconséquences nécessaires de la mécanique de la chaleur", le coeur fatigué de Mayer se brisa, le 20. mars 1878. Son corps repose dans le cimetière de sa ville natale.

Ainsi vécut et mourut ce martyr de la vérité et de la science; comme tant d'autres, il acheta au prix de son bonheur le droit de rendre des services à l'humanité. Comme tant d'autres martyrs du même genre, il prouva par son exemple, que la postérité seule sait apprécier les innovations géniales, comme l'a si éloquemment dit Feuerbach; „Sache que jamais encore aucune vérité n'est venue au monde avec pompe, au milieu de l'éclat d'un trône, au bruit des tambours et des trompettes; c'est dans les ténèbres, parmi les larmes et les soupirs, que naît la vérité; sache que l'histoire universelle emporte dans ses flots, non pas ceux qui sont en haut, mais ceux qui sont en bas.“ Comme nous l'avons remarqué, Mayer était en politique complètement en opposition avec son frère aîné, Fritz, qui prit une part active au mouvement révolutionnaire de 1848; il était conservateur, même réactionnaire, et cela lui fit courir de sérieux dangers en 1848. Il était aussi très-peu porté vers la philosophie spéculative. Son ami H. Rümelin lui ayant un jour prêté la Logique et la Philosophie naturelle de Hegel, il les lui rendit, quelques jours après, en lui disant qu'il n'y avait rien compris et n'y comprendrait rien, quand même il s'y appliquerait pendant cent ans. Pourtant c'était un maître dans l'art d'enchainer logiquement les causes et ce fut précisément par là qu'il fut amené à faire sa grande découverte, comme cela ressort de ses entretiens avec son ami Rümelin, à qui nous avons emprunté, en grande partie, les éléments de cette notice.

36) Rumford décrit d'une manière charmante l'étonnement, que produisit cette expérience sur les assistants. „Il n'est pas facile de donner une idée de l'expression d'étonnement, d'ébahissement, qui se peignit sur le visage des assistants, quand ils virent cette grande quantité d'eau s'échauffer et bouillir sans feu. Quoique le fait n'ait en lui-même rien d'extraordinaire, j'en éprouvai cependant une joie d'enfant. Si je prétendais à l'honneur de cette découverte, je devrais peut-être dissimuler cette joie, au lieu de la publier.“ On peut très-facilement répéter en petit l'expérience de Rumford,

il suffit pour cela de placer sur le disque d'un tour un tube de laiton à demi-rempli d'eau et fermé avec un bouchon de liège; puis on fait rapidement tourner ce tube entre deux tablettes de bois, qui le pressent fortement. En quelques minutes, l'eau contenue dans le tube s'échauffe par le mouvement et le frottement assez pour que la vapeur, qui en résulte, chasse violemment le bouchon et le lance à une grande hauteur.

37) Le frein de Prony consiste en un levier, reposant à l'aide d'un bourrelet sur l'axe du moteur; ce levier est fixé par une chaine, dont les chainons sont des plaques de tôle, garnies de coussinets de bois, que des vis fixent autour de l'axe du moteur. Si l'on assujettit le frein sur l'axe du moteur, sans serrer les vis, il reste immobile et glisse sur l'axe. Si au contraire, en serrant les vis, on détermine une pression du frein sur l'arbre, le levier se soulève, en dépit de son poids proportionnel à la masse de l'eau qui tombe. Or, pendant que ce travail s'effectue autour de l'axe, les coussinets de bois du frein s'échauffent beaucoup et s'enflammeraient, si l'on n'avait soin de les humecter constamment avec de l'eau froide. Joule imagina un procédé mécanique pour évaluer la quantité de chaleur, qui, dans ce cas, est transformée en force mécanique.

38) Prenant pour base la vitesse de translation de la terre autour du soleil et faisant entrer dans le calcul l'équivalent mécanique de la chaleur et la chaleur spécifique du globe, on a évalué à 586,596 degrés centigrades l'énorme température à laquelle s'éléverait notre planète, si elle s'arrêtait brusquement dans sa course. D'après Spiller cet arrêt de la terre produirait assez de chaleur pour élever à 112,000 degrés centigrades un globe aqueux de la grosseur de la terre. Mais la chaleur, qui résulterait de la chûte de la terre sur le soleil, serait encore 400 fois plus forte.

39) Grove décrit (La parenté des forces naturelles, 1871, p. 218) une expérience, qui montre bien nettement comment le mouvement enrayé engendre de la chaleur: Une série de roues, s'engrénant les unes dans les autres, se termine par une petite roue de métal, qui tourne avec une grande rapidité,

quand l'appareil fonctionne; mais cette petite roue frotte sur la circonférence de la roùe la plus voisine, qui est en bois. Sur la roue métallique est fixé un petit morceau de phosphore, qui ne s'altère pas tant que dure le mouvement, mais qui s'enflamme subitement, dès que la roue est arrêtée par la pression d'un petit levier faisant fonction de frein!

40) Des expériences aussi ingénieuses que délicates ont montré que 13,500 coups d'ùn marteau de dix livres ou 1350 coups d'un marteau de cent livres tombant d'une hauteur d'un pied Rhénan sont nécessaires pour élever une livre d'eau de 0° à 100° centigrades. Or, comme la force d'impulsion de chaque coup du dernier marteau équivaut à celle de 1350 quintaux d'eau tombant d'une hauteur d'un pied, cette dernière, convenablement employée, pourrait produire dans une livre d'eau une élévation de température de cent degrés centigrades, ou bien la force de chûte de seulement 1350 livres d'eau, tombant de la même hauteur, suffirait pour élever d'un degré centigrade une livre d'eau. Inversement on a démontré, qu'employée comme force mécanique la chaleur en réserve dans une livre d'eau échauffée pourrait, en s'abaissant d'un degré centigrade, élever 1350 livres à un pied ou, ce qui revient au même, une livre à 1350 pieds.

Quand, soit par le frottement, soit par le choc, un mouvement est détruit, il en résulte aussi une certaine quantité de chaleur; et, quand la chaleur produit du travail, pour chaque unité de travail ou pour chaque poids de 1350 livres élevé d'un pied une quantité de chaleur capable d'élever d'un degré la température d'une livre d'eau est consommée. On admet donc que cette quantité de chaleur équivaut à cette quantité de travail, en est l'équivalent.

Exprimée en Kilogrammes et en mètres, cette loi se formule ainsi, comme nous l'avons dit dans le texte: La quantité de chaleur nécessaire pour échauffer d'un degré un kilogramme ou un litre d'eau, peut, si on l'emploie comme force mécanique, soulever un poids d'un kilogramme à 424 mètres ou un poids de 424 kilogrammes à un mètre. En d'autres termes: un travail mécanique, pouvant élever 424 kilogrammes à un mètre ou un kilogramme à 424 mètres, équivaut à la quantité de chaleur capable d'échauffer d'un degré un kilogramme d'eau. De même la chûte d'un poids d'un kilogramme d'une hauteur de 424 mètres ou celle de 424 kilogrammes d'une hauteur d'un mètre produit, soit par le frottement soit par le choc, la chaleur nécessaire pour élever d'un degré centigrade un kilogramme d'eau.

Le mètre kilogramme ou le kilogrammètre a aujourd'hui remplacé partout le pied-livre, jadis usité; en Angleterre seulement on a conservé l'ancienne mesure. Or, comme le mètre vaut 3,2 pieds Anglais et le kilogramme 2,2 livres Anglaises, le kilogrammètre équivaudra à .7,2 pieds-livres Anglais. En Allemagne, le kilogrammètre, c'est-à-dire l'unité de travail, correspond environ à 6½ pieds-livres. La „force d'un cheval" si fréquemment prise comme unité de mesure pour évaluer un travail mécanique correspond à 75 kilogrammètres, c'est-à-dire à une force pouvânt fournir en une seconde 75 kilogrammètres.

L'étude purement *mathématique* du principe de la conservation de la force, à laquelle on s'est beaucoup livré dans ces derniers temps, n'a, selon F. Mohr (Théorie générale du mouvement et de la force, p. 38) qu'une importance secondaire. Les mathématiques, dit Mohr, calculent bien, mais elles découvrent mal. „La formule est simplement l'expression mathématique d'un enchaînement de phénomènes déjà évident pour l'esprit. Ce que l'on déduit de la formule y est déjà contenu et n'est nullement découvert par le mathématicien. Si la donnée première est fausse, les conclusions seront également fausses." — „Le problème à résoudre par les mathématiques consiste seulement à dégager, dans des conditions données, une grandeur inconnue"; et souvent on attribue au calcul du mathématicien ce qui est dû seulement au travail du penseur. C'est par la seule force de sa pensée et en ne se mettant guère en frais de mathématiques, que J. R. Mayer a démontré la loi de la conservation de la force, et les travaux postérieurs des analystes n'y ont ajouté aucune preuve nouvelle; ils ont seulement servi à montrer que les artifices mathématiques pouvaient dégager les conséquences contenues dans une pensée juste. Dans les sciences naturelles, les mathématiques pures ne peuvent faire aucune découverte; mais elles peuvent exprimer par une formule les combinaisons du naturaliste et conduire à de nouvelles applications mécaniques.“

Secchi (L'unité des forces naturelles, 1876, Vol. II, p. 4) s'exprime à peu près comme Mohr: „L'analyse mathématique, dit-il, est un moyen précieux, prouvant les principes déjà posés par les conséquences qu'elle en tire. Mais si le calcul peut nous suggérer les expériences propres à établir les principes, il est cependant impuissant à formuler ceux-ci“ etc.

41) Une plaque de daguerréotype, toute préparée, est placée dans une caisse remplie d'eau, munie, à sa paroi antérieure, d'un verre, recouvert par un volet. Entre le verre et la plaque est interposé un réseau de fil d'argent en forme de grillage; la plaque est reliée au fil de la bobine d'un galvanomètre et le fil du réseau se rattache à l'extrémité d'une spirale de Bréguet, tandis que les deux autres bouts du fil galvanométrique et de la spirale communiquent par un fil. La spirale de Bréguet est un élégant appareil constitué par deux métaux sondés et roulés en spirale; leur inégale conductibilité pour la chaleur fait que l'appareil décèle les plus légères différences de température. Aussitôt qu'en soulevant le volet recouvrant le verre de la boîte, on laisse tomber un rayon de lumière solaire ou artificielle sur la plaque, les aiguilles du galvanomètre et de la spirale de Bréguet dévient. La lumière a donc provoqué l'activité chimique sur la plaque, l'électricité courant dans les fils du galvanomètre, le magnétisme dans l'aiguille de cet instrument, la chaleur dans la spirale et par suite le mouvement de l'aiguille de cette spirale.

42) L'aspiration des plantes vers la lumière ou plutôt l'excès de leur croissance du côté d'où vient la lumière sont des faits que tout le monde connaît et d'ordinaire ils fortifient le préjugé téléologique, suivant lequel une volonté suprême et bienfaisante à inspiré aux plantes un penchant vers ce qui peut leur être utile. Cette interprétation est radicalement fausse. L'explication de ces phénomènes est fort simple: les tissus, la substance de la plante sont excités par les

rayons chimiques de la lumière et croissent par conséquent plus activement là où tombent les rayons lumineux, en d'autres termes, ils croissent du côté de la lumière. La lumière construit la plante.

43) La force de tension, l'énergie de l'air comprimé, cette force, qui chasse la balle d'un fusil à vent, qui a permis de creuser à travers des masses rocheuses les gigantesques tunnels du Mont-Cenis et du Saint-Gothard, a, de bonne heure, été attribué à l'écartement des molécules du gaz, d'où une énergie latente, statique, potentielle; d'autre part on a attribué la force vive, motrice, kinétique, actuelle au choc incessant des molécules de l'air contre les parois du vase, qui les contient. Dans ce cas, comme dans bien d'autres, on peut se demander, s'il existe une énergie potentielle ou actuelle. La pesanteur elle-même a été souvent considérée comme un mouvement dû aux ondulations de la gravitation, se propageant de proche en proche. Pour nombre de physiciens, la pesanteur est un phénomène électrique. Son action à distance à travers le vide à été depuis longtemps reconnue impossible.

44) Si nous soulevons un poids quelconque à une certaine hauteur, il semble que la force dépensée dans cet effort est perdue, anéantie peut-être pour toujours. Mais en réfléchissant, nous voyons que, par notre travail, nous avons déplacé le centre de gravité de la terre et changé ainsi sa place relativement au soleil, aux planètes et aux étoiles. Comme Grove l'a exposé, le travail fourni par nous retentit dans l'univers et en modifie le mouvement. Toute dépense extérieure de force se propage ainsi. Si, au lieu d'un seul poids, on en soulève deux, placés en des points opposés du globe, il peut sembler à première vue qu'il y a compensation, et que le centre de gravité de la terre ne peut s'être déplacé; mais en agissant ainsi, on a augmenté le diamètre terrestre et par là perturbé, si peu que ce soit, le mouvement de notre planète et de tous les autres corps célestes. De même, si, après avoir soulevé un poids, nous le laissons retomber, de sorte que tout revienne à l'état primitif, il ne s'en sera pas moins produit, pendant le double mouvement d'élévation et d'abaissement, quantité de changements dans le mouvement

de la terre, dans l'état de la température, dans le magnétisme terrestre, etc., et le rétablissement exact de l'état primitif n'est plus possible. Après un changement quelconque, le retour à l'ancien état de choses est impossible; d'autres changements se succèdent perpétuellement. „Rien ne se répète, parce que des conditions identiques ne se retrouvent plus; *le passé est irrévocable.*"

45) La loi de la conservation ou de la transformation de la force n'a pas seulement une importance scientifique extrême; sa valeur n'est pas moins grande au point de vue mécanique; en effet, grâce à elle, nous pouvons de plus en plus, à mesure que notre outillage se perfectionne, utiliser, en les transformant pour notre utilité particulière les grandes forces de la nature, à la seule condition de trouver des procédés pratiques d'un coût modéré. C'est ainsi, comme nous l'avons dit dans le texte, que, pour forer les grands tunnels des Alpes, on s'est servi de l'air comprimé par des machines qu'actionnaient les ruisseaux descendant des montagnes; et il est à prévoir que la force ainsi obtenue jouera un grand rôle dans la mécanique de l'avenir. L'énorme force de la chûte du Niagara, que l'on évalue à plusieurs millions de chevaux vapeur, est encore à peu près perdue, sauf la faible portion, qui sert à mouvoir quelques moulins, tandis qu'à Rochester, en Amérique, la chûte du Gennessee a été utilisée de diverse manière. Comme nous l'apprennent les journaux, on se sert de l'air comprimé au moyen de la chûte pour mettre en mouvement des tramways, et l'on se dispose non seulement à fournir ainsi à toutes les fabriques de la ville de la force mécanique, mais encore à produire par le même moyen de la lumière à bon marché. Les tentatives faites jusqu'ici pour utiliser de la même manière au moyen de l'électricité les chûtes du Niagara ont, il est vrai, échoué; mais sûrement, dans l'avenir, c'est l'électricité, qui servira de moyen intermédiaire pour utiliser ainsi les forces naturelles. En 1880, à Mannheim, lors de l'exposition industrielle du Palatinat, le tramway électrique de MM. Siemens et Halske de Berlin excita l'attention générale. „Il est très-intéressant, dit le rapport publié à ce sujet, d'observer les

diverses transformations de la chaleur, de la force et de la lumière. La combustion du charbon vaporise l'eau et celle-ci fournit la force motrice, d'où provient le courant électrique, produisant la belle lumière électrique qui, chaque soir, réjouit l'oeil du spectateur. En retour, la traction, dont nous parlons ici, nous montre une transformation de l'électricité en force, en travail. La machine dynamoélectrique, placée dans l'édifice de l'exposition, engendre un courant électrique; celui-ci, une fois conduit au train, imprime, dès que le circuit est fermé, un mouvement de rotation à la machine électrodynamique placée sur le train; cela met en mouvement une hélice et une roue de fusée: les roues dentées mordent sur la crémaillère et le train monte et descend.“ — On s'efforce aussi, en transformant leur force, d'appliquer directement à l'industrie les rayons solaires, source première de toutes les forces terrestres. Le physicien Français Mouchot a construit une machine à vapeur, qui a, pour tout foyer, les rayons solaires et il a obtenu ainsi de la vapeur à une tension de huit atmosphères. L'appareil de M. Mouchot a été encore éclipsé par une machine construite par un ingénieur de Paris, A. Pifre. Il s'agit d'un petit moteur, qui, animé par les rayons solaires, reçus par le grand récepteur, peut élever en une heure 6000 litres d'eau à une hauteur de trois mètres! Un récepteur de Pifre, ayant un diamètre de $5^1/_2$ mètres, produit autant de travail que dix ouvriers. Il est donc permis de croire, que, quand nous aurons détruit toute notre réserve de combustible, le soleil y suppléera pour nos descendants. „De même, dit Grove, que l'énergie solaire rayonnée jadis nous est restituée aujourd'hui sous forme de charbon, produit de la lumière et de la chaleur solaires, il pourra se faire, un jour, que les rayons solaires perdus aujourd'hui dans les sablonneux déserts de l'Afrique, deviennent, grâce à des procédés chimiques et mécaniques convenables, une source de chaleur et de lumière pour les habitants des contrées froides.“ — Le mouvement des flots, les marées, les grands fleuves constituent aussi de grands réservoirs de force, jusqu'à ce jour absolument inutilisés.

46) „Dans les mers aussi bien que dans l'atmosphère, dit Helm-

holtz, le mouvement du flux et du reflux produit du frottement; or tout frottement anéantit de la force vive et cette perte ne peut influencer ici que la mouvement de la planète. La conclusion inévitable est que chaque marée amoindrit aussi peu que l'on voudra, mais d'une façon sensible à la longue, la provision de force mécanique du système; de là ralentissement du mouvement de révolution et finalement déplacement de la planète soit vers le soleil, soit vers son satellite.“ Le frottement résultant des marées tend à enrayer le mouvement de la terre, dont par suite le mouvement de rotation se ralentit et l'énergie mécanique se transforme en chaleur. Mais l'effet des marées et des autres causes tendant à modifier le mouvement de la terre est si lent qu'il échappe presque à nos procédés d'observation astronomique. Si, par exemple, la terre se rapprochait, chaque année, du soleil de dix pieds Anglais, soit d'environ trois mètres, il faudrait, selon Secchi, au moins mille ans pour que l'année diminuât d'une seconde; mais l'astronomie ne croit guère possible un tel changement. Pourtant H. J. Klein a tenté de prouver, que la résistance de l'éther a pour conséquence le rapprochement des planètes du soleil après des millions d'années. (Conf. „Lettres cosmologiques“, 1877, p. 294.) — Quant à l'accroissement de la terre par la chûte de masses cosmiques venues du dehors, cet accroissement, selon Proktor, doit être, chaque année, d'au moins plusieurs millions de kilogrammes, ce qui équivaut à peine à un billionième de la masse terrestre. Ces masses cosmiques affluant constamment sur la terre sont vraisemblablement les restes des corps nombreux, qui, depuis l'origine de notre système planétaire circulent librement autour de leur centre de condensation. D'ailleurs ce n'est pas seulement par l'accroissement de la masse, mais aussi par le choc même que la chûte des météorites tend à ralentir le mouvement de la terre.

47) „Toutes les autres planètes et surtout le soleil, dit Helmholtz, doivent agir comme la terre; tous les petits corps de notre système, doivent tomber d'autant plus rapidement sur le soleil qu'ils sont plus petits, c'est-à-dire moins capables de surmonter les obstacles, qui ralentissent leur course.“ D'après le même auteur, la chûte actuelle des météorites, des

étoiles filantes n'est que la continuation du processus par lequel notre monde à pris lentement la forme d'un globe, après s'être séparé d'une nébuleuse, pour devenir un corps indépendant, qui grossit toujours.

48) La légende de la fin du monde se trouve et s'est répétée bien souvent chez les peuples les plus divers et aux époques les plus différentes de l'histoire; elle a poussé tantôt au suicide, tantôt à l'orgie, tantôt aux rêveries religieuses les plus exaltées. Ces dernières surtout ont éclaté durant les premiers siècles du christianisme, alors que dans les troisième et quatrième siècles de notre ère la chûte de l'empire Romain contribua à répandre beaucoup la croyance à l'imminence de la fin du monde; en effet „la disparition du monde", annoncé par le christianisme, s'accordait parfaitement avec le pessimisme du plus grand nombre. Aujourd'hui encore, des prophéties de ce genre reparaissent de temps en temps et elles trouvent créance, quoique, depuis longtemps, les sciences naturelles aient démontré à l'évidence combien est peu fondée la crainte d'une catastrophe subite, détruisant le monde et établi que la fin du monde arrivra tout autrement. Mais si les données scientifiques ne s'accordent guère avec cette croyance populaire, elles s'éloignent bien moins des idées, qui avaient cours dans l'antiquité relativement à la pluralité des formations et des fins du monde durant les périodes cosmiques. On trouve des idées de ce genre chez les Indiens, les Egyptiens, les Perses, les Grecs, les Juifs, etc. Selon les Indiens, toute une série du fins et de commencements du monde se sont succédé durant des cycles chronologiques comprenant des millions d'années; Zoroastre veut que le monde périsse douze mille ans après sa création. Aujourd'hui encore les Talmudistes Juifs croient à la fin du monde et l'on retrouve cette croyance dans le Nouveau Testament. Saint Pierre (Epitre II) parle de la fin du monde en ces termes: „Selon la promesse, nous attendons un nouveau ciel et une nouvelle terre"; l'apocalypse de Saint Jean parle d'un événement de ce genre, en dissant: „Et je vis un nouveau ciel et une nouvelle terre; car l'ancien ciel et l'ancienne terre avaient disparu." Naturellement, on ne croyait pas à un

anéantissement total du vieux monde, qui devait seulement retomber dans un état analogue au chaos des Grecs, redevenir la masse confuse, dont parle la Genèse. Tout cela est parfaitement d'accord avec les opinions scientifiques actuelles au sujet de la dissolution du monde vieilli et de la formation d'un nouveau système cosmique.

La mythologie de la Germanie du Nord admet aussi la sombre croyance à une destruction complète du monde actuel, suivi de la naissance d'un monde nouveau et meilleur. L'Edda nous dépeint cet événement en termes colorés. La vieille poésie Allemande, *Muspilli,* repose sur la vieille croyance païenne à la fin du monde par le feu. Les dieux se détruisent dans une guerre, le soleil s'éteint, les étoiles tombent du ciel, la terre se met à vaciller. La cause de la destruction, c'est Muspill ou Mudspelli, le sombre destructeur de la matière, soutenu par son armée étincelante de lumière. Enfin la terre tombe dans la mer, mais pour en émerger bientôt; ensuite il naît de nouveaux dieux, de nouveaux hommes, une nouvelle lune et un nouveau soleil.

Même le pessimisme, que de modernes philosophes s'efforcent de déduire des sciences naturelles contemporaines, a déjà dans l'Inde antique eu des défenseurs invoquant des arguments identiques. Ecoutons à ce sujet le Védantin Sankara:

„Comme une goutte d'eau, qui tremble sur une feuille de lotus,
„La vie fugitive s'évanouit en un instant.
„Les huit montagnes primitives, les sept mers,
„Le soleil, les dieux eux-mêmes, les saints,
„Toi, moi, le monde, tout cela sera réduit en poussière
„Par le temps — pourquoi donc nous soucier de quoi que ce soit?"

49) Selon l'astronome W. Meyer, en vertu de la force centrifuge, le soleil refroidi sera, un jour, entouré, dans son plan équatorial, par un anneau d'astéroïdes, analogue à celui, que possède déjà la planète Saturne; plusieurs anneaux du même genre pourront se former et par suite, la masse solaire désagrégée récupérera une partie de son ancien diamètre; peu à peu

il en résultera un inextricable chaos de météorites, de débris. Ces éclats du soleil se répandront dans les espaces cosmiques et se distribueront à d'autres soleils, à d'autres systèmes solaires, sous forme de comètes, débris, météorites provenant du monde détruit. Ces phénomènes se réitéreront jusqu'à ce que la masse solaire soit résolue en un grand nombre de comètes errant dans l'espace suivant toutes les directions. De ces comètes un petit nombre deviendront parties constituantes de divers systèmes planétaires; elles passeront à l'état de „comètes périodiques", mais la plupart vagueront, loin des masses centrales, dans cette immensité cosmique où la force de la gravitation est presque évanouie. Les comètes parcourant l'espace, en énorme quantité, ont en quelque sorte des lieux de réunion. En s'entrechoquant, ces comètes produisent des masses nébuleuses incandescentes, occupant un énorme espace; au sein de ces masses on voit quelques noyaux, quelques centres d'attraction, irrégulièrement placés, plus brillants que le reste. „Tel est très-vraisemblablement le rôle des nébuleuses dans l'univers; ce sont des laboratoires, dans lesquelle la matière se prépare lentement à revivre." L'idée, que nous nous faisons de l'évolution, à la suite de laquelle ces nébuleuses deviennent des mondes réguliers, est bien connue. — Naturellement, cette théorie, ainsi que toutes celles qui sont exposées dans le texte, n'est qu'une hypothèse indémontrable, mais d'autant plus vraisemblable qu'elle s'accorde davantage avec les principes et les expériences scientifiques. Cette théorie ne s'impose pas, surtout quand on a su trouver une meilleure explication naturelle.

50) C'est une opinion physiologiquement bien établie, en dépit de son air paradoxal, que les différences sexuelles résultent de modifications d'organes primitivement identiques — en d'autres termes — que les organes de la génération sont d'abord et toujours hermaphrodites. Toutes les particularités morphologiques de l'un des sexes ont leurs analogues chez l'autre. Comme nous l'avons dit dans le texte, même le sperme et l'oeuf ne sont que des produits dissemblables de cellules germinales considérées comme identiques, provenant d'appareils identiques. Chez certaines espèces animales, toutes les diffé-

rences sexuelles se réduisent à l'existence d'oeufs ou de spermatozoaires dans des glandes sexuelles d'ailleurs identiques. Chez beaucoup d'autres espèces il n'y a point de différences sexuelles, l'individu étant hermaphrodite. „Au premier abord“, dit Funke *(Manuel de Physiologie)* „nous croyons trouver une énorme différence entre les organes actifs de la génération, chez le mammifère mâle et les organes passifs de la femelle, et pourtant l'embryologie nous prouve sans conteste que le pénnis du mâle est identique au clitoris de la femelle, que le scrotum est identique aux grandes lèvres, que la prostate équivaut au vagin, à la matrice et aux trompes.“ D'où ressort la conclusion indiquée dans le texte, savoir, que tous les embryons commencent par être asexués, que la forme première de l'appareil génital est identique dans les deux sexes et qu'il suffit de très-légères variations dans le développement pour produire soit des organes mâles, soit des organes femelles. C'est ce qui a lieu chez l'homme où les différences sexuelles n'apparaissent qu'à un certain moment du développement. Durant les premiers jours de l'évolution, tous les embryons semblent être de sexe féminin, ce qui semble donner raison aux philosophes de la nature, suivant lesquels la femme n'est en quelque sorte qu'un arrêt de développement. Mais une manière de voir plus juste, basée sur l'étude de la structure interne des organes générateurs, enseigne que, comme nous l'avons dit et comme l'observation la plus exacte le montre, le germe est d'abord asexué et que les causes de la différenciation sexuelle nous sont encore inconnues. Tout récemment encore, le professeur Waldeyer croyait pouvoir démontrer que primitivement tous les embryons sont hermaphrodites et que la différenciation sexuelle n'a lieu que dans le cours du développement. Le célèbre embryologiste Th. Bischoff tenait cette opinion pour possible et vraisemblable (Comptes-rendus de la Société anthropologique de Munich, 21. Nov. et 16. Déc. 1871). Par ce qui précède on voit combien l'hermaphrodisme a chance de se produire, même chez les espèces supérieures; il suffit pour cela ou bien que les organes sexuels subissent un arrêt de développement ou bien au contraire que le développement exagéré de certaines parties imprime à ces organes un caractère tantôt masculin, tantôt féminin. En effet l'hermaphroditisme animal ou humain est loin d'être rare, si l'on veut donner à ce mot le sens de développement imparfait; car le véritable hermaphrodisme, dans lequel les doubles organes sexuels sont parfaitement dévoloppés et capables d'une double fonction, comme il arrive chez les plantes et les animaux inférieurs, celui-là n'a jamais encore été trouvé d'une manière incontestable chez l'homme et les mammifères. Néanmoins le sexe de ces êtres douteux est d'ordinaire si indécis que, durant leur vie, on les prend tantôt pour des mâles, tantôt pour des femelles, et que le plus souvent eux-mêmes ne savent pas à quel sexe ils appartiennent. C'est seulement après leur mort et encore pas toujours, que, par une dissection attentive des organes, on arrive à leur assigner un sexe. Ainsi dans les *Contributions* du Dr. Scanzoni (Vol. IV), le Dr. Franqué décrit un cas où, à côté d'organes mâles bien développés, on trouvait un vagin s'ouvrant dans la portion prostatique du canal uréthral, une matrice bien développée, munie de ses trompes; d'autre part, le Dr. Kölliker (Embryologie, 1879, p. 1001) parle de cas, très-rares il est vrai, dans lesquels un sexe se développe d'un côté du corps et l'autre de l'autre.

L'hermaphrodisme, qui, dans le règne végétal et chez nombre d'invertébres, est normal, doit être considéré comme le premier stade de la différenciation sexuelle; c'était avec la génération asexuelle le mode de reproduction dominant durant les anciens âges géologiques. De cet hermaphrodisme provint plus tard, par division du travail, la séparation des sexes sur des individus distincts. Les anciens, dépourvus de toute notion embryologique et incapables par conséquent de remonter à la cause des faits de ce genre, avaient, pour expliquer dans l'humanité l'existence des êtres à sexe douteux, imaginé une fable: Hermaphrodite, fils d'Hermés et d'Aphrodite, s'était si étroitement uni, au bain, avec la nymphe de la source Salmacis, qu'il en était résulté un être double, moitié homme, moitié femme; d'où le nom d'„Hermaphrodite". Du reste les divinités hermaphrodites, auxquelles se rattachaient de nombreux mythes, étaient très-communes aussi bien chez les Orientaux que chez les Occidentaux. — D'ailleurs, dans un certain sens, tous les hommes sont hermaphrodites, puisque, en dehors des organes rudimentaires dont nous avons parlé, les caractères masculins et féminins se mêlent en quelque sorte chez tout être humain; ils y sont seulement, dans un sens ou dans l'autre, à l'état latent. On le voit clairement, quand, chez l'un ou l'autre sexe, les organes sexuels sont de bonne heure détruits spontanément ou artificiellement; alors en effet on voit se développer soit l'affreuse virago, soit l'homme énervé, efféminé. De son côté, Darwin (Variation des animaux et des plantes, t. I, p. 67, etc.) a réuni un bon nombre de cas, prouvant que, chez les animaux, il existe, à l'état latent, des caractères sexuels secondaires, mâles ou femelles, n'attendant qu'une occasion pour se développer. C'est ainsi, par exemple, que des particularités spécifiques mâles peuvent se transmettre par la fille au petit fils ou des particularités sexuelles femelles passer à la petite fille par l'intermédiaire du fils, etc.

51) Comme Mayer et tant d'autres, Regner de Graaf fut un martyr de ses idées, trop avancées pour son temps. Comme le rapportent Leeuwenhoek et Haller, il mourut du chagrin que lui causèrent les attaques hostiles et injustes de son célèbre collégue Swammerdam. Dans son remarquable traité sur les organes femelles de la génération, il soumit à une minutieuse investigation les ovaires, durant les phases diverses de leur évolution; il étudia surtout le follicule ovulaire, comme on disait alors, en montra la grande ressemblance avec le follicule de l'ovaire des oiseaux, décrivit les changements qui suivent l'apparition de l'oeuf, suivit l'oeuf dans l'oviducte, sans expliquer toutefois la grande différence entre l'oeuf des oviductes et le prétendu oeuf de l'ovaire; enfin il suivit l'oeuf jusqu'à la matrice. La démonstration de ce déplacement de l'oeuf est surtout soigneusement faite et dans ce but De Graaf avait étudié exactement les organes internes de la génération depuis le moment de la fécondation jusqu'à la formation du foetus chez le lapin. Mais De Graaf était si en avant de son époque qu'on ne le comprit pas et qu'il fut attaqué de tous les côtés. Ces critiques injustes et dédaigneuses eurent pour conséquence la perte de la plupart des matériaux déjà amassés

et, comme nous l'avons dit, ce fut seulement deux siècles plus tard, que la grande découverte de Graaf fut acceptée et confirmée.

52) L'existence préformée de tous les germes depuis la création est la base commune de toutes les théories des séminalistes, des panspermistes, des évolutionistes ou ovulistes d'autrefois; leurs seules divergences d'opinion consistaient à placer la préformation tantôt plutôt dans l'oeuf, tantôt plutôt dans la semence. Des germes infiniment petits, pénétrant tel ou tel embryon, le réveillaient de son sommeil millénaire. On a calculé, que, pour suffire à pourvoir toutes les générations futures, la mère commune du genre humain, Eve, devait porter en elle 200 milliards de germes et autant de petites âmes. D'après les séminalistes ou animalculistes, il en faut dire autant des glandes séminales d'Adam. C'est encore l'opinion, étroitement liée à la cosmogonie théologique ou inspirée par elle, qu'adoptent et défendent, malgré son insanité, le célèbre physiologiste Albrecht de Haller et le grand philosophe Leibnitz, quand, dès 1759, un naturaliste de génie, Gaspar Friedrich Wolff avait formulé la loi de l'épigénèse (1733—94) et donné ainsi le coup mortel à toutes les théories de préformation. Mais, cette fois encore, la jeune vérité naissante fut écrasée par l'erreur triomphante, que soutenait l'autorité et ce fut seulement un demi siècle plus tard, que Oken, Meckel, Baer et d'autres firent adopter la théorie nouvelle. Quant au savant éminent, qui avait découvert la vérité, il fut traité en hérétique scientifique et obligé de quitter sa patrie, l'Allemagne, pour chercher un asile auprès de Catherine de Russie. La grande théorie transformiste, aujourd'hui triomphante, doit son succès aux travaux de Wolff, car, comment songer à étudier les phases évolutives de l'embryon, si l'on admet que le développement de l'individu n'est qu'une simple apparition de parties préformées? — La théorie de l'emboitement des germes était si intimement liée à la théologie, que Vallisnieri (1721) s'efforce déjà de démontrer, que Saint Augustin la connaissait, puisque, selon lui, Dieu a tout créé d'un seul coup. Dans un panégyrique de la théorie de l'emboitement placé en tête de la traduction Allemande des

oeuvres de Spallanzani, J. Sennebier établit, qu'il y a exactement six mille ans, nous existions dans le sein de notre vieille aïeule Eve et que, depuis lors, nous avons toujours invisiblement grandi. De telles absurdités prêtent le flanc à la raillerie et en effet les remarques si spirituelles et si sensées de Blumenbach à ce sujet ne contribuèrent pas peu à faire rejeter toute la théorie.

53) D'après Vallisnieri, l'esprit de la semence *(Aura seminalis)* pénètre par la matrice et les trompes jusqu'à l'ovaire, puis s'introduit dans le *corpus luteum* par sa déchirure et là rencontre l'oeuf à maturité. Finalement il arrive au siège des vaisseaux ombilicaux et du placenta; ayant ainsi rejoint la petite machine, d'avance préparée pour lui, il excite en elle „d'une manière incompréhensible, mais douce et agréable" les mouvements de ses humeurs. (D'après W. His: Théorie de la génération sexuée.)

54) Déjà au siècle dernier, à l'époque où la fable de *l'Aura seminalis* était pleinement acceptée, les expériences classiques de Spallanzani avaient prouvé que le contact direct, matériel d'une semence mûre, pourvue de spermatozoaires mobiles, avec un oeuf aussi à maturité était la condition essentielle de la fécondation. Ce fut avec des oeufs et du sperme de grenouille et de poisson, extraits des glandes génératrices, que Spallanzani fit ses expériences et il constate que le sperme extrêmement dilué conservait encore ses propriétes fécondantes (cela à cause de ses innombrables spermatozoaires). Spallanzani réussit même à faire avec succès, chez les chiens, de la fécondation artificielle. Néanmoins, trompé par quelques expériences en apparence douteuses, l'excellent observateur se rangea à l'opinion de ceux qui attribuaient l'action fécondante des spermatozoaires à l'excitation, qu'ils donnaient au prétendu coeur soi-disant endormi du foetus préexistant.

55) Dans l'embranchement des vertébrés, il n'y a jamais d'immaculée conception, mais celle-ci n'est pas rare chez les invertébrés, surtout chez les arthropodes: c'est ce que l'on appelle la *Parthénogénèse* ou la „reproduction virginale". „Le fameux dogme de l'immaculée conception de la vierge Marie,

dit Häckel, qui, tout récemment a joué un si grand rôle, est, comme le dogme de l'infaillibilité papale, un impudent défi jeté à la raison." — D'ailleurs ce fameux dogme n'a point été imaginé par l'église chrétienne; ce n'est qu'une pâle répétition des vieux mythes existant chez divers peuples. Ainsi l'écrivain Mongol Sanang-Setsen et le Turc Abul-Ghasi nous apprennent qu'Alung Goa, l'aïeule venérée des Tschinggisides avait, neuf générations avant Tschinggis, et par l'influence d'une divinité, enfanté trois fils, dont descendirent directement Tschinggis et ses cinq frères, qui naquirent ainsi „d'une manière pure". D'après un autre écrit (Poignée d'or) Alung Goa donnait la nouvelle lune déguisée en jeune homme pour père à ses fils. — En Egypte, deux ou trois mille ans avant notre ère, l'immaculée conception s'était réalisée chez une fille de roi; les Grecs ont un mythe analogue, celui de la charmante Danaé, fécondée par une pluie d'or.

56) Quelle est la cause de la différenciation sexuelle chez l'homme et les animaux? c'est là une question si intéressante, si importante aussi au point de vue démographique, que l'on s'en est beaucoup occupé, sans être encore jusqu'ici arrivé à un résultat bien positif. Aujourd'hui encore, on croit, dans le peuple, selon l'opinion d'Hippocrate et de Galien, que chez l'homme et la femme, la glande génératrice gauche renferme les germes femelles, tandis que les germes mâles sont contenus dans la glande droite, mais cette erreur a été depuis longtemps réfutée par les faits d'extirpation ou de destruction de ces organes chez les animaux. Mais à la place de cette prétendue cause on n'est pas parvenu encore à mettre quelque chose de précis et peu à peu on est arrivé à penser que, chez l'homme et l'animal, le sexe aussi bien que toutes les particularités du nouvel être inclinaient soit du côté du père, soit de celui de la mère, suivant que, physiquement et intellectuellement, tel ou tel des parents l'emportait sur l'autre. Plus l'homme l'emporte en force, santé, caractère, etc., plus sa postérité lui ressemblera, le répètera, ou inversement. Relativement au sexe, l'âge des producteurs semble exercer une influence prédominante; les enfants ont d'autant plus de chance d'appartenir au sexe masculin, que l'homme, toute question de force et de santé

mise à part, est plus âgé que la femme. Naturellement, cette règle a ses limites, puisque, pour les vieillards affaiblis, le résultat inverse se produit.

On sait qu'en Europe il se produit en général un léger excédent de naissances masculines, qu'il naît en moyenne 105 à 107 garçons pour 100 filles — disproportion en grande partie corrigée par la plus grande mortalité des garçons durant la période de l'allaitement. On attribue cette disparité dans la production des sexes à la différence d'âge des parents; dans la plupart des mariages en effet, l'homme a quelques années de plus que la femme. On a observé qu'après les grandes guerres, les grandes calamités, ou quantité de jeunes hommes succombent, il naît plus de garçons qu'à l'ordinaire; on a même donné de ce fait une explication théologique, en l'attribuant à une prétendue disposition de la providence s'efforçant de rétablir l'équilibre entre les sexes. Mais il faut à ce sujet invoquer une cause toute naturelle; cela tient simplement à ce que, dans ce cas, nombre d'hommes âgés ou de veufs se marient, ce qu'ils n'auraient point fait autrement, et la différence d'âge entre les époux et les épousés détermine un excédent de naissances masculines.

Au contraire, la proportion des naissances féminines augmente d'autant plus que les conditions de force, de santé, d'âge sont meilleures pour la mère, d'autant plus que le père est ou trop jeune ou trop vieux; c'est du moins ce qui ressort des expériences et des observations faites par les éleveurs, surtout par les éleveurs de mouton. On a aussi observé que la proportion des naissances femelles est d'autant plus forte que le mâle est plus épuisé par des saillies trop nombreuses. Il va de soi, comme nous l'avons dit, que de fréquentes émissions séminales abaissent la qualité de la semence, la rendent plus pauvre en spermatozoaires bien développés, tandis qu'au contraire la rétention du liquide spermatique dans les vésicules séminales semblent lui donner plus de puissance. Il est donc possible que même des hommes robustes et ardents, s'ils ne sont pas continents, engendrent plus de filles que de garçons, et que le contraire arrive à des hommes faibles mais continents. Pour les mêmes raisons, en Orient dans les pays polygamiques ou chez les Mormons la proportion de la sexualité est renversée et il naît en moyenne plus de filles que de garçons. Les faits au contraire se renversent dans les pays polyandres, où l'excédent des naissances mâles semble être énorme. Ainsi, d'après Burton et Fremy, chez les polyandres, il naîtrait environ 400 garçons pour 100 à 200 filles.

Les résultats publiés par la statistique semblent aussi montrer que la qualité de l'alimentation influe beaucoup sur la mère et par suite sur le germe, puisque, si l'alimentation est bonne, le nombre des filles augmente. Pour cette raison, les jumeaux, étant moins bien alimentés, seraient plus souvent de sexe masculin; de même à la compagne, où l'on se nourrit moins bien qu'à la ville, il naît plus de garçons que de filles; la même chose arrive dans les districts manufacturiers et pour les naissances illégitimes; on observe aussi que, si la vie devient facile, si la viande est à bon marché, si l'année a été abondante, le nombre des naissances féminines augmente, etc. Si cette interprétation, fort contestée d'ailleurs, était juste, on comprendrait facilement pourquoi, en temps de guerre, d'épidémie, de famine, d'émigration, etc. où l'alimentation des femmes laisse surtout à désirer, il naît beaucoup plus de garçons que de filles.

57) En réalité, la rapidité de l'électricité est beaucoup plus considérable; elle atteint 62,000 milles par seconde, tandis que celle de la lumière est seulement de 41,000 milles. Pour franchir la distance, qui sépare notre terre du soleil (environ 20 millions de milles), la lumière exige environ huit minutes; l'électricité n'en demanderait que $5^1/_4$. Mais dans les applications pratiques de l'électricité bien des obstacles ralentissent la vitesse de transmission; ainsi les câbles sous-marins fonctionnent beaucoup plus lentement que les fils télégraphiques ordinaires. La conductibilité des fils, considérable surtout dans les fils de cuivre, a aussi une grande influence.

Leipzig, Imprimerie de W. Hartmann.

www.ingramcontent.com/pod-product-compliance
Ingram Content Group UK Ltd.
Pitfield, Milton Keynes, MK11 3LW, UK
UKHW020126220726
13923UKWH00001B/30

9 782016 165676